東 弘子――［著］

さくさく学ぶ

Excel VBA入門

はじめに

私自身がマクロを学んだ際に強く感じたのが、「仕組みはわかるが、便利さがわからない」せいでなかなか前に進みにくく、やる気が続かないという問題点でした。
マクロを身に付けるには、とにかく自身で作ってみるという積極的な利用が不可欠ですが、いわゆる「活用度の高いコード」を個別に学んでも、実際の業務で「いつ」「どのように」使うのかが想像しにくく、「早速作ってみよう！」という気持ちにならないのが問題でした。

本書は、そんな問題をなんとか解決したいと考えた1冊です。「次にどうするのか知りたい」「このコードを使ってみたい」と思えることをもっとも重視して、個別のコード紹介という方法は大幅に省いています。
とはいえ基本を省略するのではなく、実用的なマクロ作りの中で、マクロの基礎から利用に欠かせない変数などの仕組みについても紹介することで、初めてマクロに触れる人でも、その便利さや必要性を合わせて理解できるよう心がけました。

基本のコードだけで簡単にできる“超シンプルながら実用的なマクロ”をアレンジしていくステップを採用しているのも本書の特徴です。アレンジによりいろいろな機能がプラスされ、より便利なマクロが出来上がっていく工程は、マクロを学ぶモチベーションをきっとアップしてくれます。

この本が、その便利さを実感しながらマクロを学ぶ一助として、皆さんのお役に立てるよう願っています。

東弘子

もくじ

本書のサポートサイト
https://book.mynavi.jp/supportsite/detail/9784839982140.html
※ サンプルファイルのほか、補足情報や訂正情報を掲載してあります。

本書の読み方

本書は「解説」と「ステップ」の2種類のページによって構成されています。

解説

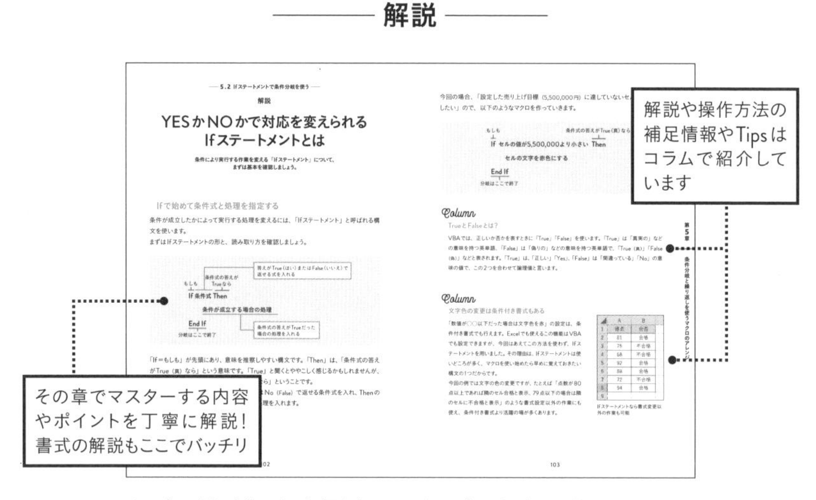

その章で新しく出てくる事柄や知っておくと理解に役立つ用語などについて、
丁寧に解説しています。

ステップ

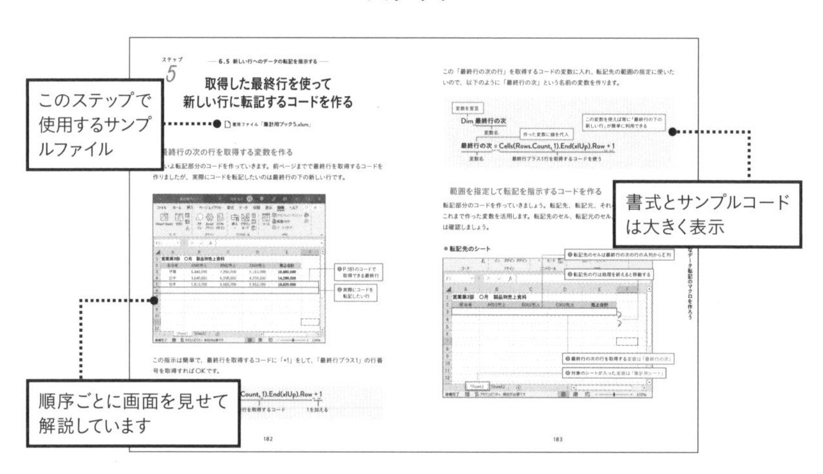

解説ページをよく読んだら、さっそくコードを書いて実践してみましょう。
書き方に迷ったら、サンプルコードを参考に読み進めてもOKです！

Introduction

便利さを実感！

VBA学習のすすめ

長く平坦になりがちなVBA学習。
ずっとモチベーションを維持しながら続けていくというのは、なかなか難しいものです。
本書では、なるべく早くコードを触り、
VBAの便利さを実感しながら学習を進めていきます。
「VBAとはなんぞや？」を理解するためのはじめの一歩に最適です。

解説

便利さ実感を最優先！“嫌”にならないVBA学習を目指す

マクロ初心者最大の敵「つまらない」時間をとにかく短く！

VBAを含むプログラムを学ぶ場合、「まずは基本的なコードを学ぶ」のはセオリーですが、「セルを選ぶためのコードはこう書く」「コピーするためのコードはこう書く」という基本の勉強は残念ながらあまり楽しいとは言えません。
さらにExcelのVBAの場合、セルの選択やコピーといった操作はExcelでも簡単にできるため、「わざわざマクロにする意味があるのか？」という疑問も生じてきます。これではモチベーションが上がらないのも無理はありません。

●マクロのメリットと従来の学習方法

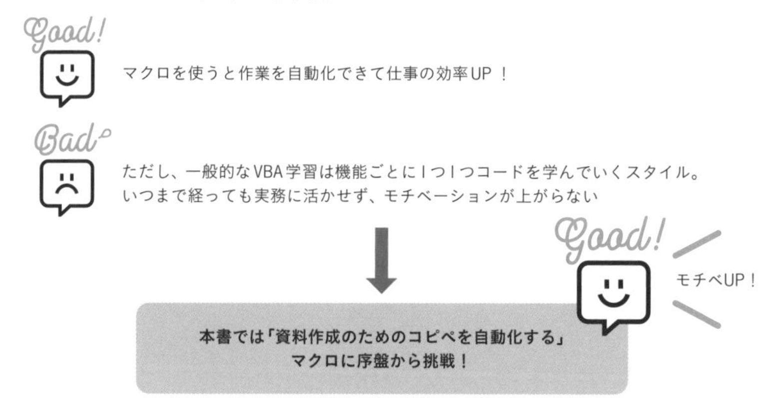

このモチベーションの上がらなさは、初心者のVBA学習のハードルを上げる要因の1つです。そこで本書では、最短コースでの「実用的なマクロ作り」により、マクロの便利さを実感しながらの学習を目指します。

「コピペの繰り返し」を自動化しながらマクロを学ぶ

VBAに初めてトライするにあたって、基本の基本部分の説明をすべて省略するというわけにはいきませんが、必要最小限に抑えることはできます。本書でまず作成を目指す、「何度も繰り返すコピー&ペーストの自動化」も、シンプルなものなら実はかなり簡単にできます。「何度も行う作業」の自動化は、マクロを使う最大のメリットと言っても過言ではありません。このメリットを感じながらマクロを学ぶため、本書では以下のようにステップアップしていきます。

●目標1　まずはここから！　ファイルの内容をマクロで転記

手動でコピペしていたデータをマクロの実行で自動でコピペして、マクロの便利さを実感！

▼

●目標2　そのマクロをさらに便利にアレンジ！

最初に作ったマクロにコードを追加してより便利にアレンジ。ブックの開閉、データの並べ替えなど、より業務に汎用度の高いマクロにする

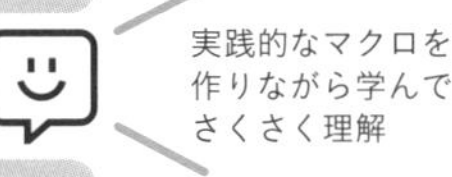

このマクロをマスターすれば、実際に業務で使える「Excelファイルで回収したアンケートの集計の自動化」「従業員ごとのExcelの日報を1つのファイルにまとめる」といった作業にも簡単に流用できます。

Column

マクロ作りは「調べながら」が当たり前！

いきなり基本を飛ばして大丈夫？　と思うかもしれませんが、いざ仕事で活用するための実用的なマクロを作る場合、それに必要な知識をすべて記憶しておくのは現実的ではありません。そのため多くの人が、参考になるマクロを探してアレンジする、コピーして使うなど、ネットや書籍で「調べながら」作っています。
つまりマクロの学習は、最小限の基本を理解した状態で実践的なマクロを作ってみて効果を実感。その後、必要に応じて使いたいマクロを徐々に理解するという順序で学ぶのが効率的といえるでしょう。
とはいえ、変数、制御構造など、マクロを使ううえで覚えておきたいポイントはいくつかあり、「調べたこと」を理解するためにも必要な知識があります。本書では、これらの基本も実践の中でマスターできるよう紹介しています。

解説

効率的に上達するために！VBA学習のステップを確認

初心者がまず目指すのは「覚える」じゃなくて「わかった」でOK！

同じトレーニングでも、「漠然とやってみる」より、「ステップごとの目的を意識しながらやる」方が上達が早いのは、プログラミング学習においても例外ではありません。実際の学習に入る前に、VBA学習の一般的なステップと本書の果たす役割を押さえておきましょう。日本語とは違う「言語をマスターする」という共通点から、英語の学習と比較するとイメージしやすいでしょう。

なお、どのステップにおいても学んだ内容を暗記する必要はありません。前ページのコラムでも紹介したように、マクロを学び始めてしばらくは「調べながら」の利用が基本です。覚えなければ使えないということはないので、「理解できた」ら先に進みましょう。

ステップ①　知識として知っておきたいことを理解する

「VBAとは何か？」といった基本や、VBAを使うために必要な道具（アプリ）などを理解します。本書では1章がこれにあたります。

ステップ②　ごくシンプルな文で文法の基本中の基本を知る

ごくシンプルな例文を使って、基本中の基本というべき文法や決まりごとを理解します。英語学習であれば、「This is a book. = これは本です」という例文を使い、「is」などの使い方を理解するイメージです。

できるだけ早い実践的なマクロ作成を目指す本書ですが、さすがにこの部分は必要なので2章をこれに充てています。基本の文体に加え、利用する記号など基本的な決まり事をマスターします。

ステップ③　利用頻度の高い単語、文を理解する

利用頻度の高い言い回しを使って、わかる文法と単語を増やします。英語学習であれば、「Which do you like, dogs or cats? ＝ 犬と猫、どちらが好きですか？」程度の例文などで、活用度の高い「Which」や「or」などの単語と使い方を学びながら、使えるフレーズを増やしていくイメージです。マクロ作成においても、このように活用度の高い文法や単語がいくつもあります。

本書ではステップ③もステップ④に統合！

P.10で言及した「基本的なコードを個々に学ぶ」ことを避けるため、本書ではあえて「利用頻度の高い単語や文を個別に紹介する」章を設けていません。3章の「初心者向け実用的なマクロ作り」中で、「利用頻度の高い単語や文を紹介する」という方法を取っています。

ステップ④　シンプルなマクロ作りに挑戦する

ここまでで学んだことを活かし、実用的なマクロ作りにチャレンジしていくステップです。英語学習であれば、短い手紙を書いてみる、英語の歌の歌詞を訳してみるなど、いわゆる“教科書の例文”以外の英語に触れていくイメージです。

本書ではここが最大のボリューム

上記のステップ③とこのステップ④部分は、本書では3章〜6章にあたります。いち早く実践的なマクロの作成に着手し、その中でステップ③④に該当する情報を学ぶ形を採用しているため、3章〜6章では実践的なマクロの作成とアレンジの中でこうした過程をこなしています。そこでフォローしきれなかった分は、7章でフォローしているので安心してください。

ステップ⑤　自分なりのマクロを作る

ステップ⑤は、自分にとって役立つマクロを作っていくというステップです。仕事など何らかの作業を楽にするためのマクロは、会社の決まりや業務内容によって内容が違うのが当たり前です。また、「こんなマクロも欲しい」というように、必要な数・種類も増えてきます。そのため書籍などで目にしたことのある例文（コード）だけで、必要なマクロがすべて書けることはほぼないでしょう。ある程度長いマクロを作るようになるとなおのことです。

これまで触れたことのない言い回しが必要になることは避けられず、使いたいコードを調べて利用する、その過程で知識やスキルを増やしていくというステップになります。

英語学習であれば、翻訳ツールなども活用しつつ、旅先で英会話に挑戦したり、英語の本やドラマを見るといったイメージです。マクロも英語も、このステップを極めるのは大変なことで、①～④までのステップより時間がかかります。

欲しい情報を探して活用するスキルを身に付けよう

上記のように、「自分の業務をこなすため」のマクロを作る場合、本書を含むいわゆるハウツー系の書籍で、必要な情報をすべて網羅することは残念ながらできません。このステップまでたどり着いたら、自分の欲しい情報を探して活用するスキルが何より大切ということです。

つまり、ステップ①～④までの工程は、ステップ⑤でどんな情報を探すべきかの判断、情報を見つけ出すスキル、探した情報を読み解く力を付けるための工程であり、本書は主にそのための1冊ということです。プラスアルファとして、必要な情報を探すためのポイントも紹介しています（P.246）。

Column

さまざまなマクロを読んでみよう！

マクロ上達のため、作成と併用しておすすめしたいのが「読む」練習の導入です。マクロを仕事で使う場合、誰かが作ったマクロを「読める」ことは実は非常に重要です。「書く」よりは簡単なので初心者でも取り組みやすいのもおすすめする理由の1つです。

まずは、職場で利用しているマクロや、ネットなどで探したマクロを見て、「この部分でこの動きを指示しているな」とだいたいわかればよいでしょう。「調べながら」でOKなので、「これはなんだ？」と思う部分はその都度調べ、どんな動きをするコードなのか、対象や条件をアレンジするにはどこに手を加えればよいかを理解できればまずは十分です。コードの一部をキーワードにWebサイトで検索して、関連する情報を得られる訓練をしておきましょう。

第1章

まずはここから！

マクロを作成するための下準備

VBAを使うとどんなことができるの？　という方はまずここから！
どんな作業がVBAに適しているかを知り、
自分の業務にどう活かせるかを考えてみましょう。
VBAを扱ううえで必要な開発タブや、
専用のアプリ「VBE」の使い方もこの章で説明していきます。

解説

VBAとは?マクロとは?基本中の基本を理解する

「マクロを使いたいけれど、何から手を付けるべき?」という人は、まずはここから!基本の知識を簡単に紹介します。

そもそも「マクロ」とは何か?

マクロは、Excelなどのアプリに備わっている機能を好きな順序で組み合わせ、実行できる機能です。組み合わせた機能をボタン1つで実行できるので、「Excelを自動操作できる」機能とも言われます。ビジネスでマクロが重宝されているのは、何度も行う作業を自動化したり、既存の機能だけではできない操作を可能にして、仕事を楽に効率化できるからです。

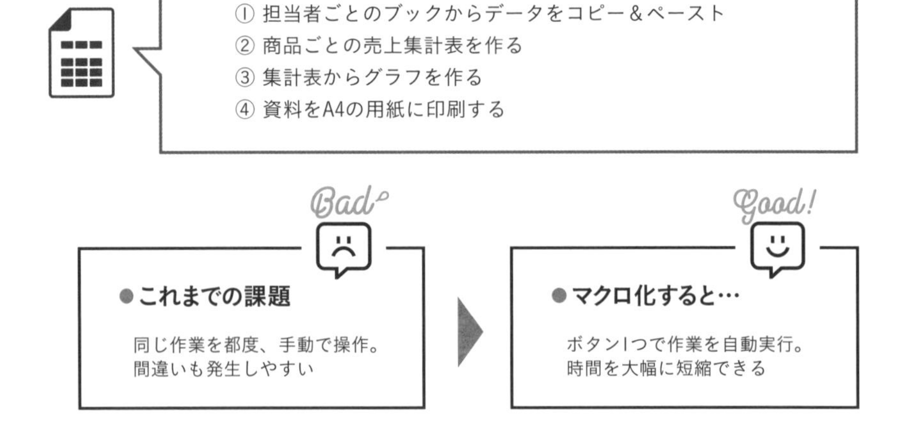

「VBA」とは何か?　マクロとの関係は?

VBA（Visual Basic for Applications）は、Office製品に組み込まれているプログラミング言語で、アプリの機能拡張に利用できます。VBAとマクロの関係性を理解するには、まず、マクロという言葉が大まかに2つの意味で使われていること押さえておきましょう。

マクロ2つの意味

前述した通り、マクロという言葉の1つ目の意味は、操作を自動化するための機能自体のことです。
2つ目は、操作を実行するための指示書のことです。マクロの利用時には、「最初にAの操作、次にBの操作」という具合にExcelに指示を出します。この指示書のことも「マクロ」と呼びます。
例えば「マクロを作る」というときは、機能としてのマクロではなく、操作の順序や内容を記した「指示書」を作ること意味しています。マクロ（指示書）は、Excelが理解できるプログラミング言語で書く必要があり、その言語が「VBA」というわけです。

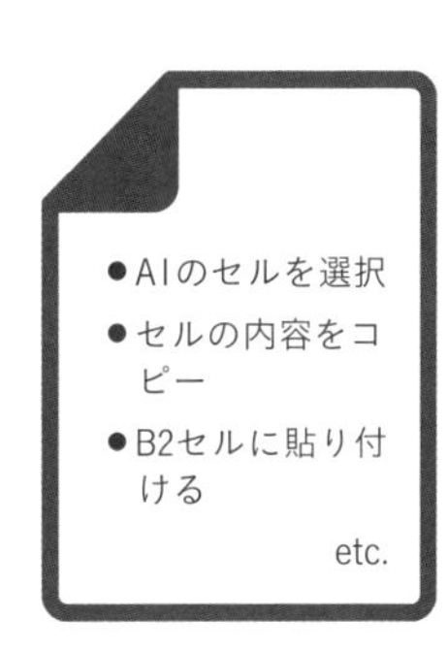

マクロ（機能）では、操作を自動化するために、このような操作内容をプログラム言語でExcelに指示する。この指示書のこともマクロという

● ポイント　Good!

- ■「マクロ」（機能）を使うとExcelを自動操作できる
- ■ 自動操作の手順などを記した指示書も「マクロ」と呼ばれている
- ■「マクロ」（指示書）はプログラミング言語の「VBA」で記述する

→マクロを作るにはVBAの理解が必要

Column
マクロは他のOfficeアプリでも使える

マクロは、PowerPointなど他のOfficeアプリでも利用できる機能です。Excelは、「何度も行う作業を自動化できる」マクロと相性がよいため、他のアプリよりマクロを使う人が多くいます。

Column
コードとは?

プログラミングを学ぶうえで欠かせない用語の1つ「コード」は、プログラミング言語で書かれたテキストのことです。「マクロ（指示書）を作るため、VBAでコードを書く」と考えるとわかりやすいでしょう。

解説

ブックの扱い方など初心者が押さえておきたいポイントとは?

Excelの中で利用するマクロですが、通常のExcelの利用とは違う、マクロ利用時ならではのポイントがあります。

マクロは通常のブックでは使えず、セキュリティの警告も出る

Excel内で利用できるマクロですが、通常使っているファイルの種類「Excelブック(.xlsx)」ではマクロは使えません。マクロを含むブックのファイルの種類は「Excelマクロ有効ブック(.xlsm)」と区別されています(保存方法はP.39)。

便利なマクロですが、悪用することもできるため、むやみに実行できないよう初期設定されていて、「Excelマクロ有効ブック(.xlsm)」を開くと、図のように「セキュリティの警告」が表示されます。マクロを利用するには「コンテンツの有効化」が必要です。

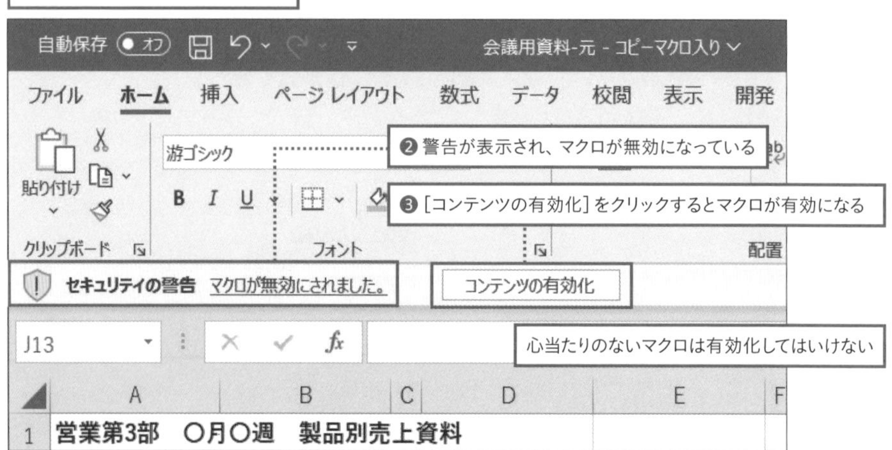

これはつまり、あなたが作ったマクロ入りのExcelブックを誰かに渡した場合、相手にも同じように警告が表示されるということです。作成したマクロを職場で共有することはよくありますが、いきなりの「セキュリティ警告」で相手を驚かせることのないよう、「自身が作成したマクロを含んだブックを送る」場合は、その旨を一言付け加えるといいでしょう。

マクロで実行した処理はCtrl+Zでは戻せない

行った操作を気軽に取り消しできるのは、デジタルで情報を扱ううえでの大きなメリットです。取り消しのショートカットキーCtrl+Zは、Excelユーザーにとって馴染ある操作の1つでしょう。

マクロ利用時の大きな注意点の1つが、マクロで実行した処理はこの Ctrl+Z では取り消しできない点です。

単に情報1箇所を転記した程度のことであれば、その部分を削除すればよいだけですが、わざわざマクロ化するほどの処理は、そんなに単純なものではないのが一般的です。「一連の作業すべてをマクロで自動化した」「マクロを使って複数の箇所に一気にデータを転記した」といった場合、それを1つずつ手動で元に戻していくのは大変な手間です。マクロの処理を実行する前は、バックアップを取る習慣を付けましょう。

Column

拡張子を表示したい場合

Windowsの初期設定では、ファイルのアイコンに拡張子は表示されていません。拡張子を表示し、ファイルの種類をより確実に把握したいというときは、以下の方法で表示できます。

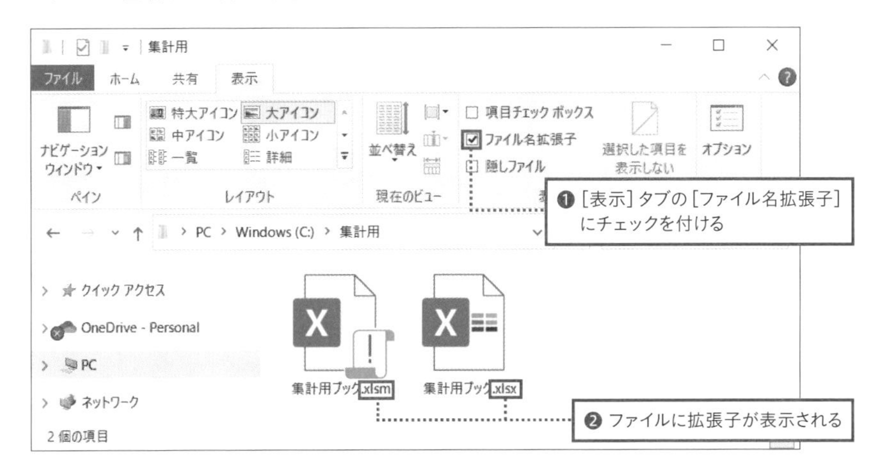

Excelでできることは Excelの機能を使った方が効率的なことも多い

マクロ化できるからといって、どんな作業でもマクロ化した方が便利というわけではありません。Excelで済ませられる作業は、Excelの機能を使った方が楽に済むという場合も実は多くあります。
たとえば、A列「姓」、B列「名」が入力された1000人分の名簿データがあり、C列に「姓名」入力したい場合、「一つひとつコピーしてC列に移すのは大変な手間なのでマクロを…」と思うかもしれませんが、ExcelでCONCATENATE関数またはアンパサンド(&)演算子を使えばマクロを作らなくても簡単に実現することができます。Excelは豊富な機能を備えていて、「実はこんなこともできる」という機能も多々あります。「この作業はマクロ化すべきか？」と悩んだときは、まずExcelでできないかをチェックしてみるのがおすすめです。

こう書くと、「マクロでの処理が適した作業とは？」と思うかもしれません。マクロ化が適している作業といえば、もっともわかりやすいのが何度も繰り返す作業です。たとえば、本書の3章〜6章で紹介している「複数のブックから1つのセルにデータを転記する」は、転記という作業の繰り返しです。転記自体はExcelでももちろんできますが、繰り返しの自動化はExcelではできず作業に手間がかかるためマクロを使った方が便利です。
また、毎日、毎週のように、定期的に繰り返す作業の自動化もマクロの利用に適しています。これも繰り返す点がポイントで、同じ作業を1度だけするのであればマクロにしても意味がありません。

● マクロの利用が適した作業とは？

- ■ 難しい作業＝マクロがよい、簡単な作業＝手動がよい　は間違い 
- ■ マクロにした方が便利なのは「繰り返す」作業

Column

VBAは参考にできる情報が多い

利用者の多いVBAは、参考にできる書籍やWebサイトが多いことも覚えておきたいポイントの1つです。学習を進めていく中で疑問が生じたら、「わからない」とそこで諦めるのではなく、ネットで検索してみましょう。VBAは入門者向けのWebサイトがとても多いため、異なる例や言葉を用いた解説を複数チェックするのも容易です。

解説

VBAはどこに書く?
[開発] タブは自分で表示する

VBAを利用するための [開発] タブは、初期設定では表示されていません。まずは [開発] タブを表示しましょう。

リボンのユーザー設定を変更する

Excelにあらかじめ搭載されているVBAですが、「これまで見かけたことがない」と思う人も多いのではないでしょうか？　それもそのはず、起動用ボタンなどVBAを使うための機能を集めた [開発] タブは、初期設定では表示されていません。
以下の要領で簡単に表示できるので、まずは [開発] タブを表示しましょう。

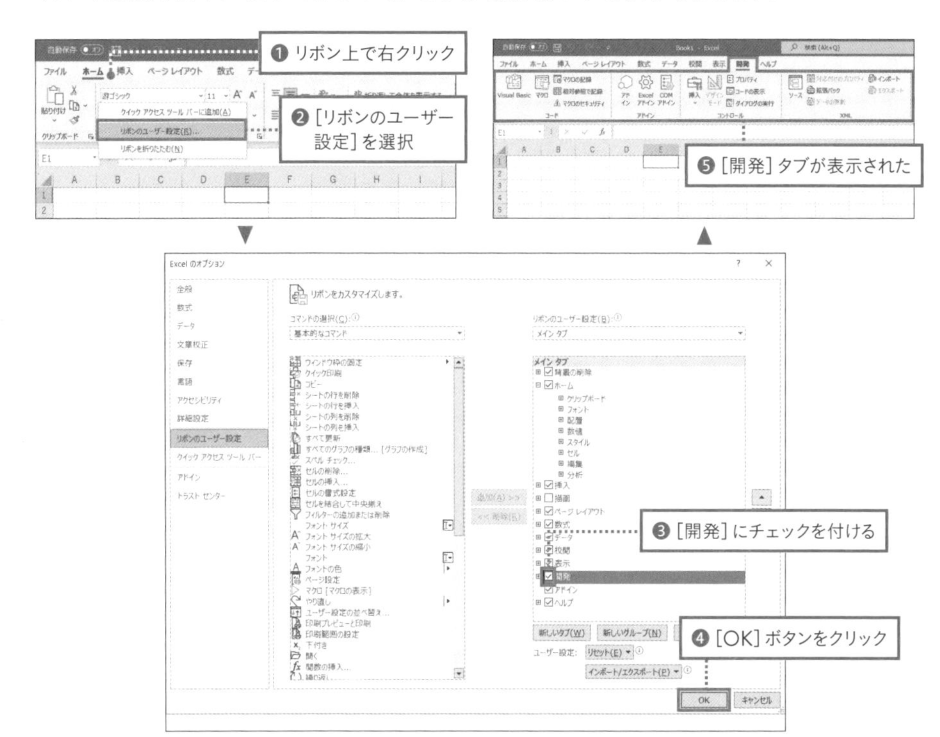

解説

VBAの入力・編集には専用のアプリ「VBE」を使う

さっそくマクロを作成していきましょう。
ここではまず、VBAの記述に必要な専用アプリを起動します。

マクロ作成に欠かせない「VBE」とは?

マクロを作るには、専用の「VBE」というアプリを使います。「VBA」と似ていて少しややこしいですが、以下のような関係性です。

- VBA＝マクロを作るためのプログラミング言語
- VBE＝VBAを編集・入力するためのアプリ

このアプリは、Excelの中にあらかじめ入れられているので、新たに追加する必要はありません。次ページからの方法で簡単に起動できます。

起動したら追加する「モジュール」って何?

「モジュール」とは、マクロを入力するためのシートのようなものです。ワークシートのように追加でき、ブック内に保存されます。VBEを起動したら、この「モジュール」も追加します。

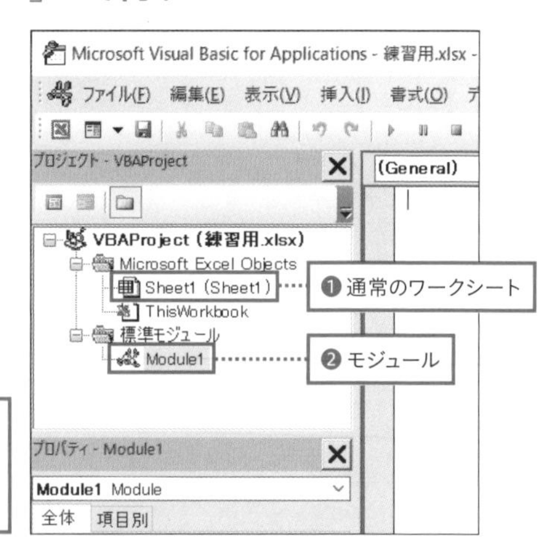

VBEの左の部分は、Excelのブックに含まれているものが表示されるスペースです。図は「練習用」というブックに、通常のワークシートが1つ、次ページの要領で作った標準モジュールが1つある状態です。

ステップ 1

—— **1.2** VBA入力・編集用アプリを使う ——

VBEの起動は ワンクリックでOK

[Visual Basic]をクリックして起動する

VBEを起動するには、[開発]タブの[Visual Basic]をクリックします。[開発]タブが表示されていない場合は、P.21の方法で表示してください。

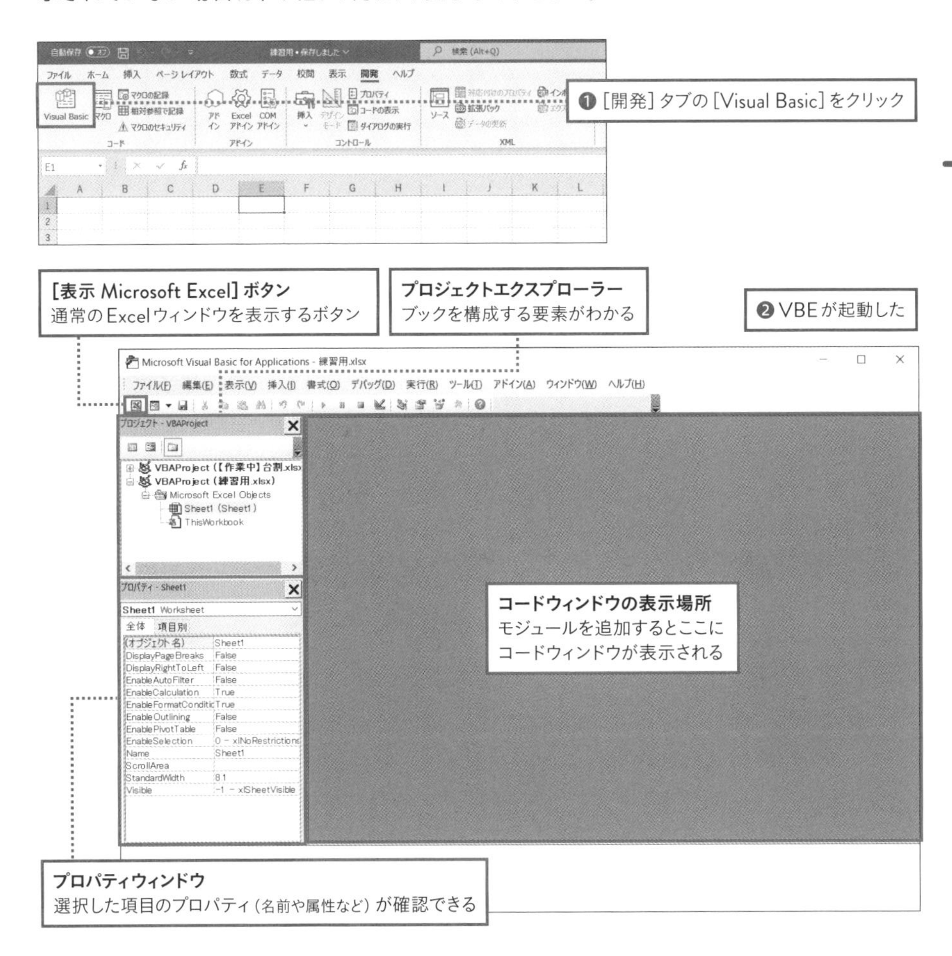

「標準モジュール」を追加する

続いて、マクロを入力するための標準モジュールを追加します。[挿入] メニューから、簡単に挿入できます。モジュールを追加すると、コードウィンドウに表示されます。入力スペースを広く取るため、コードウィンドウを最大化しておきましょう。

複数のブックを開いている場合、モジュールの作成先を問われます。慣れるまでは、作業するブックのみを開いた状態で操作するのがおすすめです。

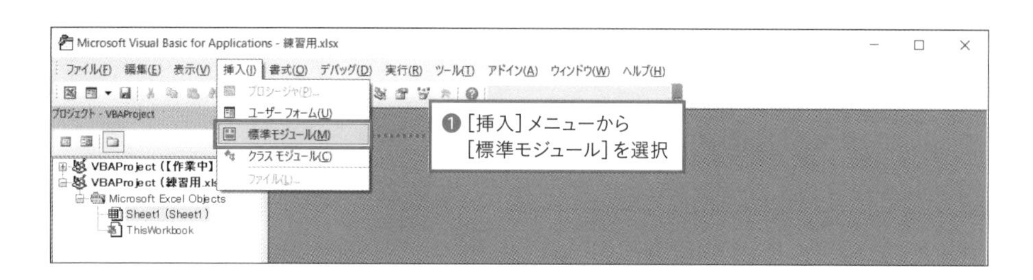

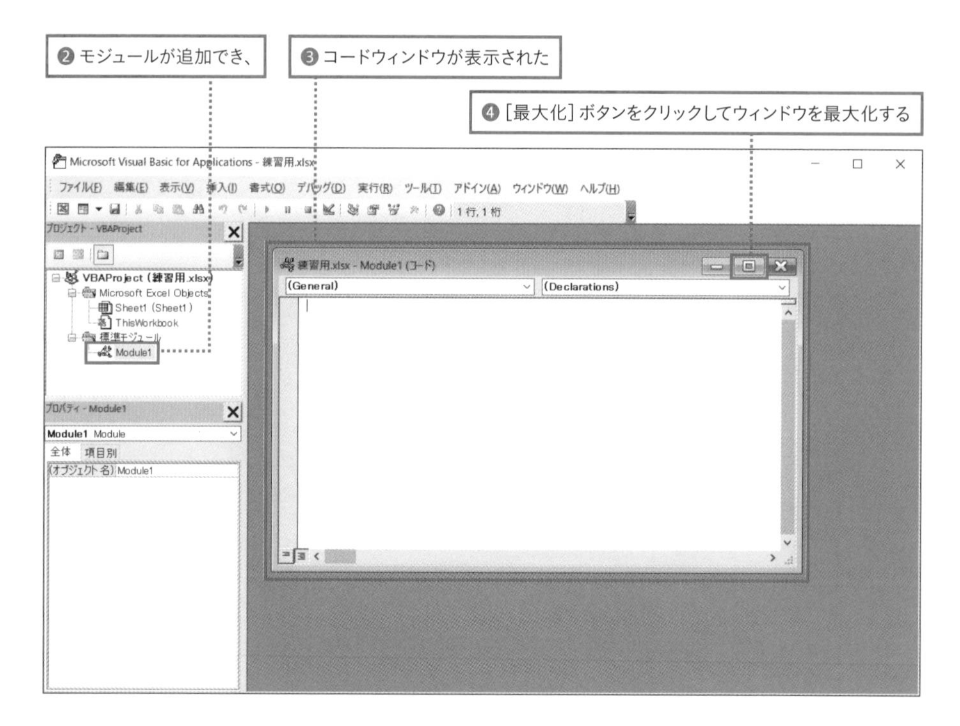

マクロを扱うための準備はこれで完了です！早速次の章から、実際にマクロを作っていきましょう。

第2章

マクロの文型をマスター

簡単なマクロを作って VBAの仕組みを 理解しよう

「オブジェクト」「プロパティ」「メソッド」は
マクロを理解するうえで必要となる、基本中の基本の用語です。
この章では簡単なコードを2つ書きながら、
マクロの書き方を学習していきます。

解説

オブジェクト・プロパティ・メソッドって？意味と関係をシンプルに解説

マクロを学ぶ際に、最初に覚えておきたい3つの用語があります。ここではそれを紹介します。

マクロの文型理解に欠かせない3つの用語

できるだけ早く実践的なマクロを作ることを目指す本書ですが、“作文”に入る前に、最低限知っておきたい用語や決まりがいくつかあります。ここではまず、押さえておきたい3つの用語を紹介します。
「用語」というと難しいイメージを持つかもしれませんが、この3つに関してはそんなことはありません。数も3つと少ないのですぐに理解できます。

1つ目の用語は「操作対象」を表す「オブジェクト」

マクロは「こんな操作をしろ」というExcelへの指示書です。シンプルな指示を例に挙げると、以下のようなイメージです。

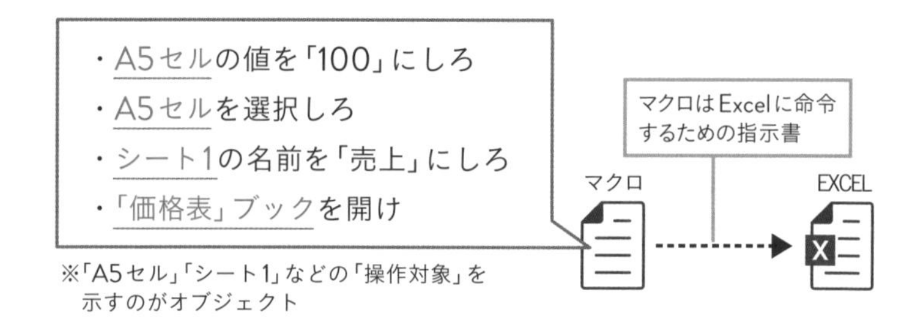

※「A5セル」「シート1」などの「操作対象」を示すのがオブジェクト

こうした指示に欠かせないのが、「何に対して操作をするか」という「操作対象」を入れることです。先の例の場合、赤字部分が「操作対象」です。
「何に対しての指示か」を明確にしないと正しく動けないのは、日本語で指示を出す場合と同じですね。

こうした指示に欠かせない「操作対象」のことをVBAでは「オブジェクト」と言います。セルやシートをはじめ、Excelでよく利用する要素はほとんど「オブジェクト」として操作できます。以下の図は、Excelの主なオブジェクトです。この他にもさまざまな要素を「オブジェクト」が扱えます。

すべてが「オブジェクト」

行や列、入力された文字のフォントも「オブジェクト」

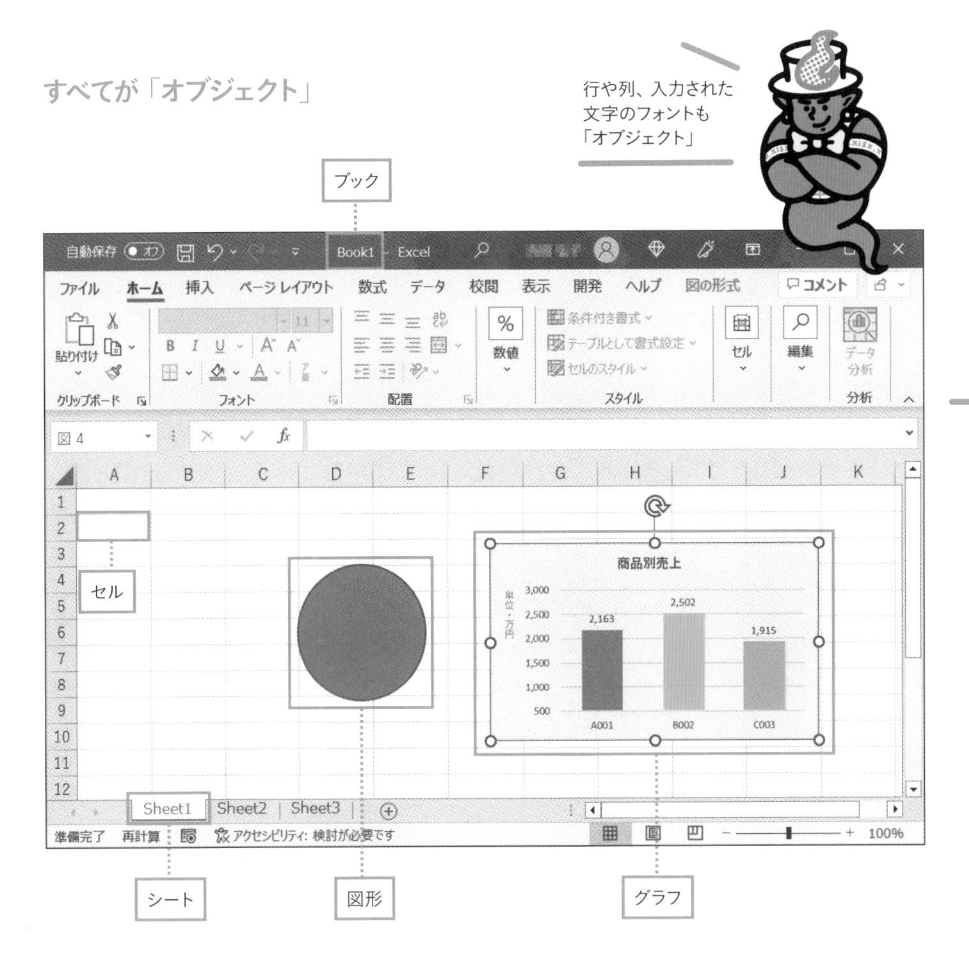

オブジェクトは「オブジェクト名」で呼ぶ決まりがある

「A5セルの値を『100』にしろ」などの指示を日本語でしてもExcelには通じません。そのためマクロの指示書は、VBAというプログラミング言語を使って書くことは先に説明した通りです。

VBAでは操作対象は「オブジェクト」であり、それぞれのオブジェクトには次のように名前があります。

オブジェクトの種類	オブジェクトの名称
アプリ（Excel）自体	Applicationオブジェクト
ブック	Workbookオブジェクト
ワークシート	Worksheetオブジェクト
セル	Rangeオブジェクト
グラフ	ChartObjectオブジェクト
図形	Shapeオブジェクト

オブジェクト名は、指示を書く際にその都度確認すればよいので、ここで暗記する必要はありません（本書でも必要なオブジェクト名はその都度記します）。「Application」「Workbook」「Chart」「Shape」など見慣れた英単語が使われているので、何度か使っているうちに自然に覚えてしまいます。

唯一、セルだけ「Cellsオブジェクト」ではなく「Rangeオブジェクト」な点に注意しましょう。少し違和感があるかもしれませんが、セルは「Rangeオブジェクト」という決まりとして覚えてしまいましょう。「Rangeオブジェクト」はよく使うので、マクロを実際に使い始めるとすぐに馴染みます。

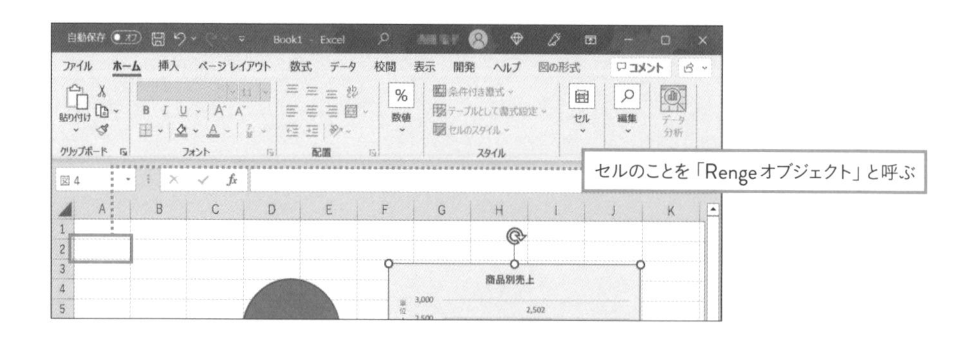

2つ目の用語は「属性」を表す「プロパティ」

VBAでは、操作対象（オブジェクト）の「なに」を設定するのかを指示する部分、つまり「属性」を「プロパティ」と言います。
例えば図のB2セルのように設定する場合、「B2セルを黄色にする」だけではエラーになってしまいます。「B2セルの塗りつぶしの色を黄色にする」のように、しっかり指示に含める必要がある重要な要素です。

	A	B	C
1			
2		¥1,000,000	
3			
4			

● B2セルのプロパティと設定

塗りつぶしの色 …… 黄色
表示形式 …………… 通貨
罫線 ………………… 格子

設定できる「プロパティ」は「オブジェクト」ごとに決まっていて、それぞれ違います。たとえばセルの場合、他に以下のようなプロパティがあり、これらを使うことでセルの「なに」について指示を出すのか表すことができます。

● Rangeオブジェクト（セル）のプロパティの例

- 値 ………………… Value
- フォント ………… Font
- 表示形式 ………… NumberFormat

先に使った指示の例で見ると、赤文字がオブジェクト、青文字が「プロパティ」です。

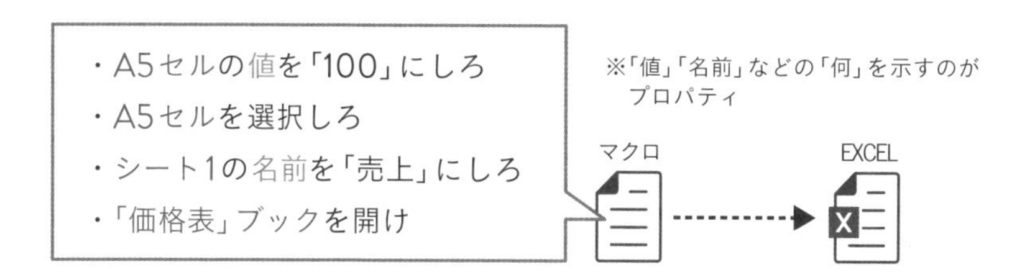

指示内容を問わず必要だった「操作対象（オジェクト）」に対し、「属性（プロパティ）」は指示の内容によっては含まれない場合もある点がポイントです。

3つ目の用語は「動作」を表す「メソッド」

VBAでは、操作対象（オブジェクト）に指示する「動作」を「メソッド」と言います。先に使った指示の例で見ると、赤文字が「オブジェクト」、青文字が「プロパティ」、緑文字が「メソッド」です。

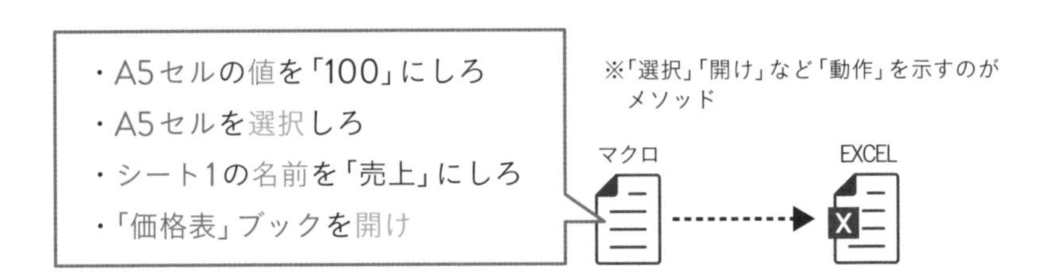

こちらも「属性（プロパティ）」と同様に、指示の内容によっては含まれない場合もあります。

設定できる「メソッド」は「オブジェクト」ごとに決まっている点も「プロパティ」と同じです。たとえばセルの場合、以下のような「メソッド」があり、これらを使うことでセルにどのような動作をさせるのかを表すことができます。

● Rangeオブジェクト（セル）のメソッドの例

- コピーする ………………… Copy
- 選択する …………………… Select
- クリアする ………………… Clear

続いて以下は、ブックの「メソッド」です。「開く」や「保存」など、セルに対しては行えない動作があり、「オブジェクト（操作対象）」ごとに利用できる「メソッド（動作）」が決まっている理由がよくわかります。

● Workbookオブジェクト（ブック）のメソッドの例

- 開く ………………………… Open
- 変更を保存 ……………… Save
- 閉じる ……………………… Close

オブジェクト・プロパティ・メソッドを組み合わせて基本的な指示を出せる

ここで紹介したことをまとめると、以下のようになります。

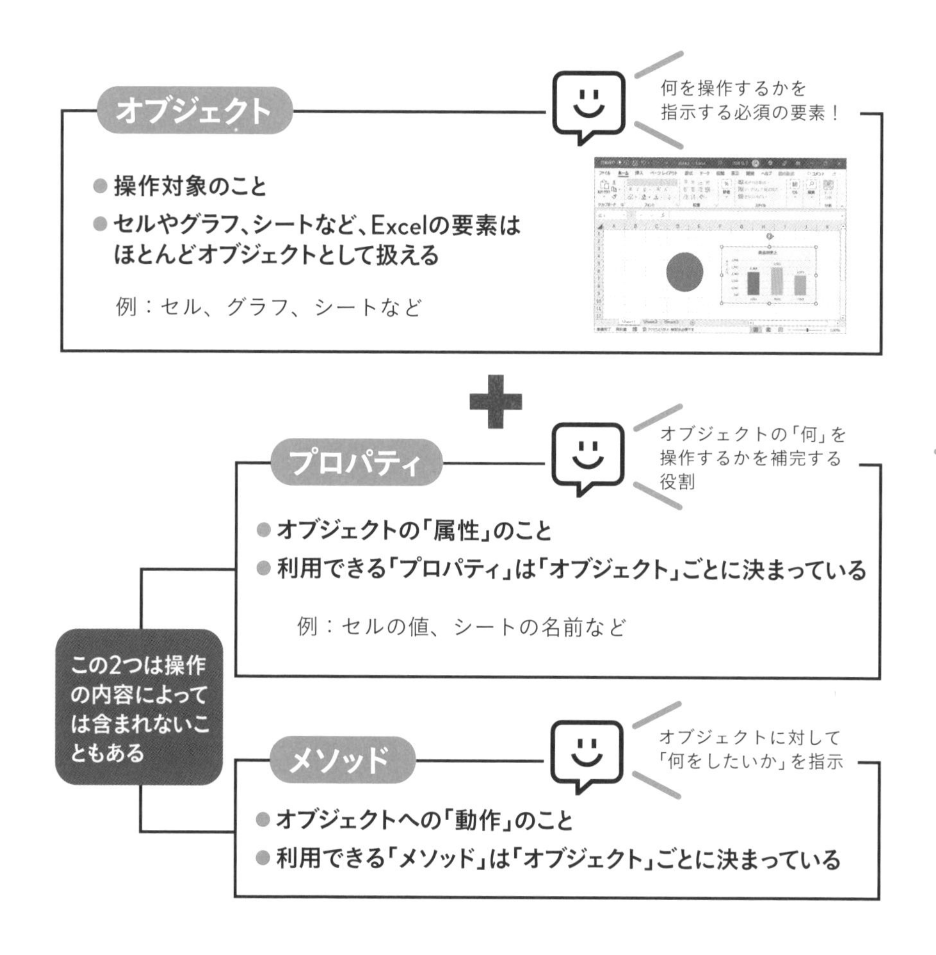

「オブジェクト」と「プロパティ」と「メソッド」、この3つが重要な理由は、マクロを習得するにあたり、最初に覚えておきたい2つの基本文型に使うからです。この3つさえ理解していれば、基本の文型はすぐに理解できます。
次ページからは、さっそくオブジェクト・プロパティ・メソッドを使い、基本的文型のマクロを作ってみましょう。

解説

「設定」するマクロは対象・属性・値で作る

ごく簡単なマクロを作って、マクロの基本となる部分をまずは理解しましょう。

出したい指示を要素に分解してみる

ここからは基本的な文型を理解するため、ごくシンプルなマクロを作っていきます。まずは最初に理解したい「設定する」ためのマクロを作ります。例えば「図形の色を赤にする」など、「操作対象を〇〇に設定する」という操作はExcelで利用頻度の高い操作です。

ここで作るのは、「B2セルに『はい』と入力する」マクロです。「入力する」という操作は「設定する」ではないのでは?と思うかもしれません。しかし、VBAでは「〇〇を入力する」という指示の出し方をしません。人間がExcelを操作するときとマクロで指示するときの違いについては、きちんと覚えておきたい重要なポイントです。

VBAでセルに何かを入力したいときは、「B2セルの値を『はい』に(設定)する」と考えます。そのため「入力する」も「設定」するマクロになるのです。これは難しく考えず、VBAという言語はこういう決まりだと思って覚えてしまいましょう。
この指示を構成している要素ごとに分解するとこうなります。

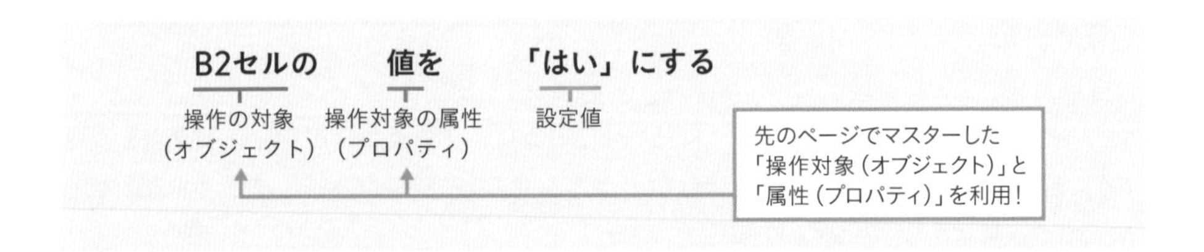

VBAで何らかを設定したいときは、このように「操作の対象」「操作対象の属性」「設定値」を指示する決まりがあります。

Excelが理解できる言語で書く

マクロのやっかいなところは、日本語で指示を出してもExcelに伝わらないところです。前ページの指示をExcelが理解できる言語、つまり「VBA」で書くと次のようになります。「＝」を「等しい」という意味に捉えるとVBAはわかりにくいので、このように「＝」でつながれた場合は、「操作対象の属性を設定値にする」という意味合いだと覚えてしまいましょう。

Rangeオブジェクト（セル）の書き方

先に紹介した通り、VBAではオブジェクトにそれぞれ名前が付いており、セルは「Rangeオブジェクト」という名前でした。VBA内では、セルを指定するときはこの「Range」を使って記述する決まりがあり、B2セルであれば「Range("B2")」と書きます。セル番地を指す「("B2")」部分は、(" ")で囲みます。

Valueプロパティとは？

今回の例文で使用している「Value」は、「値」を表すプロパティです。そのため「Range("B2").Value」とすることで、B2セルの「値」について設定することがわかります。

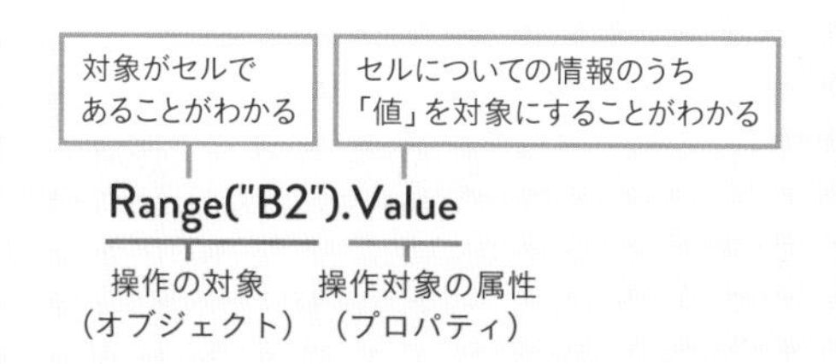

この基本的な決まりを理解すると、何らかのマクロを見たときに「何についてのマクロなのか」が理解できます。次ページからはVBEで実際にマクロを作る方法と、より細かなルールやチェックポイントを紹介していきます。

マクロの最初と最後を作る

使用ファイル「ch2-1.xlsm」

マクロの始まりは「Sub」で表す

ここからは、P.24で作成したモジュールに実際にマクロを入力していきます。モジュール内には複数のマクロを作成でき、それぞれのマクロの最初と終わりは次のように記す決まりです。まずはこの部分を入力していきましょう。

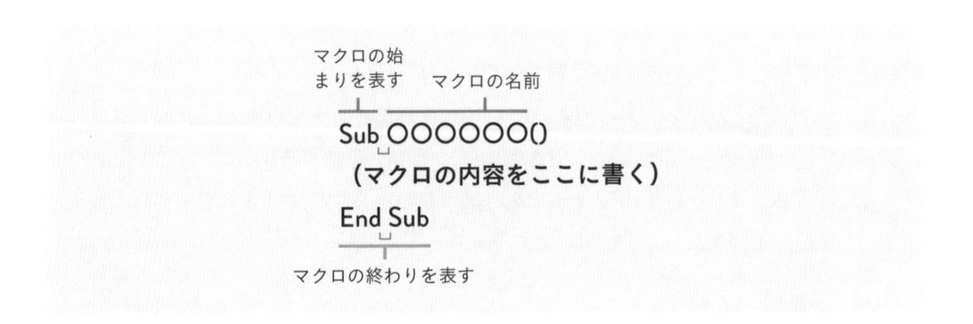

Column

マクロの名前はわかりやすければOK

マクロの名前は、英数字、日本語どちらでもかまいません。後からでも内容が分かりやすい名前を付けておくと後々便利です。利用できる記号は、_(アンダーバー)のみで、数字と記号は名前の最初には使えません。また、VBAで利用している名称(関数名など)なども使えません。

Column

␣は半角スペースを表す

マクロでは、半角スペースの入力が必要なケースが多々あります。本書では、上のように␣の印で半角スペースが必要な位置がわかるようにしています。

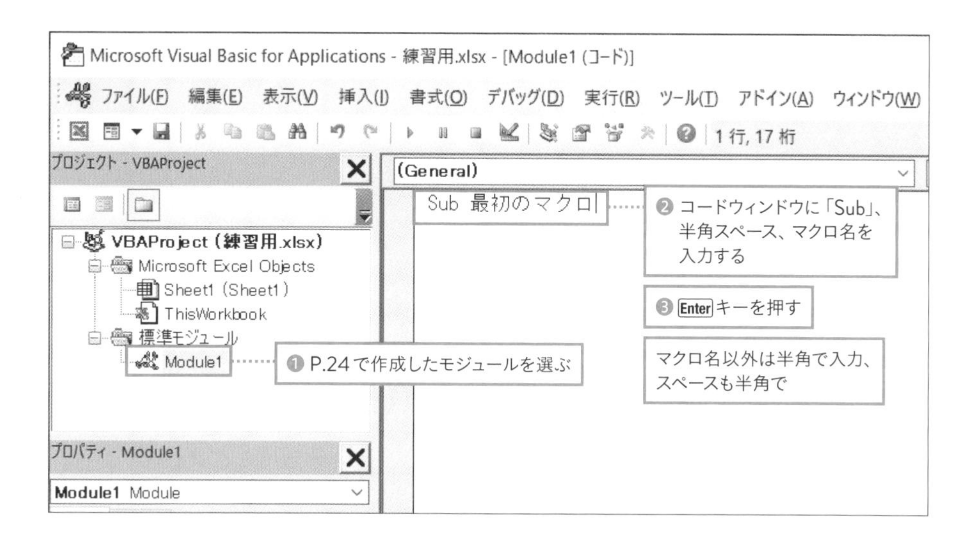

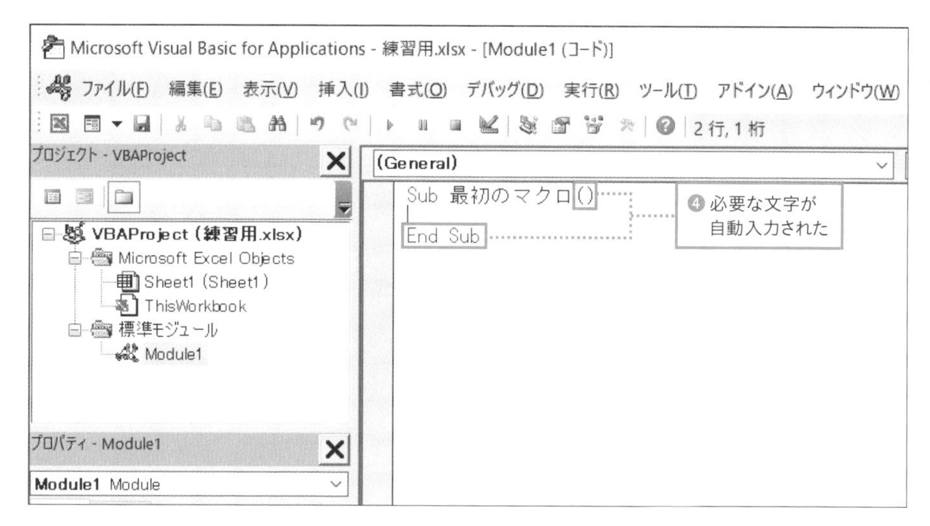

親切な入力補助機能がある

VBEには入力を補助する機能が備わっているため、このように必要な情報を自動で入力してくれます。アルファベットの大文字・小文字も必要に応じて調整してくれるので、入力時はさほど気にしなくても大丈夫です。

マクロの中身（指示内容）を入力してみよう

使用ファイル「ch2-2.xlsm」

内容は字下げして見やすくするのが一般的

ここからはマクロの指示内容を書いていきます。内容を書く場所は、「Sub 最初のマクロ()」と「End Sub」の間です。ここで作るマクロはP.32で解説した、「B2セルの値を『はい』にする」という以下のマクロです。右ページのポイントも参考に入力してみましょう。

```
Range("B2").Value = "はい"
```

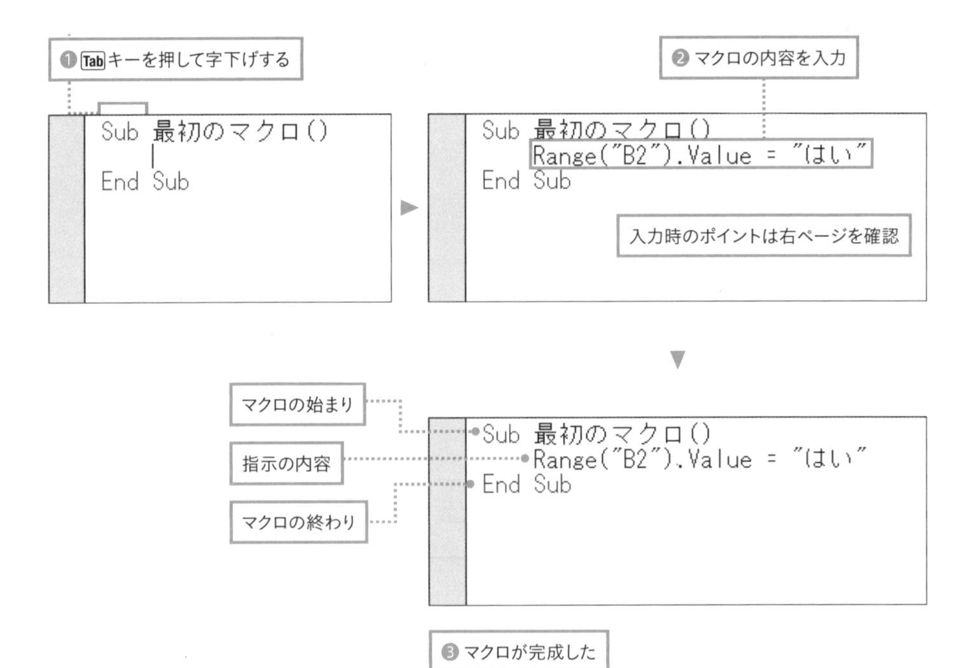

入力のポイント

①わかりやすいようタブで字下げする

マクロの内容部分を入力する際は、タブを入力して字下げするのが一般的です。こうすることで内容部分であることが一目でわかります。

②入力支援機能を活用できる

入力した文字によって、入力を支援する画面が表示されることがあります。例の場合、オブジェクトの後ろに「.」を入力し、プロパティを入力する時点で図のようにプロパティの選択肢が表示されます。矢印キーで選択し、Tab キーを押すと入力できます。1文字目の「v」を入れると、vで始まるプロパティを表示することもできます。スペルミスなどの心配なく、手早く入力でき便利です。

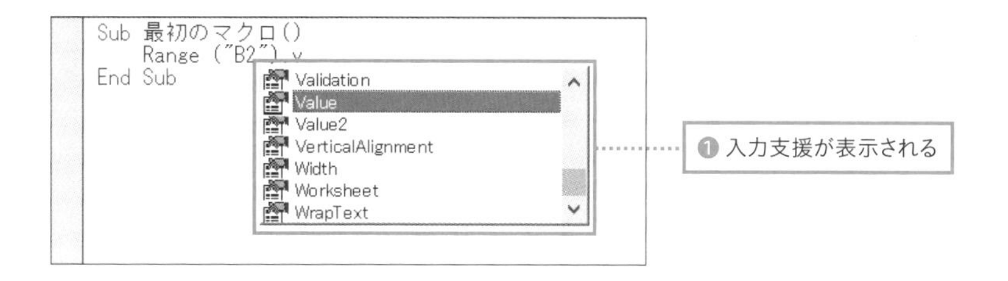

③「=」の前後には半角スペースを入れる

「=」の前後には必ず半角スペースを入れます。入れ忘れた場合でも、自動的に補正されるので神経質になる必要はありませんが、「=」を入れるときは前後に半角スペースが必要なことは覚えておきましょう。

④設定値が文字列の場合は「"」で囲む

「はい」のように設定値が文字列の場合は、「"」で囲んで入力します。一方、数値を入力する場合は、「Range("B2").Value = 100」のように「"」は不要です。

Column

プロパティには「設定」と「取得」の役割がある

ここでは「プロパティの設定」のためにプロパティを使う文型を紹介しました。実はプロパティにはもう1つ役割があります。それが「プロパティの取得」です。これはもう少し後で紹介するので今は理解しなくて大丈夫です。ここでは、役割が2つあることだけ意識しておきましょう。

解説

マクロ入りブックは通常と扱いが違う

作成したマクロも含めてExcelのブックを保存するには、Excelマクロ有効ブックとして保存する必要があります。

マクロの有無でファイルの種類が変わる

P.18でも紹介した通り、マクロは通常のブック内には保存できません。マクロを作ったら、「Excelマクロ有効ブック」として保存しましょう。「Excelマクロ有効ブック」として保存する前に通常のExcelブックとして保存すると、作成したマクロが消えてしまうので注意してください。通常のブックとしてすでに保存済のファイルであっても、マクロ追加後に上書き保存を実行すると、マクロ有効ファイルとして別途保存するよう促されます。

● ブックのアイコンに「!」が付く

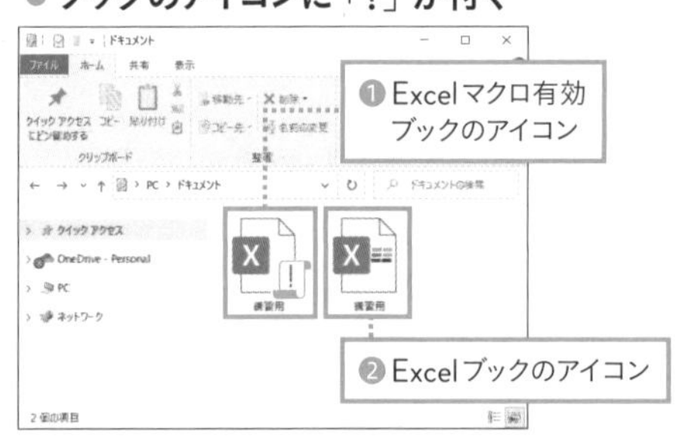

ファイルの種類によって、ファイルのアイコンの表示も上図❶のように変わります。

● 保存したExcelマクロ有効ブックを開く

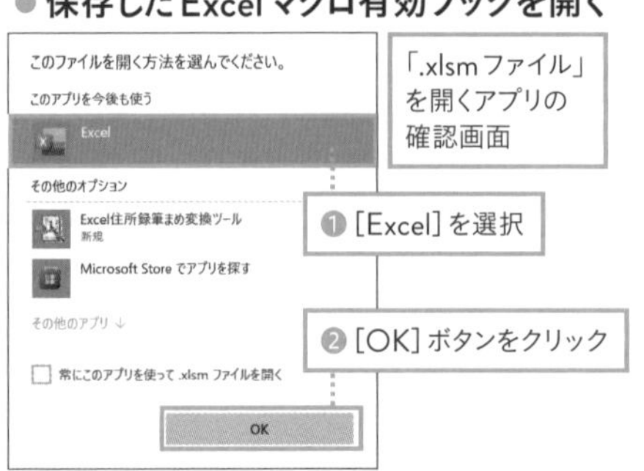

また、Excelマクロ有効ブックを開こうとすると、下図のような画面が表示されます。[Excel] を選んで起動しましょう。Excelマクロ有効ブックの拡張子は、通常のExcelブックの「.xlsx」とは違い「.xlsm」です。[常にこのアプリを使って.xlsmファイルを開く] にチェックを付けると、以後「.xlsmファイル」(Excelマクロ有効ブック) を常にExcelで開くことができます。なお、初期設定ではP.18で紹介したようにマクロは無効化の状態でブックが開きます。

Excelマクロ有効ブックの保存方法

ファイルの種類で［Excel マクロ有効ブック］を選ぶ

通常のExcelブックも、マクロ入りのブックも、保存方法に大きな違いはありません。保存時にファイルの種類を［Excel マクロ有効ブック］にするだけでOKです。以下は、VBEの［保存］ボタンを使った場合の手順です。ここで注意するのは❷でクリックするのは［いいえ］ボタンという点です。［はい］ボタンを押すと、マクロなしのブックとして保存され、マクロが消えてしまうので気を付けましょう。ボタンの押し間違いが心配な場合は、Excelの［ファイル］タブで［名前を付けて保存］を選択しても❸の画面を開けます。

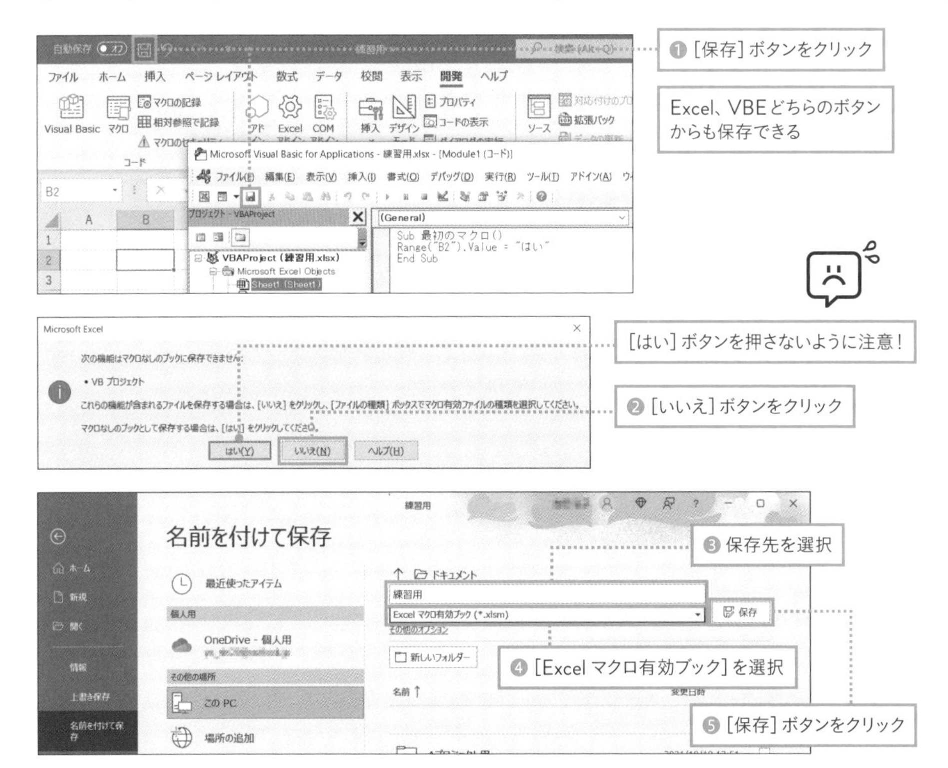

解説

マクロの実行には複数の方法がある

**マクロの実行方法はいくつかあります。
用途に応じて便利な方法を活用しましょう。**

動作確認と作業時では適した実行方法が違う

マクロの実行方法は1つではありません。用途に応じて便利な方法を活用して作業を効率化しましょう。本書では次の3つの方法を紹介します。

① Excelの[マクロ]ウィンドウから実行する

Excelの[マクロ]ウィンドウの利用は、もっとも一般的なマクロの実行方法です。手順は次ページで詳しく紹介しますが、作成したマクロの動作確認にはもちろん、VBEを起動しなくてもマクロを実行できるので、完成したマクロを作業に使用する際にも適しています。

②VBE画面で実行する

VBE画面でもマクロを実行できます。作成中の画面からすぐに実行できるので、マクロ作成中の動作確認に便利です。

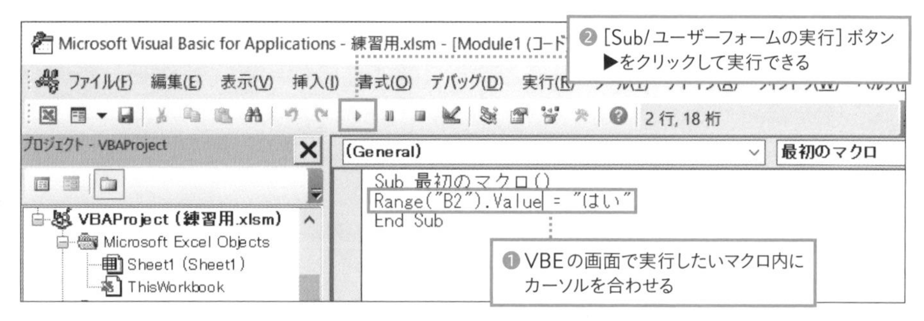

③マクロ実行用のボタンを設置する

シート上にマクロを実行するためのボタンを作成できます。作成の手間はかかりますが、[マクロ]ウィンドウを使うより手早くマクロを実行できます。マクロの利用に慣れてきたら活用したい機能です。本書では、P.94で利用方法を紹介します。

Excelの画面で マクロを実行する

使用ファイル「ch2-2.xlsm」

[マクロ] ウィンドウで実行したいマクロを選ぶ

マクロの実行方法の定番、[マクロ] ウィンドウからのマクロの実行方法をマスターしましょう。ここではP.34で作った「B2セルの値を『はい』にする」マクロを実行します。

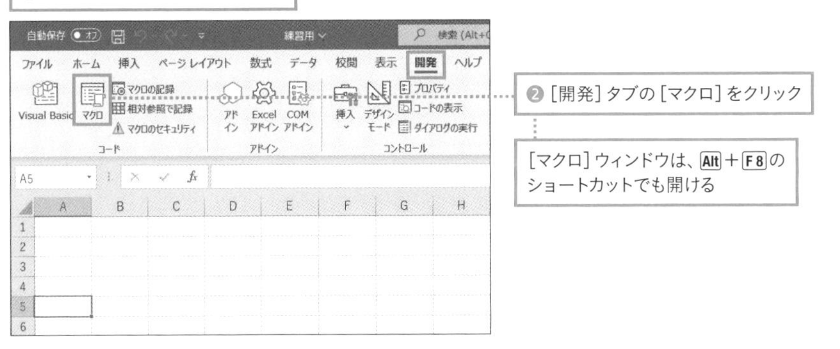

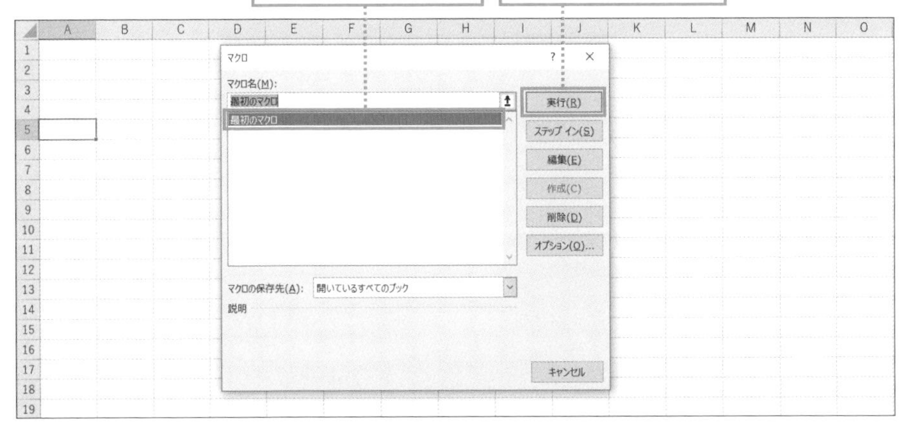

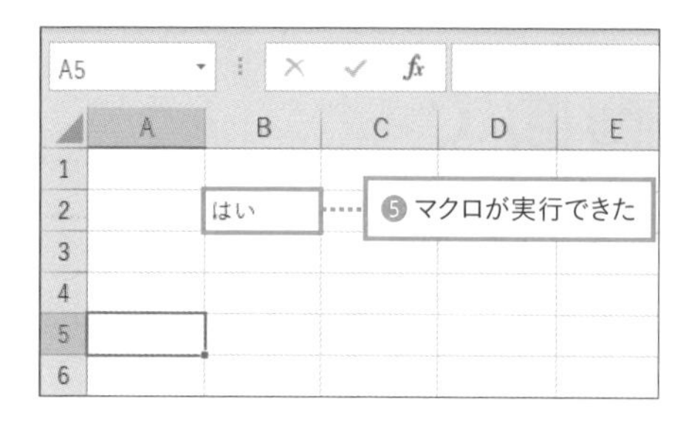

例では、「B2セルの値を『はい』にする」のマクロを実行しました。B2セルに「はい」と入力され、マクロが正しく実行されたことがわかります。

Column

エラーが生じたときは

マクロが正しく書かれていない、実行するためのオブジェクトがブックにないなどの理由でマクロが実行できない場合、エラーメッセージが表示されます。本書では、P.49でエラーの対処法を紹介しているので、エラーが生じた場合はそちらを参考に対処してみましょう。

Column

マクロは別のブックでも実行できる

保存したマクロは、別のブックでも実行できます。マクロを実行したいブック、マクロを保存してあるブックの双方を開いた状態で、マクロを実行したいブックで[マクロ]ウィンドウからマクロを選択しましょう。目当てのマクロが表示されないときは、[マクロ]ウィンドウの[マクロの保存先]を使いたいマクロの保存されているブック、または[開いているすべてのブック]にすると表示されます。

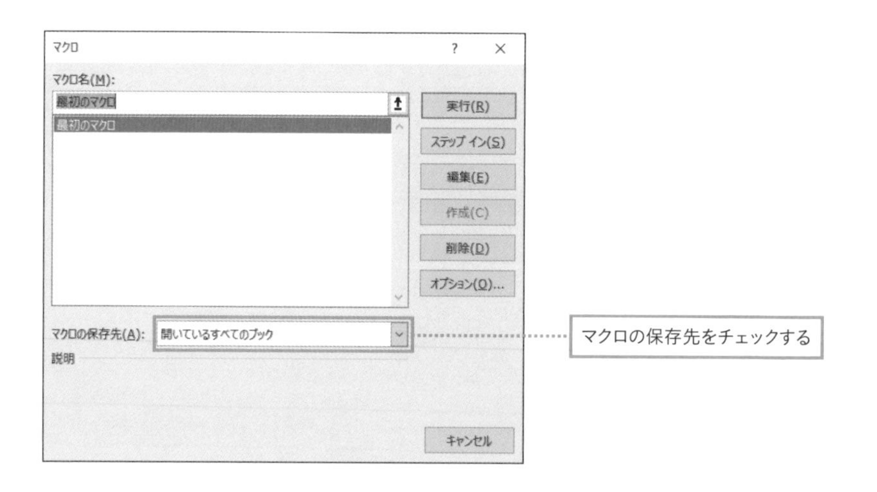

解説

「動作」するマクロは 対象・動作・動作条件で作る

**マクロの基本の文型の2つ目、「動作」するマクロを作ってみましょう。
ここではごくシンプルな例で文型を理解します。**

対象と動作だけの場合は単純明快

P.34〜P.37で作成した「設定」するマクロと並んで押さえておきたいのが、「削除する」など、操作対象（オブジェクト）に対する何らかの動作を指示するための文型です。
「設定」するマクロを理解していれば、さほど難しいことはありません。まずはもっともシンプルな「動作」のマクロとして、「B2セルを選択する」というマクロを見てみましょう。
この指示を要素ごとに分解すると以下のようになります。VBAで何らの動作を指示するときは、このように「操作の対象」と「動作」を指示する決まりです。

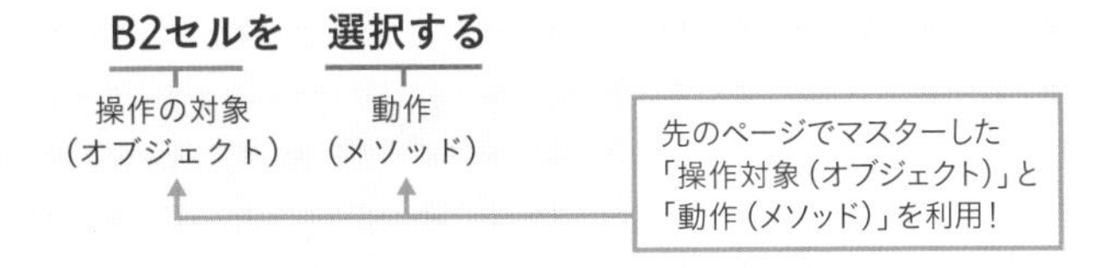

さらにこれをVBAで書くと次の通りです。最初に「操作の対象」（オブジェクト）がくるのは「設定」するマクロと同じで、次に動作（メソッド）がきます。非常にシンプルなコードなうえ、VBAの動作は英単語（Select）が使われているので、オブジェクトについて理解していれば、簡単に指示内容を推察できます。

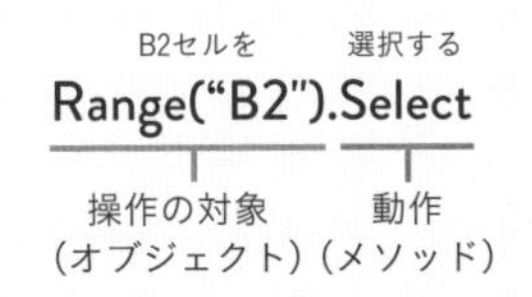

対象と動作に動作条件をプラスする

次に「B2セルをC3セルにコピーする」ためのマクロについて考えてみましょう。「対象」(オブジェクト) と「動作」(メソッド) だけを使う場合、以下のように3行で指示することができます。

```
Range("B2").Copy ——— B2セル (オブジェクト) をコピー (メソッド) する
Range("C3").Select —— C3セル (オブジェクト) を選択 (メソッド) する
ActiveSheet.Paste ——— アクティブシート (オブジェクト) にペースト (メソッド) する
```

指示はできるものの3行と長く、簡潔とも言えません。マクロはできるだけわかりやすくしたいものです。そこで利用したいのが、「操作の対象」「動作」「動作条件」で記す方法です。「B2セルをC3セルにコピーする」の指示を1行で書ける、この文型を日本語で見ると次のようになります。

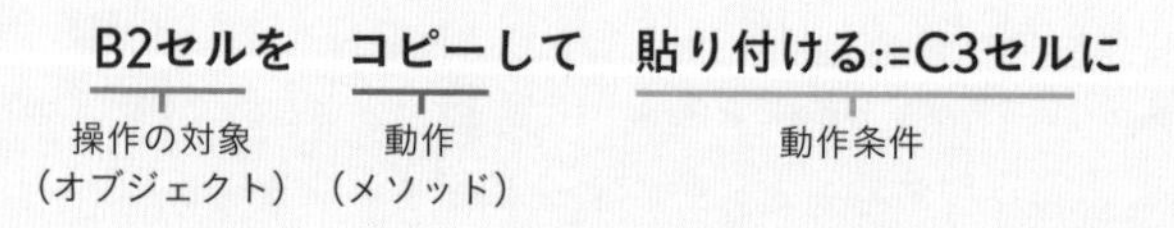

「操作対象」(オブジェクト)、「動作」(メソッド) の後ろに、メソッドの実行に必要な動作の条件が入ります。この動作の条件は「引数」と呼ばれていて、VBAで書くと次のようになります。

「対象.動作」の後ろに半角スペースを挟んで引数を入れます。引数は、引数の内容がわかる「引数名」とその値部分を「:=」でつなぎます。
図の例の場合、コピー先のセル範囲を指定する引数の名前が「Destination」、コピー先のセル範囲の値が「Range("C3")」で、「C3セルに貼り付ける」という指示になります。

例文を見るとよりわかりやすい

引数が入ったことで、少しややこしい印象があるかもしれません。「オブジェクト.メソッド 引数」のパターンの理解が深まるよう、いくつかの例文を見てみましょう。

● Cドライブのユーザーフォルダ「taro」内の「計算用」ブックを開く

ワークブック　を　開く　対象のファイル　は　　C>Users>taro>内の「計算用」

Workbooks.Open Filename:="C:¥Users¥taro¥計算用.xlsx"

操作の対象（オブジェクト）　動作（メソッド）　引数名　引数の値

ブックを開くメソッドは、どのブックを開くかを指定する引数が欠かせません。

● アクティブシートを2部印刷する

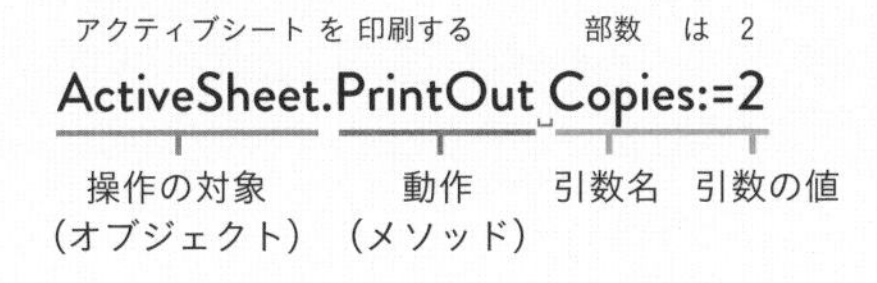

印刷のメソッドは、アクティブシートを1部印刷するだけなら「ActiveSheet.PrintOut」だけでもOKですが、部数を指定したい場合は引数が必要です。

引数名は省略可能なものもある

ここで理解した「オブジェクト.メソッド 引数名:=引数の値」の形ですが、引数名が省略可能なケースも多々あります。実は、ここで紹介したCopyメソッドの「Destination」、Openメソッドの「Filename」は、共に省略可能な引数名です。

引数名を省略すると、それぞれ以下のようになります。

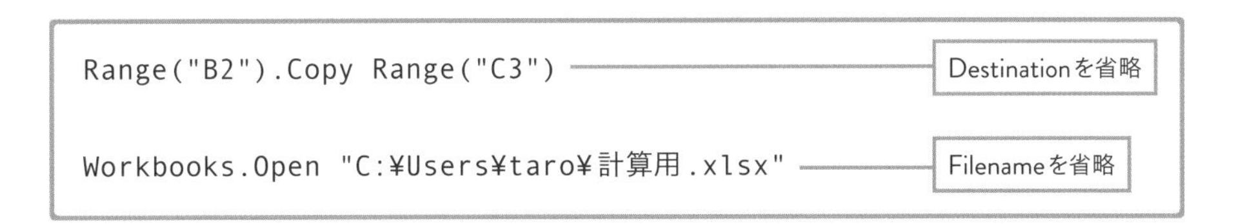

```
Range("B2").Copy Range("C3")
Workbooks.Open "C:¥Users¥taro¥計算用.xlsx"
```

こちらの方がよりシンプルなので、こうして引数名を省略している人も多くいます。省略しても問題ない引数名があるということを覚えておきましょう。

自身でマクロを作る際も、省略できる引数名を省くとよりスピーディに作成できます。一方で引数名があると、どんな引数なのかが一目で分かりやすいというメリットもあります。「この引数は省略できるのか…」と迷ったときはもちろん、マクロに慣れるまでわかりやすさを重視したいというときは、引数名を入れておくのがおすすめです。

引数は複数設定できる

どんな引数、何個の引数を使えるかは、メソッドごとに決まっています。例えば先に紹介した「ActiveSheet.PrintOut Copies:=2」のマクロは、「印刷部数は2」を示す「Copies:=2」部分が引数ですが、PrintOutのメソッドの引数はこの1つだけではありません。

実はPrintOutメソッドでは以下の9つの引数を使うことができます。ただしこれらは不要な場合も多いため、PrintOutメソッドのすべての引数は省略可能です。省略した場合は表内の省略した場合の条件でプリントされる決まりです。

PrintOutメソッドの引数は省略可能！

● **PrintOutメソッドの引数**

順番	引数名		省略した場合
1	From	印刷を開始するページの番号を指定する	最初のページから印刷
2	To	印刷を終了するページの番号を指定する	最後のページまで印刷
3	Copies	印刷部数を指定する	印刷部数は1部
4	Preview	印刷前に印刷プレビューを実行する	プレビューせずに印刷
5	ActivePrinter	アクティブなプリンタの名前を指定	現在使用しているプリンタ名を指定
6	PrintToFile	ファイルへの出力を指示する	ファイル出力されない
7	Collate	部単位で印刷する	ページ単位印刷する
8	PrToFileName	PrintToFile引数でファイルへの出力を指定している場合、引数は印刷するファイルの名前を指定する	ファイル名を指定するダイアログボックスが表示される
9	IgnorePrintAreas	印刷範囲を無視して印刷する	印刷範囲が有効になる

このように引数が複数あるメソッドでは、必要な引数（自分が設定したい引数と、省略が不可の引数）のみ指定します。特定の引数のみを指定する場合、もっともわかりやすいのが先に紹介した「オブジェクト.メソッド 引数名:= 引数の値」を指定する方法です。
たとえば「アクティブシートの3ページ目から5ページ目までを2部印刷する」操作をマクロで指示する場合、必要な引数は3つです。引数を複数指定する場合は、下のように「,」と半角スペースで区切ります。

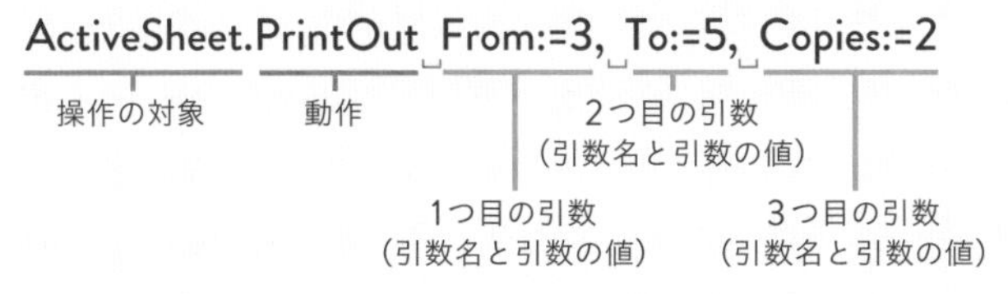

引数名を省略して書くこともできます。先に書いた「アクティブシートの3ページ目から5ページ目までを2部印刷する」操作のマクロを引数名を省略して書くと、以下のようになります。

この方法での指定は、引数を順番通りに入れる点がポイントです。メソッドごとに引数の順番は決まっていて、PrintOutメソッドの引数の順番は先の表の通りです。1番目が開始ページ、2番目が終了ページ、3番目が部数なので、「PrintOut 3, 5, 2」で指定できます。

引数名を省略すると便利な一方で、引数の順にある1番目と2番目の引数は指定せず、3番目の「Copies」（=印刷部数）のみ指定したい場合はどうしたらいいんだろう？　と疑問を抱く人がいるかもしれません。引数名を省略する詳しいコードの書き方については次ページでも解説していきます。

この方法で重要なのは、途中の引数が不要で省略する場合も「, 」は省略しないという点です。つまり「アクティブシートを2部印刷する」という操作を引数名を省略して指示する場合は以下のようになります。

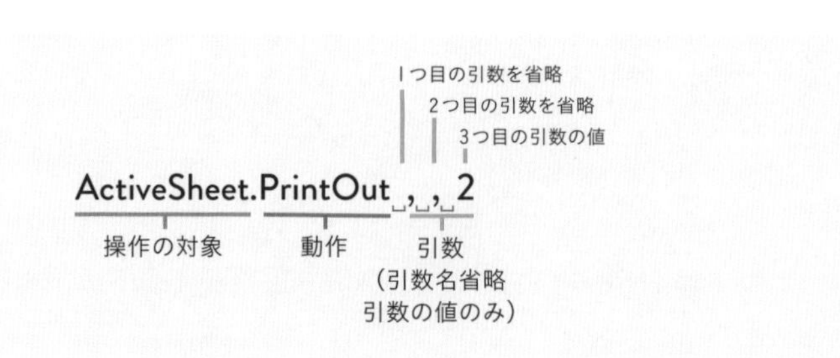

すべてのページを印刷する場合は、開始ページ、終了ページの指定は不要なので省略しますが「, 」はしっかり入れます。こうすることで、3番目の引数、つまり「部数」の引数の値が「2」であることがわかります。
これを「ActiveSheet.PrintOut 2」としてしまうと、1つ目の引数である「開始ページ」が2と認識され、「2ページ目から最後のページまでを1部印刷する」という指示になるので注意しましょう。

一方、「Copies:=2」のように引数名と引数の値を指定する場合は、引数を書く順番に指定はありません。順番を気にしないでよく、使っている引数も把握しやすいため、マクロに慣れるまでは引数名も書く方法がおすすめですが、部署で共有しているマクロなど、他の人が作ったマクロでは引数名が省略されている可能性もあります。引数を省略した書き方も理解しておきましょう。

Column

メソッドの引数以外にも引数は使われている

「引数」とは、処理を行うために必要な付加情報のことで、メソッドだけで使われる要素ではありません。例えば、セルを指定する「Range ("A2")」内の「"A2"」の部分も厳密には引数です。

解説

エラーを知らせるさまざまなメッセージに対処しよう

**プログラムの作成においてエラーは付きものです。
エラーが起きた時の対処法を押さえておきましょう。**

スペルから文法までさまざまなミスが対象になる

プログラムは、何かしらのエラーがあると正しく動きません。プログラムに誤りがあると、エラーが起きたことと、その内容を知らせるメッセージが表示されます。ごく短い基本の文を作っただけの現時点ではまだエラーが生じることは少ないと思いますが、ある程度の長さのマクロを作成する場合、エラーが生じるのは珍しいことではありません。
本書でも3章以降はより実用的なマクロ作りに挑戦していくので、いざというときに慌てないよう、VBEでのエラーについて確認しておきましょう。
VBAでマクロの作成中に発生するエラーには、以下の2つがあります。

- **コンパイルエラー**
  → **マクロ実行前に、文法ミスが見つかると表示される**
- **実行時エラー**
  → **マクロの実行中に、実行環境が整っていないなどの問題が見つかると表示される**

Column

コンパイルとは?

記述したVBAのコードは、実はそのままは使われていません。よりコンピュータが理解しやすい状態に変換されて利用されていて、この変換作業を「コンパイル」と言います。作成したコードに文法ミスがあるとコンパイルができないため、コンパイルエラーになります。

コンパイルエラーの対象と発生タイミング

コンパイルエラーは、文法の誤りに対して表示されるエラーです。エラーが見つかるとコンパイルできないため、マクロの実行もできません。スペルミスはもちろん、「()」や「" "」の不足、構文の間違い、改行位置の間違いなどが対象になります。コードの入力中に加え、コードの実行時にも発生します。

入力時のコンパイルエラーは赤字部分を修正する

VBEでは、入力の最中にコンパイルのための構文チェックが自動で行われています。1行分のコードを入力して確定するとその時点でチェックされ、文法の誤りが見つかるとエラーが表示されます。エラーを知らせるメッセージが表示され、対象部分のコードが赤字になるので、メッセージを閉じてコードを修正しましょう。

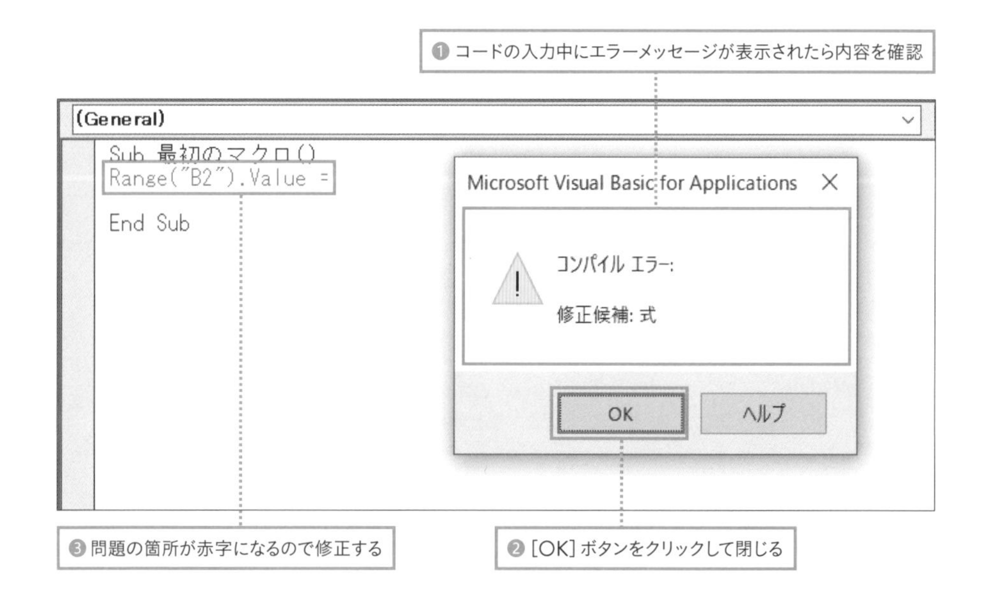

実行時のコンパイルエラーは青くなった近くを修正する

構文チェックの自動チェックは、マクロの実行操作をした直後、マクロを実行する前のタイミングでも行われます。ここでミスが見つかるとマクロは実行されず、コンパイルエラーが表示されます。1行単位のチェックは上記の「入力時のコンパイルエラー」ですでに解消されているので、ここで見つかるのは行をまたいで生じるエラーです。

たとえば以下は、マクロの最初の方に入れた「Do」というコードに対し、別の行で入れるべき「Loop」というコードがないことを知らせています。エラーが表示されるとともに、問題になった箇所が青く反転するので、その部分、またはその近くで問題を見つけて修正しましょう。図の場合、青くなっているのは「End Sub」ですが、ここには問題はなく、そのすぐ上に入れるべき「Loop」がないことがエラーの原因です。図の❹の要領でマクロの実行を中止し、不足しているコードを追加すれば解消できます。

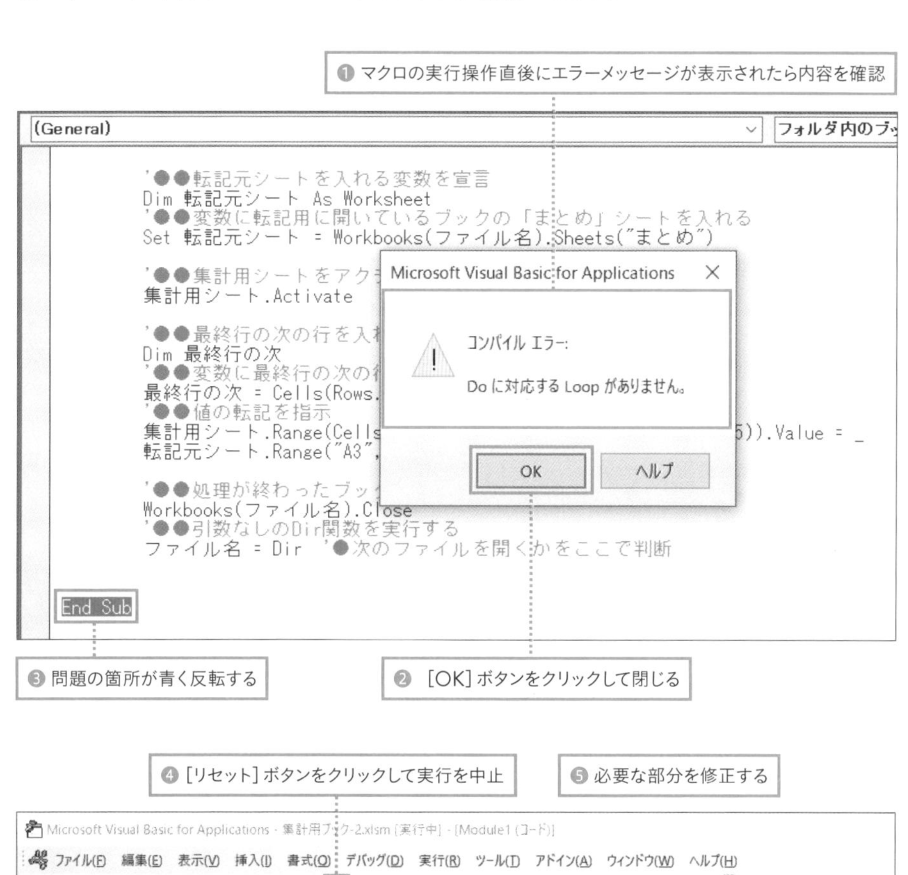

実行時エラーの対象と発生タイミング

実行時エラーは、その名の通りマクロの実行中に発生するエラーです。コンパイルが終了し、マクロの実行が始まった状態なので、前ページの「実行時のコンパイルエラー」とは異なり文法の誤りが原因ではありません。マクロ内で利用を指示しているブックが開いていない、正しいフォルダに保存されていないなど、主に実行環境が整っていないことが原因です。マクロを実行してみて初めてわかるエラーです。

実行時エラーは黄色くなった部分を確認する

マクロの実行中、エラーが見つかるとその部分で実行が停止し、エラーが表示されます。実行が停止した箇所でコードが黄色く反転し、どの部分まで実行できたかがわかります。エラーの内容と、黄色に反転した部分のコードを確認し、問題の箇所を探しましょう。黄色く反転した部分のコードや、その実行に必要なブックなどの実行環境、直前に行った処理に問題がある場合が中心です。

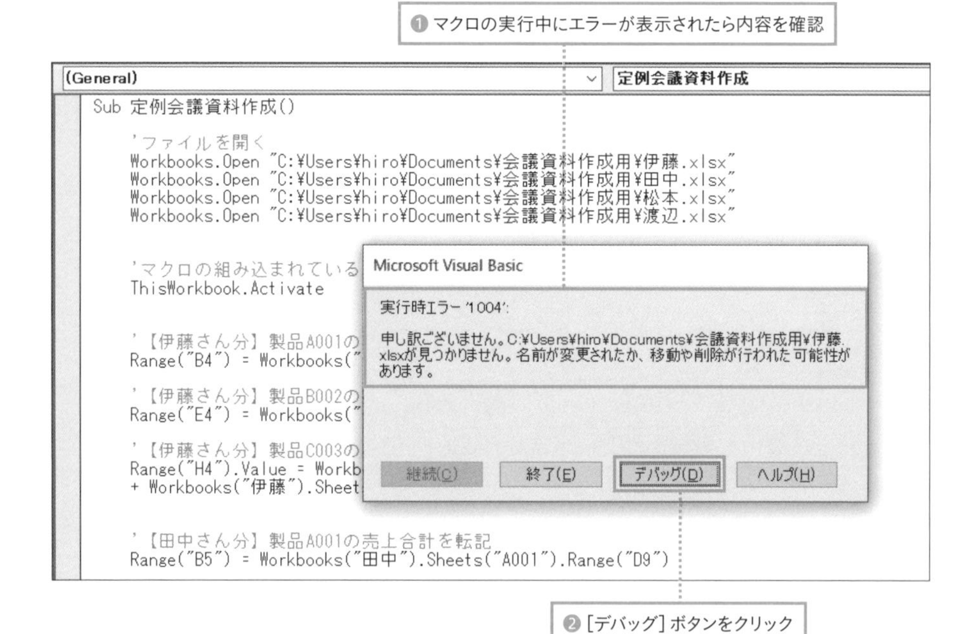

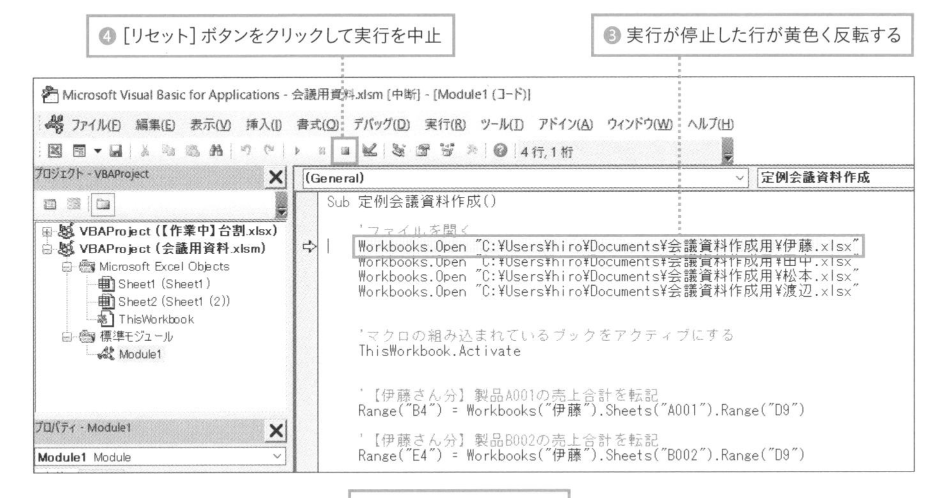

文法に問題はないが、ここで開くよう指示したファイルが見当たらない（＝実行環境に問題がある）例

実行はできるが結果が違うというエラーもある

マクロは最後まで実行できたものの、その結果が求めていたものと違う場合、「作った人にとっては正しくはない＝エラーのあるマクロ」です。しかしその一方で、文法や動作環境には問題がなくマクロが実行できているので、コンピュータにとってはエラーではありません。そのため先に紹介したようなエラーメッセージは表示されません。この状態のエラーを論理エラーと言います。

論理エラーは、エラーメッセージや該当箇所の色の変更などはないので、結果から自身で原因を推察し、エラー箇所を探して修正する必要があります。次ページで紹介するステップ実行などを使って、該当箇所を探しましょう。

Column

マクロの確認に便利なステップ実行とは

ステップ実行は、マクロを1行ずつ実行できる機能です。1行実行するごとに結果を確認できるので、どの時点で問題が生じたかの把握もしやすく、前ページの論理エラーの対応時などに役立ちます。
また、マクロの利用を進めていくと、コードを見ただけでは対象のセルやシートがすぐにわからない場合も出てきます。ステップ実行は、対象にカーソルを合わせることで、実際に利用されているセルやシートが把握できる点も非常に便利です。こうしたケースは本書でもP.139などで紹介しているので、追って確認してください。
ここではステップ実行の基本的な使い方を紹介します。マクロ内にカーソルがある状態で操作しましょう。

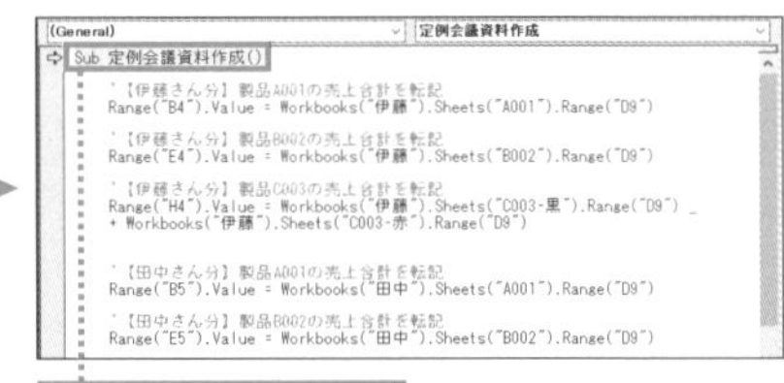

❶ マクロ内をクリックしてカーソルを移動

❷ F8 キーを押す

❸ 1行目が黄色くなる

❹ F8 キーを押すとこの行が実行される

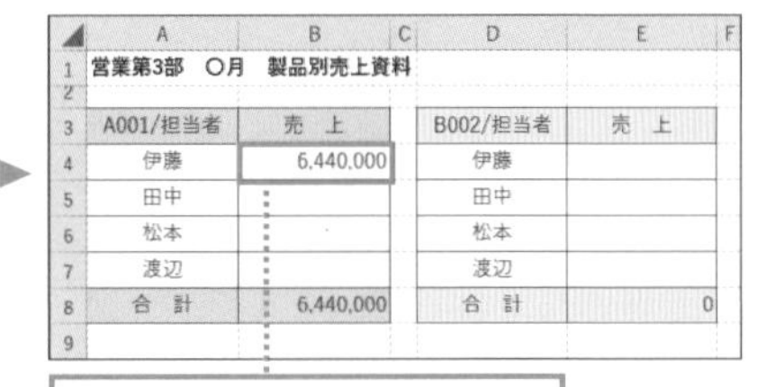

❺ 次のコードの行が黄色くなる

❻ F8 キーを押すとこの行が実行される

❼ Excelで実行結果が確認できる

❽ 次のコードの行が黄色くなる

❾ F8 キーを押すとこの行が実行される

❿ Excelで実行結果が確認できる

第3章

基本のコードでできる！

初心者向け 実用的マクロにトライ

早速、簡単にできる実用的なマクロを作っていきます。
実際の業務でも使用頻度の高い「転記」ができるようになるので、
マクロの利便性をより実感できるはずです。
マクロを書くときの手順や、コメントの書き方などもこの章で解説しています。

解説

使い道や便利さを実感すれば理解度もアップ！

この章ではいよいよ、
基礎的なコードだけでできる実用的なマクロ作りに挑戦します。

この章で学ぶことと作成するマクロのシチュエーション

この章では、実用的なマクロ作りを通して以下をマスターします。

- **マクロの設計の流れとコツ**
- **マクロを読みやすくするコメント機能**
- **値を代入するマクロとコピーのマクロの違い**
- **ブックやシートの指定方法**
- **マクロでの四則演算**

これらは個々に解説もできますが、基本的な要素を単体で学んでも、作業を自動化できるマクロのメリットはいまいち実感しにくく、興味もわきにくいものです。そこでここでは、便利さがイメージしやすい実用的なマクロを使って基礎を学んでいきます。

想像してほしいのは、「①チームのメンバーは売上を個々にExcelブックにまとめている」「②会議資料作成の担当者がそれをまとめて会議の資料を作る」「③会議は毎月あり、資料作りも毎月ある」というシチュエーションです。

データのコピーは簡単な作業ですが、何度も行うのは手間がかかるうえ、コピーする場所を間違える可能性もゼロとは言えません。この作業をマクロ化できれば、ボタンを1クリックするだけでよく、コピー場所を間違える心配もありません。

解説

まずは日本語で 指示を書きだしてみよう

**マクロの作成時に、いきなりコードを書き始めるのはご法度です。
まずは自動化したい作業に、どんな手順が必要かを把握しましょう。**

材料を見ながら作業を検討する

マクロはExcelを自動操作する機能であり、その操作のための指示書でもあります。まずは自動で行いたい作業を順に、日本語で書き出してみましょう。この章で作るのは、「チームメンバーから集めたブック内のデータを集計用のブックにコピーする」ためのマクロです。

そのため以下の材料を使います。

● 材料① チームメンバーから回収するブック

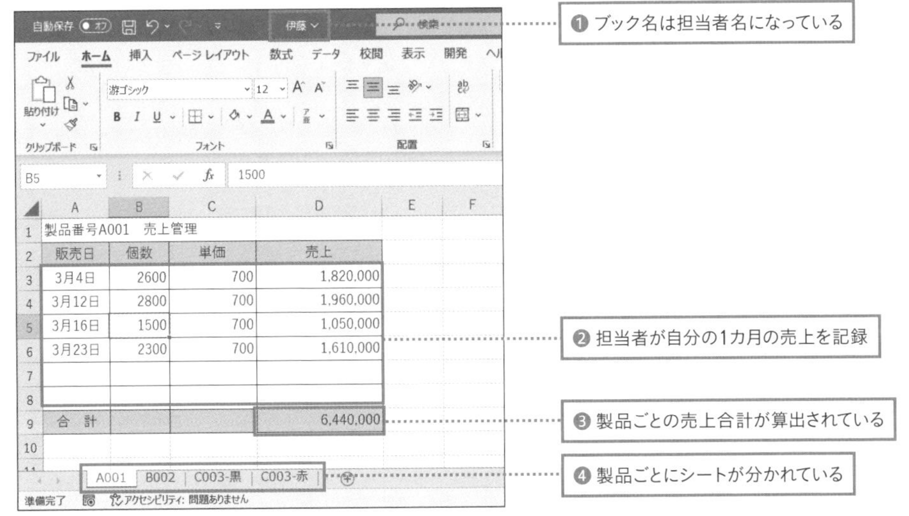

●材料②　会議資料にしたい集計用ブック

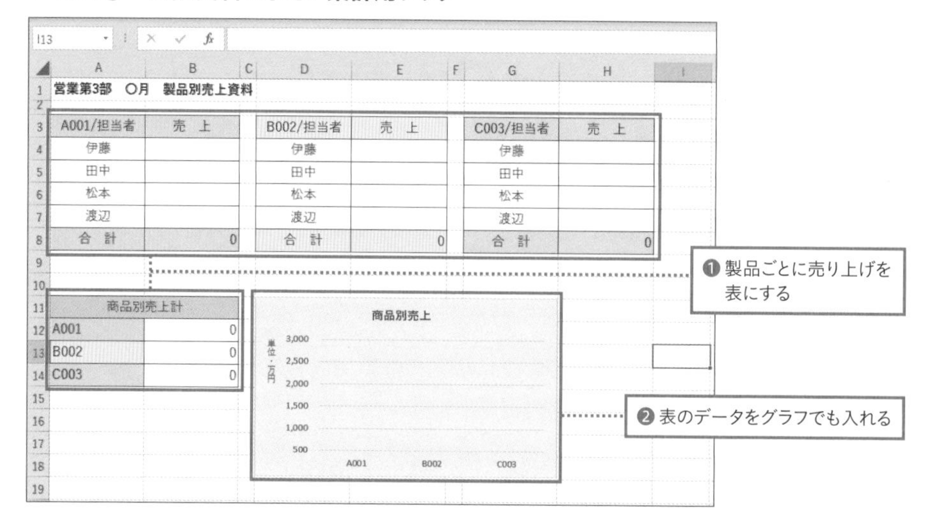

次にこれらの材料を使って会議資料を作成する手順、必要な作業を書き出してみます。

①コピー元のファイルを開く
②コピー元ファイルから必要なデータを集計用のブックに転記する
③集計用ブックに「商品別売上計」の表を作る
④集計用ブックの「商品別売上計」の表をグラフ化する

的を絞れば超初心者でも作れる

ベストなのは、上記工程すべての自動化です。とはいえ、基礎を学ぶための「実用的ながらシンプルなマクロ」作りで、いきなりすべてをマクロ化するのはさすがにハードルが高いので、ここでは②の転記作業のマクロ化に的を絞ります。

すべてをマクロにして楽をしたい…と思うのが人情ではありますが、マクロの作成に時間がかかり、途中で投げ出したくなっては本末転倒です。上記資料作りの中でもっとも面倒な②の転記作業を自動化するだけでも作業はだいぶ楽になりますし、③④はブック作成時の工夫で、Excelの機能により自動更新できます。
なによりマクロは後から編集可能なので、慣れてきたら他の作業も自動化できるようアレンジしていけばよいのです。本書でも次の章でファイルを開く手順などをプラスしていきます。

準備段階の工夫で扱いやすさに違いがでる

Excelの機能で作業を楽にできることも多々あります。マクロに慣れるまでは、マクロ化がなるべくしやすいよう、材料となるブックの時点で工夫しておくと作業がスムーズです。たとえば、「表内の一番最後のデータをコピーする」「表の行数に応じて一番下の行に合計を算出する」という操作より、「D9のセルをコピーする」「D9のセルに合計を算出する」のように対象を指定できた方がマクロ化は簡単です。また、グラフ用の表やグラフをあらかじめ用意することで、マクロを使わなくても毎月の売上のグラフが自動でできます。

● 伊藤さんの売上ブック

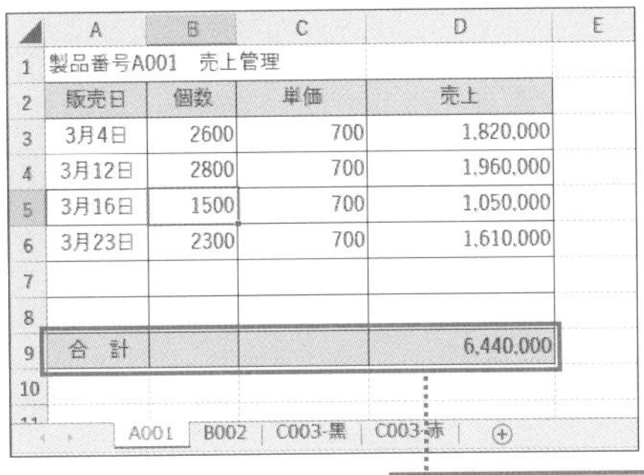

製品番号A001　売上管理

販売日	個数	単価	売上
3月4日	2600	700	1,820,000
3月12日	2800	700	1,960,000
3月16日	1500	700	1,050,000
3月23日	2300	700	1,610,000
合　計			6,440,000

A001 | B002 | C003-黒 | C003-赤

● 田中さんの売上ブック

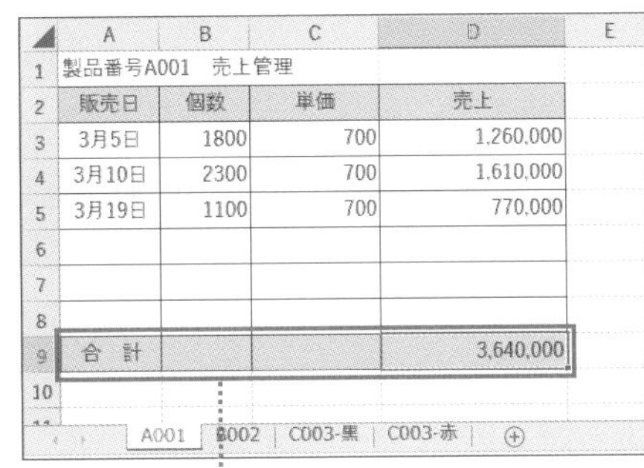

製品番号A001　売上管理

販売日	個数	単価	売上
3月5日	1800	700	1,260,000
3月10日	2300	700	1,610,000
3月19日	1100	700	770,000
合　計			3,640,000

A001 | B002 | C003-黒 | C003-赤

❶ データ量に関わらず「合計」の行を揃えて、コピーするセルを「D9」に固定

● 集計用のブック

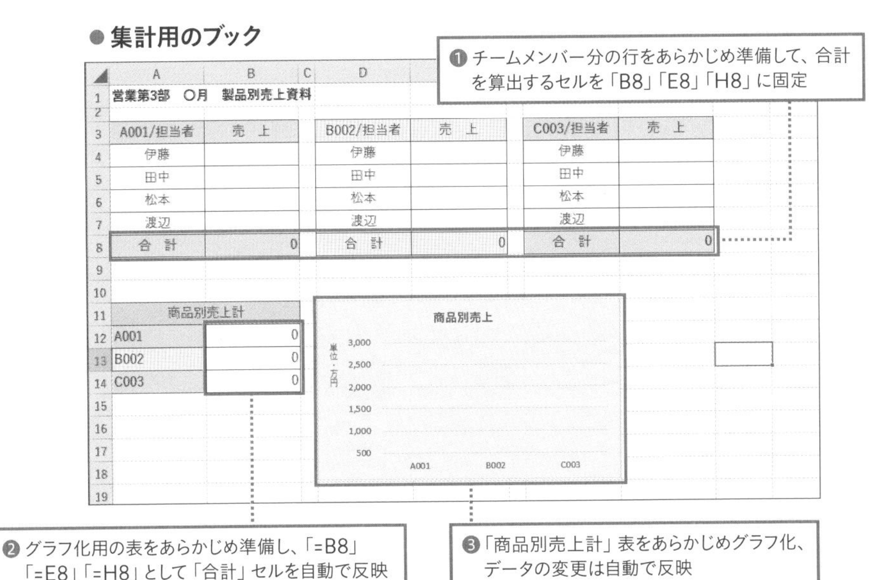

営業第3部　〇月　製品別売上資料

A001/担当者	売　上	B002/担当者	売　上	C003/担当者	売　上
伊藤		伊藤		伊藤	
田中		田中		田中	
松本		松本		松本	
渡辺		渡辺		渡辺	
合　計	0	合　計	0	合　計	0

商品別売上計	
A001	0
B002	0
C003	0

❶ チームメンバー分の行をあらかじめ準備して、合計を算出するセルを「B8」「E8」「H8」に固定

❷ グラフ化用の表をあらかじめ準備し、「=B8」「=E8」「=H8」として「合計」セルを自動で反映

❸「商品別売上計」表をあらかじめグラフ化、データの変更は自動で反映

解説

トラブルやミスを避けるための配慮も必要

ここからはマクロの作成に入りますが、せっかく実用的なマクロを作るので、実作業を想定して進めていきます。

目的はあくまでも作業の効率アップ

いよいよマクロの作成に入りますが、業務でマクロを作る際は、単にコードを書く以外のポイントがいくつかあります。ここではそれも踏まえて解説していきます。目的は仕事を楽にすることであり、マクロを作ることではありません。作業をより効率的に行う、トラブルの際の被害を小さく食い止めるための工夫も必要です。

ブックのバックアップは忘れずに

最初のポイントは、マクロを実行する前の状態に戻す手段の確保です。先に紹介した通り、実行したマクロはCtrl+Zで元に戻すことはできません。例えば何十、何百というセルにマクロを使ってデータを入力したあと、何らかの理由でそれを取り消したいとなったとき、1つずつ手作業で削除するのは大変な手間です。マクロの作成前・実行前には、必ず元のデータをバックアップしましょう。バックアップの手段は問いませんが、マクロの作成・実行前にブックをコピーし、元の状態は別途保存するのが簡単かつ確実です。

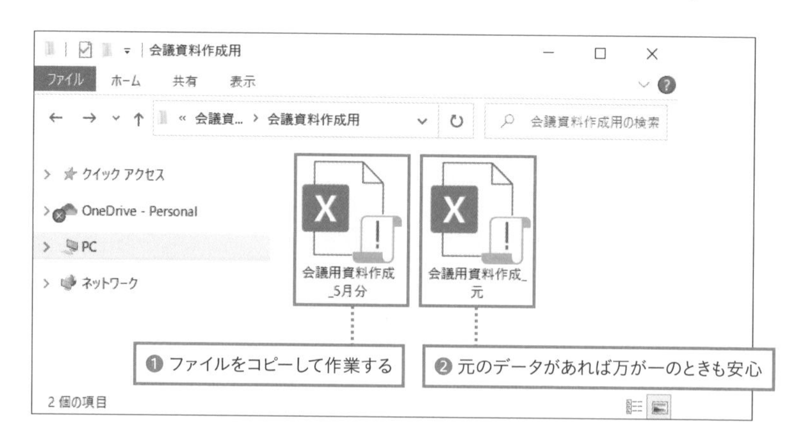

解説

拡張子の表示・非表示を把握しておこう

拡張子の表示・非表示を確認しましょう。コードは間違っていないはずなのにエラーが出てしまう…という場合にも、このページをチェックしましょう。

拡張子は初期設定では表示されていない

Windowsの初期設定では拡張子が表示されていませんが、ファイルには本来その種類を示す拡張子が付いています。Excelブックであれば拡張子を含めたファイル名は「ブック名.xlsx」、マクロ有効ブックであれば「ブック名.xlsm」になります。

● **拡張子が非表示の状態**

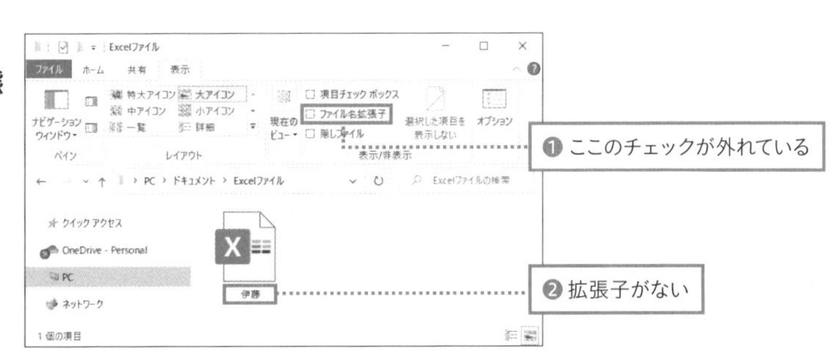

● **拡張子が表示の状態**

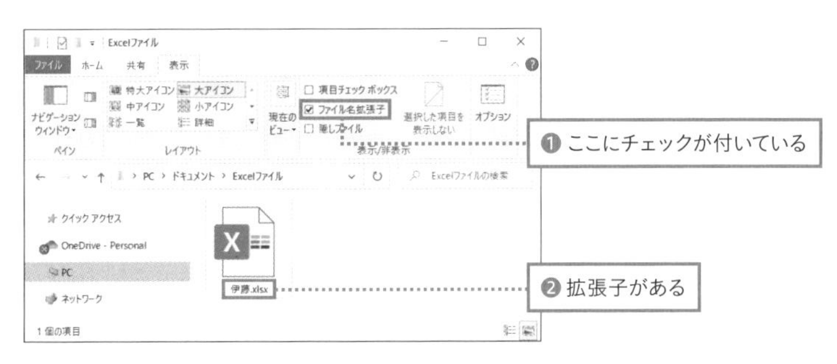

普段はあまり気にすることのない拡張子の有無ですが、マクロでブックを指定する場合、次のような違いがあります。これを意識していないとエラーが生じてしまうので、ここでチェックしておきましょう。

拡張子の表示でブック名の記し方に注意

P.68で詳しく解説しますが、マクロ内でワークブックを指定する場合、「Workbooks("ブック名")」という形で記述します。このブック名を単に「ブック名」とするか、「ブック名.xlsx」のように拡張子を含めるかは、拡張子の表示・非表示に関連します。
拡張子を非表示にしている場合、拡張子なし・ありのどちらで記述しても動作します。一方、拡張子を表示している場合、ブック名にも拡張子を含める必要があります。拡張子なしではエラーになってしまうので注意しましょう。

● **拡張子を非表示の場合**

・拡張子あり（ブック名.xlsx）
・拡張子なし（ブック名）

● **拡張子を表示の場合**

・拡張子あり（ブック名.xlsx）

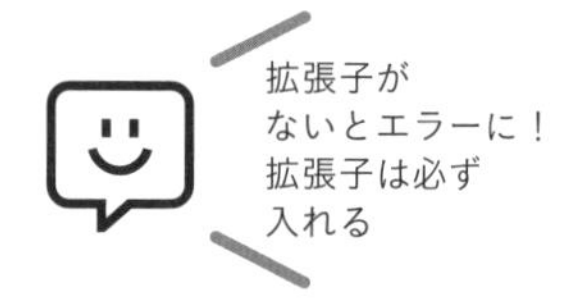

環境に応じて拡張子を入れよう

本書では、OSの初期設定のまま拡張子を表示しない状態にしているため、拡張子なしでブック名を入れている箇所もあります。拡張子を表示していない場合は本書の記述の通りにコードを書いても問題ありませんが、拡張子を表示している人は、ブック名に拡張子をプラスして入力してください。また、誰かと共有予定のマクロを作る場合も、相手が拡張子を表示している場合を考慮し、ブック名に拡張子をプラスしてください。
なお、将来的に他者と共有するマクロを作る予定など、拡張子を付けた状態に慣れたい場合は、拡張子を非表示にしているときでもブック名に拡張子を付けて問題ありません。

マクロ有効ブックは拡張子が違う

マクロを作成中のブックは、「マクロ有効ブック」として保存するため拡張子は「.xlsm」になります。すべてのブックが「Excelブック」＝「.xlsx」ではない点に注意して、拡張子を入れましょう。

メモをつけてわかりやすく！「コメント」を活用する

使用ファイル「ch3-1.xlsm」

コメントの差別化には「'」を使う

Excelは、マクロ内の指示を忠実に実行していくので、不要な文字があると正しく動作しません。一方で、長いマクロになればなるほど、どの指示がどこに書いてあるかの分かりやすさが大切になります。このジレンマを解決できるのがコメントです。

下図は、マクロ作成中のVBEの画面で、緑文字がコメント、黒い文字がコードです。コメントがあることで、単にコードだけを書き連ねていく場合に比べ、どんなコードでどのようなことを実行しているかが格段にわかりやすくなります。

```
Sub 定例会議資料作成()

    '【伊藤さん分】製品A001の売上合計を転記
    Range("B4").Value = Workbooks("伊藤").Sheets("A001").Range("D9")

    '【伊藤さん分】製品B002の売上合計を転記
    Range("E4").Value = Workbooks("伊藤").Sheets("B002").Range("D9")

    '【伊藤さん分】製品C003の売上合計を転記
    Range("H4").Value = Workbooks("伊藤").Sheets("C003-黒").Range("D9") _
    + Workbooks("伊藤").Sheets("C003-赤").Range("D9")
```

❶ コメント

❷ コメントがあることで、どんな指示のマクロなのかがすぐにわかる

本来であれば、余計な文字が入力されていたり、Excelが理解できない単語があるとマクロはエラーになります。記号を使ってコードとコメントを書き分け、「この文字はコメントだ」とExcelに認識させることで、マクロの中に自由にメモを書き込むことができます。

コメントがあると、後からマクロを編集・修正する際にも該当箇所がすぐに探せます。また、自分以外の人とマクロを共有する場合、相手もマクロの内容が把握しやすいというメリットもあります。

Column

モジュールを作っておこう

次の手順からは、実際にマクロを作成していきます。モジュールの作成方法は、P.24の通りです。マクロを作成するブック（例では「会議用資料」）を開き、P.23の要領で［開発］タブからVBAを起動。モジュールを作成しましょう。

マクロの始まりを示す部分と、マクロ名の入れ方はP.34の通りです。こちらを参考に入力を済ませましょう。

操作のピックアップにコメントを活用

いざマクロを書くといっても、いきなりコードを書くのはハードルが高く、ミスも起こりがちです。まずは日本語で、マクロ化する操作を順番に書き出すのがおすすめです。メモ帳などに書いても構いませんが、ここではコメント機能を使い、VBEに直接書き出します。

コメントは「'」（シングルクォーテーション）を使って記述します。行頭に「'」がある行は、コメントとして認識されます。文字が緑色に変化するのですぐわかります。

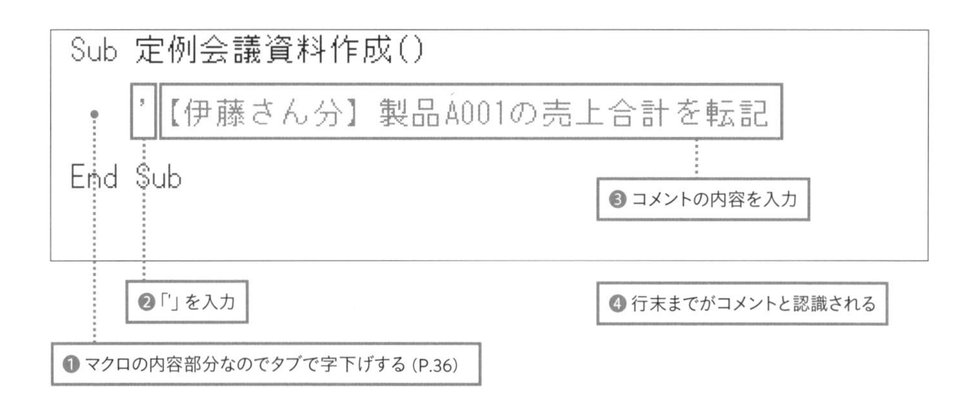

この要領でコメントを追加し、必要な作業を書き出していきます。ここではわかりやすいよう、次ページの図のように4人分のデータの転記作業を細かくピックアップしました。VBEでもツールバーの「コピー」「ペースト」ボタンやショートカットキー（Ctrl+CとCtrl+V）が使えるので、同じような作業の場合はコメントをコピーし、必要な箇所だけ修正すると効率的です。

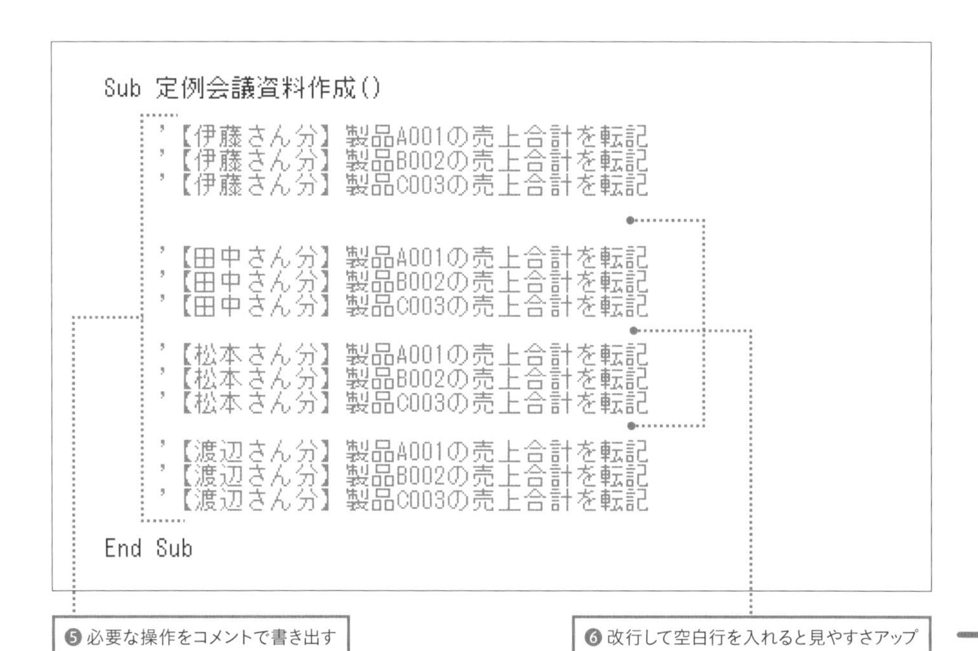

Column

後から追加も行の途中からもOK

例では最初にコメントを書いていますが、マクロの作成途中に後からコメントを追加してももちろんかまいません。

1行すべてではなく、行の途中で「'」を入れ、「'」以降だけをコメントとして認識させることもできます。コード内の特別な行に目印やメモを付けておきたいときに便利です。

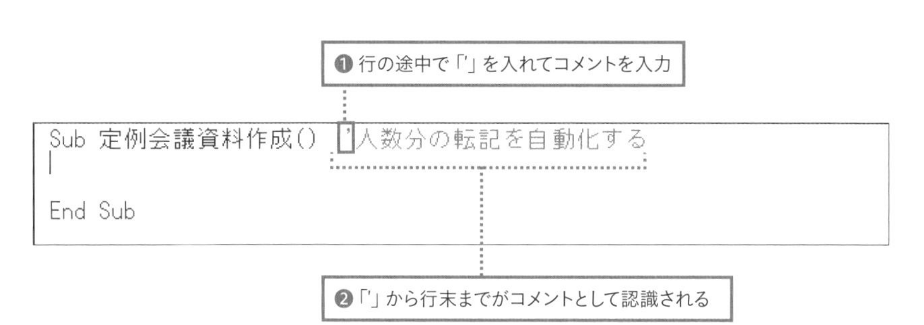

異なるブックから
データを転記するマクロを作る

使用フォルダ「Chapter3-1」

コピーと代入、どちらで転記するかを考える

前ページで書き出した作業をマクロ化していきましょう。最初にマクロ化したい「【伊藤さん分】製品A001の売上合計を転記」に必要な作業は次の通りです。

●「伊藤」ブックの「A001」シートの「売上の合計セル（D9）」のデータ

▼ 転記する

●「会議用資料」ブックの「Sheet1」シートの「製品番号/001 担当者/伊藤」セル（B4）

手作業で転記する場合はコピー＆ペーストを使うのが当たり前のため、この作業には「コピーするマクロを使う」と思いがちですが、マクロの場合、P.32で設定のマクロとしてマスターした文型を使い、「○○のセルの値を××のセルの値にする」と値を代入することで、コピーを使わなくてもデータを転記できます。どちらを使ってもよいので、状況によって便利な方を選びましょう。

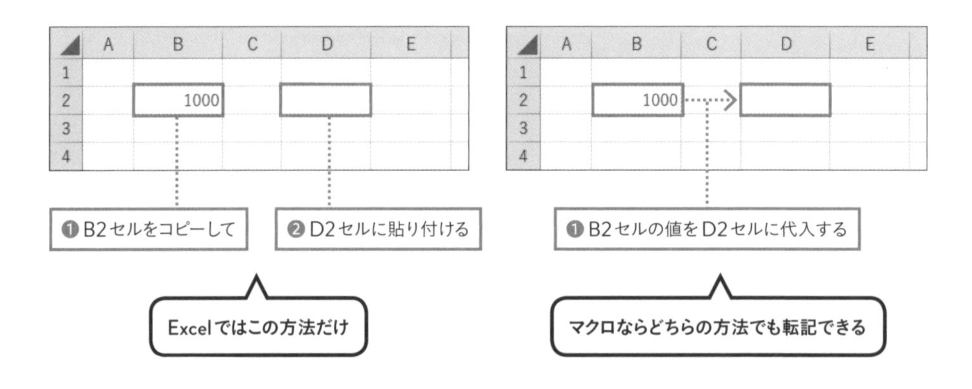

今回のケースでは、コピー元のセルとなる「伊藤」ブックの「A001」シートの「売上の合計セル（D9）」には、合計値を算出する数式が入力されています。そのためコピーしたセルを単に集計用のブックに貼り付けた場合、図のようにエラーになってしまいます。

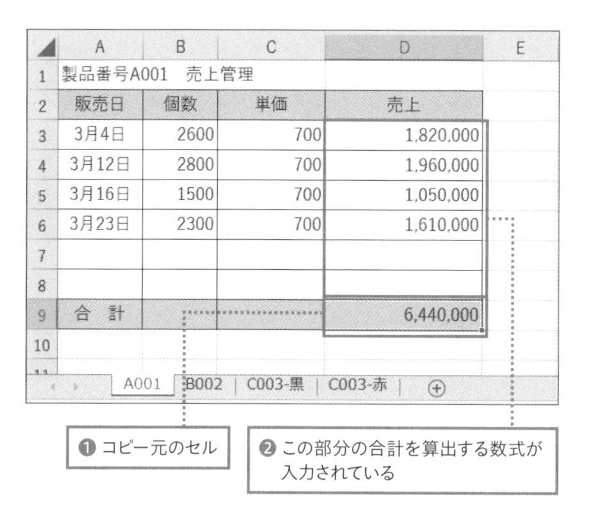

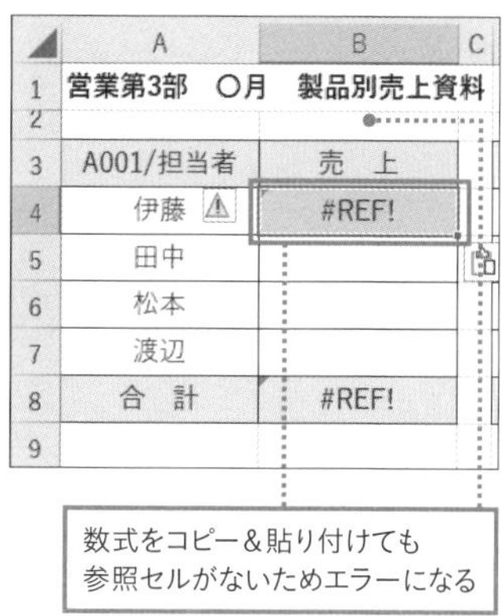

この操作をExcelで行う場合、貼り付け時に「形式を選択して貼り付け」を選び、計算結果の値だけを集計用のシートに貼り付けてエラーを避けます。マクロの場合も同じで、「コピー&形式を選択して貼り付け」のコードを書けばよいのですが、単なるコピー&ペーストよりやや複雑です。

一方「B4の値をD9の値にする」の形は、値のみを代入するマクロです。今回のように値だけをシンプルに代入したい場合は、こちらのマクロの方が簡単に作れます。

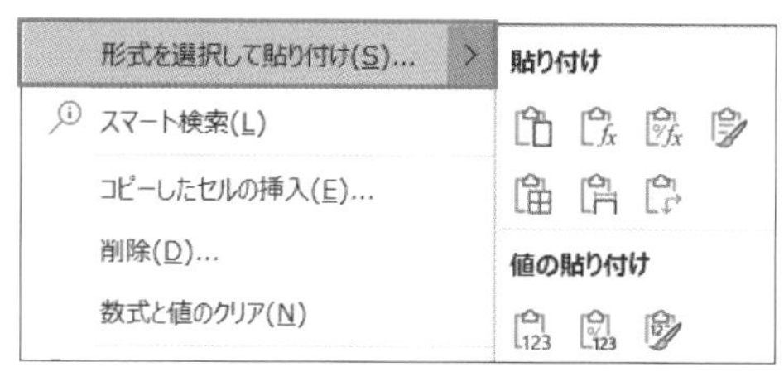

Excelでは「形式を選択して貼り付け」を選び、形式を選択。通常の貼り付けより手間がかかる分マクロ化も通常より手間がかかる

コピーを使った方がよい場面は?

セルをコピーするマクロでは、フォントの色やサイズ、セルの色などの書式も一緒にコピーされ、貼り付けできます。転記元と転記先のセルの書式を同じにしたいときは、コピーする方が便利です。こうした特徴を踏まえ、行いたい作業により便利な方を選びましょう。

ブック、シート、セルの指定方法をマスターしよう

データを転記するため、値を代入するマクロを入力していきます。形式は基本の文型として最初に解説した通り、「操作の対象.操作対象の属性 = 設定値」です。
ここでのポイントは、データを入れるセルと参照するセルが、別のブックにあるという点です。ブック、シートも含むセルの指定は、マクロでは以下のように行います。ブック名やシート名を「"」(ダブルクォーテーション)で囲むのはセルの指定の場合と同じです。

```
Workbooks("ブック名").Sheets("シート名").Range("セル名")
```

この決まりを使い、"「会議用資料」ブックの「Sheet1」シートのB4セルの値を「伊藤」ブックの「A001」シートのD9セルにする"をマクロにすると以下のようになります。操作対象や設定値が長いので少し戸惑うかもしれませんが、最初に学んだ「B2セルの値を『はい』にする」のマクロと形は同じです。

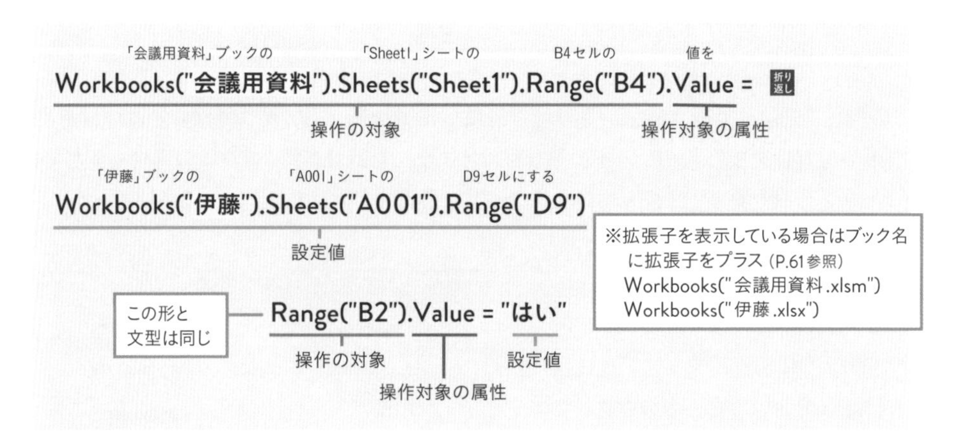

Column

誌面では折り返して表示

読みやすさを優先し、誌面では長すぎるコードを折り返して掲載しています。ただし、実際のマクロは単純には改行できません。1行のコードが長すぎてVBEの画面で見にくいときは、P.74の決まりを守って改行してください。
本書では、誌面都合で改行して表示している箇所に「折り返し」のマークを付けています。このマークの改行はあくまでも紙面の見やすさのためで、実際のマクロでは改行の必要はありません。

省略できるところを省いて見やすさをアップ

先に紹介した引数（P.46）でもそうだったように、マクロには省略しても問題なく意味を理解してくれる情報もあります。たとえば今回の場合、以下のように操作の対象（オブジェクト）部分のブックとシートの指定を省略することができます。

```
Range("B4").Value = Workbooks("伊藤").Sheets("A001").Range("D9")
```

この部分にあったブックとシートの記述を省略
Workbooks("会議用資料").Sheets("Sheet1").

ブックとシートを指定しない場合、Excelは「ActiveWorkbook.ActiveSheet」というコードが省略されたと判断します。このコードは、「アクティブブックのアクティブシート」という意味なので、マクロ実行時のアクティブシートのRange("B4")が操作対象になります。

今回の場合、「会議用資料」ブックの「Sheet1」シート上にマクロ実行用のボタンを設置する予定なので、実行時は「会議用資料」ブックの「Sheet1」シートが常にアクティブになると考えられるため、このようにブックとシート名を省略しても問題ありません。マクロはできるだけ見やすい方がよいので今回はこの形を用います。

Column

実は「Value」も省略可能

```
① Range("B4").Value = Workbooks("伊藤").Sheets("A001").Range("D9")
② Range("B4") = Workbooks("伊藤").Sheets("A001").Range("D9")
```

ここで扱っている①のマクロの場合、操作対象の属性を表す「Value」（値）も省略することができます。そのため②のように「.Value」なしで書いても同じように値を代入できます。
本書では、「操作対象.操作対象の属性 = 設定値」の形を覚えるため、あえて「Value」を省略せずに残していますが、他の人が作成したマクロでは省略されている場合もあることは押さえておきましょう。

VBEにコードを入力する

ここまで解説してきたRange("B4").Value = Workbooks("伊藤").Sheets("A001").Range("D9")」のコードをいよいよVBEに入力します。入力時の主なポイントもおさらいしておきましょう。

- コードの内容を把握しやすくするため、コードはコメントのすぐ下に入力
- マクロの内容部分はタブで字下げして最初と最後の行と差別化する
- すべて半角で入力、大文字・小文字はVBEが自動で修正してくれる

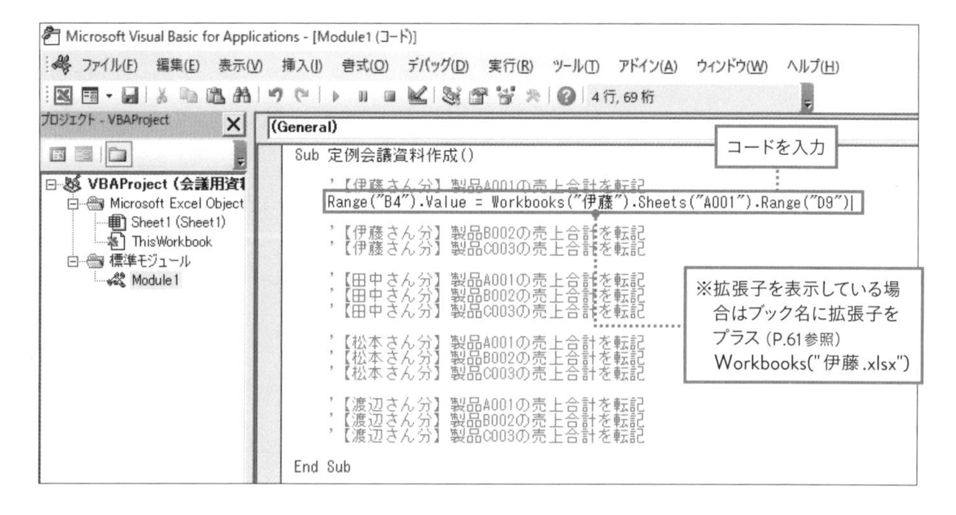

Column

実行時は参照元のブックを開いて操作する

ここで作成したマクロで参照元にできるのは、開いているブックだけです。次ページの動作確認はもちろん、実際にマクロを利用する際も参照元のブックを開いて実行しましょう。参照元のブックを閉じた状態でマクロを実行すると、Excelがデータを見つけることができず図のようなエラーになります。「終了」を押してエラー画面を閉じ、参照元のブックを開いた状態で再度実行してみると解消できます。

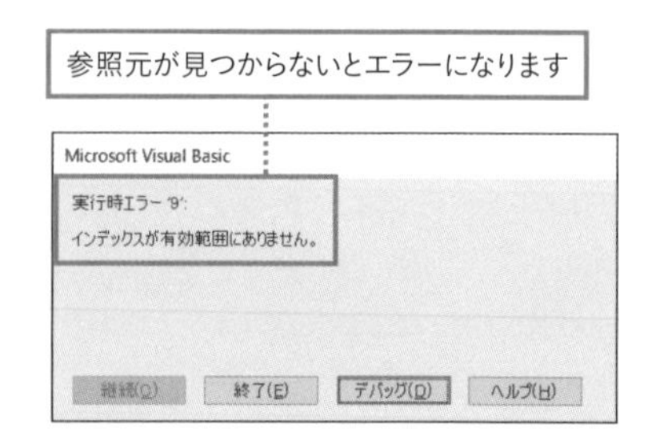

動作を確認する

コードが書けたら、動作確認のため実行してみましょう。こまめに実行することで、エラーが生じた場合の原因が把握しやすくなります。マクロに慣れるまでは、コードを1つ書いたら正しく動作するか確認すると安心です。前ページのコラムの通り、今回のマクロは参照元となる「伊藤」ブックを開いた状態でマクロを実行します（「伊藤」ブックを開き、「会議用資料」ブックのどこかをクリックして操作対象のシートにしてから実行してください）。

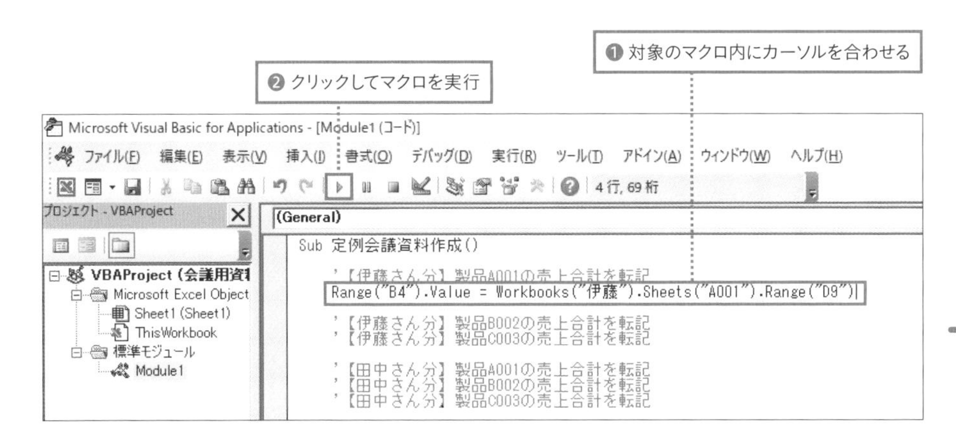

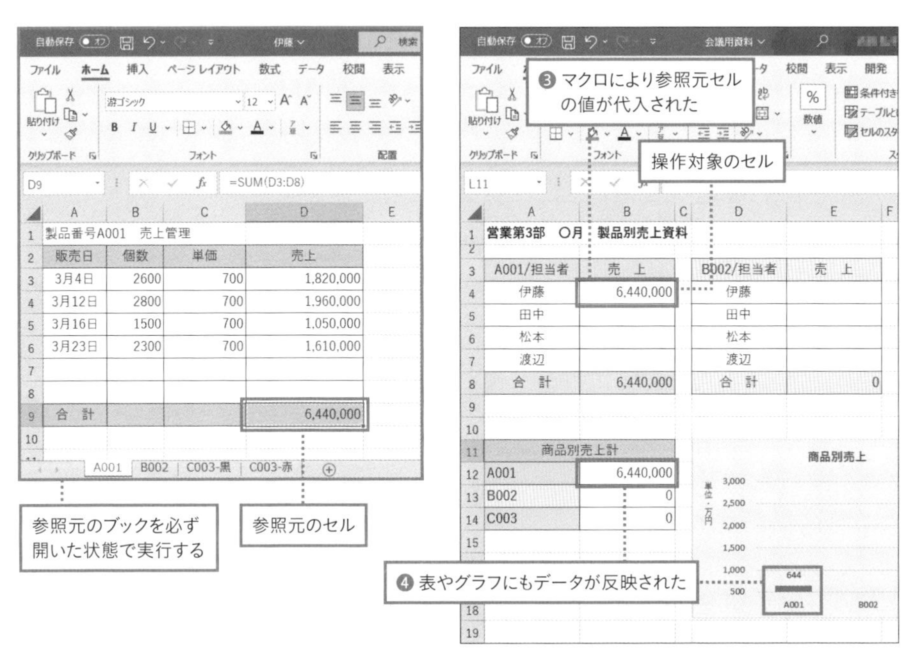

四則計算する マクロを作る

使用フォルダ「Chapter3-2」

シート上で計算する手間を省く

次に、「製品C003の売上合計を転記」するマクロについて考えます。先に転記した「製品A001の売上合計」は、1つのセルの値を1つのセルに転記するだけでした。一方こちらは、2つのセルのデータの合計の値を1つのセルに入れたいケースです。ここではマクロを使うことで、シート上で合計をする手間を省きます。

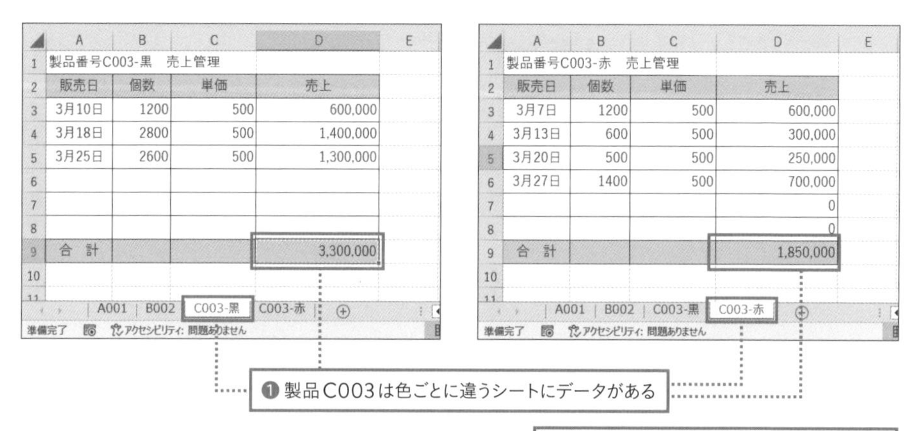

	A	B	C	D	E
1	製品番号C003-黒　売上管理				
2	販売日	個数	単価	売上	
3	3月10日	1200	500	600,000	
4	3月18日	2800	500	1,400,000	
5	3月25日	2600	500	1,300,000	
6					
7					
8					
9	合　計			3,300,000	
10					

	A	B	C	D	E
1	製品番号C003-赤　売上管理				
2	販売日	個数	単価	売上	
3	3月7日	1200	500	600,000	
4	3月13日	600	500	300,000	
5	3月20日	500	500	250,000	
6	3月27日	1400	500	700,000	
7				0	
8				0	
9	合　計			1,850,000	
10					

ここで作成したいのは、設定値が「伊藤」ブックの「C003-黒」シートのD9セル＋「C003-赤」シートのD9セルのマクロです。こうした四則演算は、以下の「算術演算子」を使って行います。

＋（足し算）	-（引き算）	*（掛け算）	/（割り算）
\（割り算の章）	Mod（割り算の余り）	^（べき乗）	

このケースでは足し算をしたいので、「設定値」を以下のようにすればOKです。VBEに入力し、動作を確認しておきましょう。なお、ここではセルを参照していますが、「Range("B4").Value = 100 + 200」(B4セルの値を100+200にする) のように数値を指定して計算することもできます。

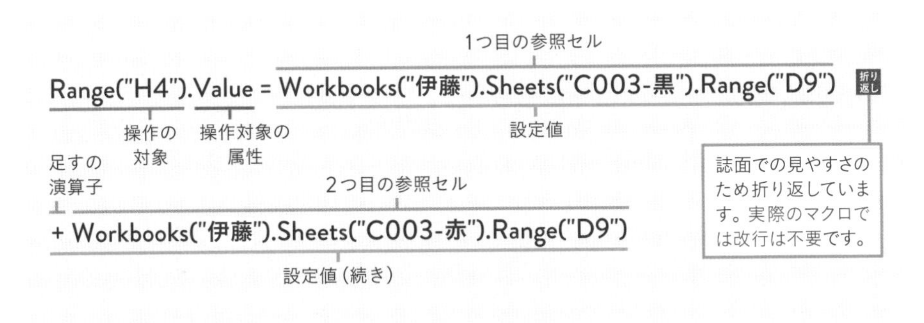

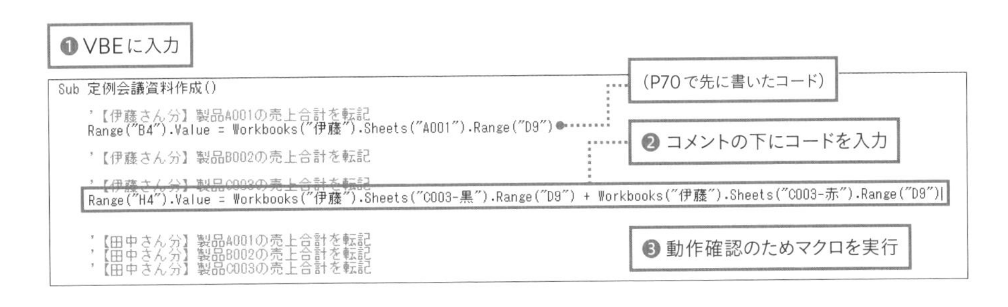


```
Sub 定例会議資料作成()
    '【伊藤さん分】製品A001の売上合計を転記
    Range("B4").Value = Workbooks("伊藤").Sheets("A001").Range("D9")

    '【伊藤さん分】製品B002の売上合計を転記

    '【伊藤さん分】製品C003の売上合計を転記
    Range("H4").Value = Workbooks("伊藤").Sheets("C003-黒").Range("D9") + Workbooks("伊藤").Sheets("C003-赤").Range("D9")

    '【田中さん分】製品A001の売上合計を転記
    '【田中さん分】製品B002の売上合計を転記
    '【田中さん分】製品C003の売上合計を転記
```

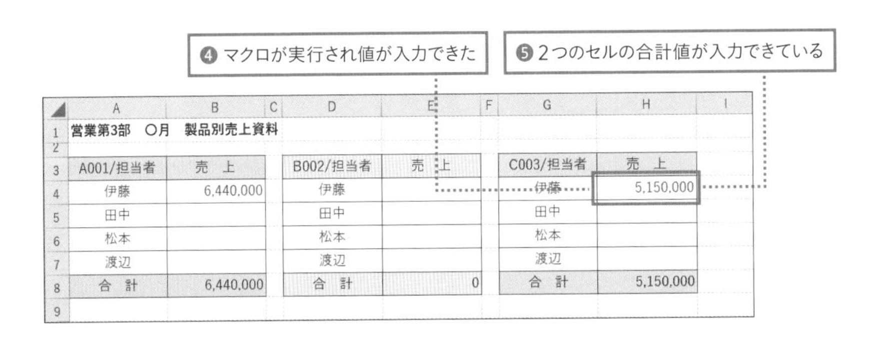

営業第3部　○月　製品別売上資料

A001/担当者	売　上	B002/担当者	売　上	C003/担当者	売　上
伊藤	6,440,000	伊藤		伊藤	5,150,000
田中		田中		田中	
松本		松本		松本	
渡辺		渡辺		渡辺	
合　計	6,440,000	合　計	0	合　計	5,150,000

単に改行はNG！ 長いコードは改行で見やすく

使用ファイル「ch3-2.xlsm」

VBEのウィンドウサイズに合わせて改行したい

VBEに入力したコードは自動で折り返しされないため、長い場合は右側が見えず、その都度スクロールして確認するのは面倒です。長いコードは適宜改行を入れて扱いやすくしましょう。コード内での改行は、単にEnterキーを押すのではなく、半角スペースとアンダースコアを入れてからEnterキーを押して改行します。改行位置も決まりがあり、キーワードや文字列の途中では改行できません。半角スペースの後ろや、()や.の前後などで改行します。

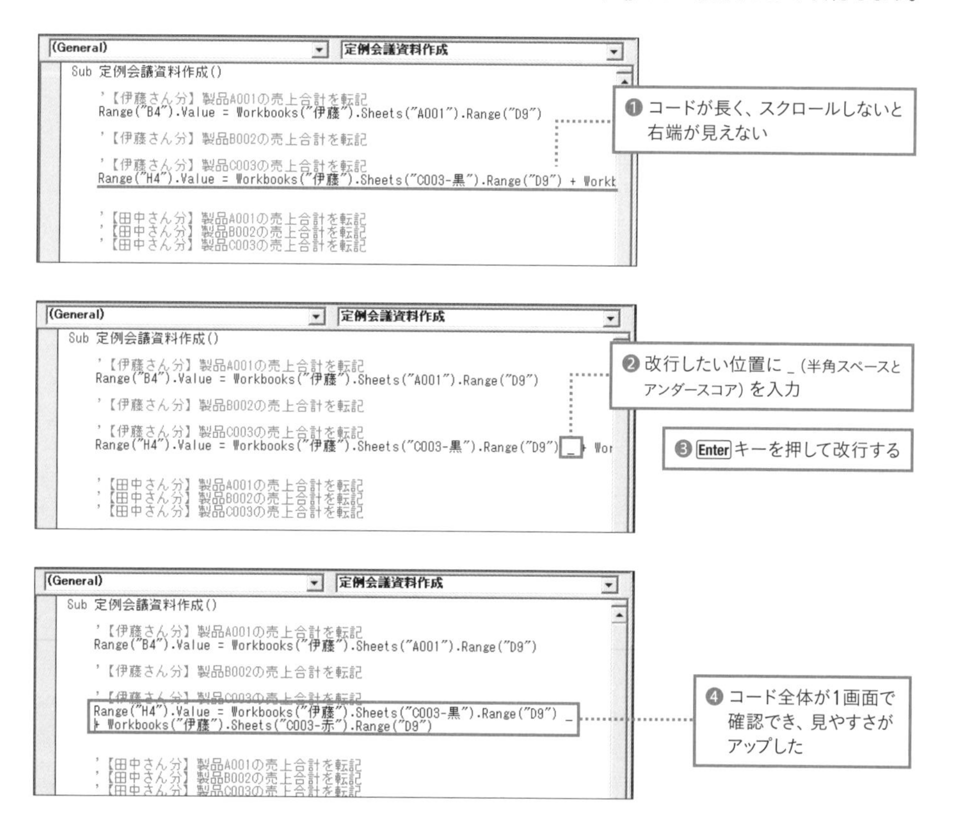

必要なコードを入力して マクロを仕上げよう

使用フォルダ「Chapter3-3」

対象セルや参照セルを変えるだけでOK

この章で作りたいマクロで使う文型は、P.68～P.73で紹介した2つのみです。入力したマクロをコピーし、操作対象のセル、代入するセル（ブックやシートも含め）を変更して、必要なマクロをすべて完成させましょう。マクロのコピーは、VBEのツールバーにある「コピー」ボタン、「貼り付け」ボタンや、Ctrl＋C、Ctrl＋Vのショートカットキーでできます。

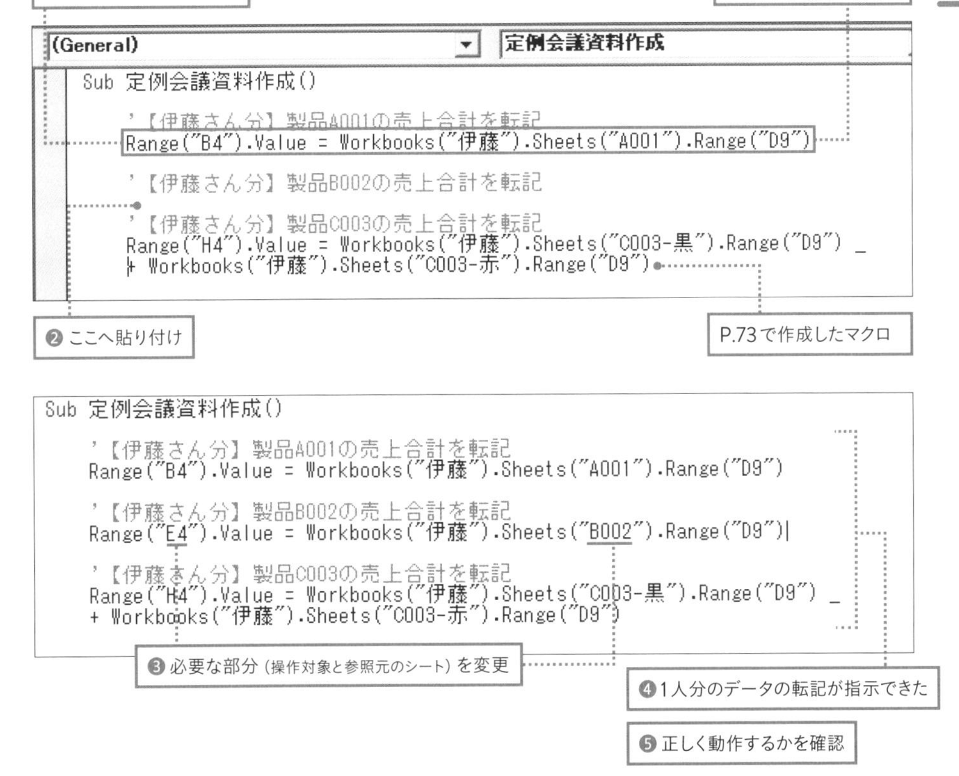

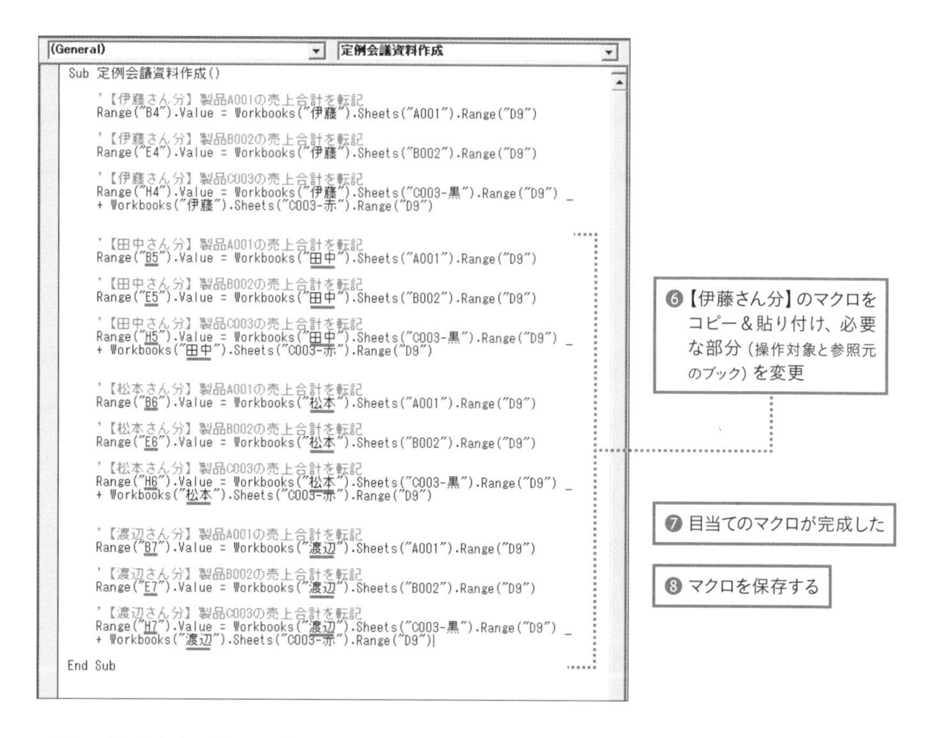

実際の業務さながらに、Excelの画面から作成したマクロを実行（P.41）すると、各担当者の売上データが自動で入力され、資料ができました。ごく簡単なマクロのみを使った例ですが、「自動化して仕事を楽にする」というマクロの便利さがわかります。

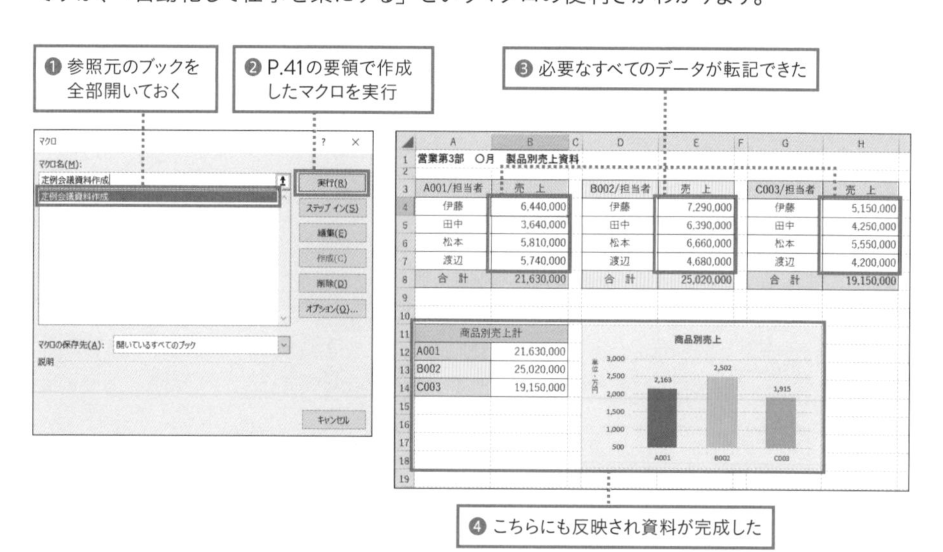

第4章

［初級編］

すぐできる！ マクロのアレンジ

マクロは業務の変化にともない、都度更新して使用されるものです。
ここでは、3章で作ったマクロに
「ファイルを自動で開く」「数値を並べ替えする」といった機能を加えて、
より実践的なマクロにアレンジしていきます。

解説

作ったマクロは無駄なく活用
コードを追加してできることを増やす

作ったマクロは後から編集できます。
この章では前の章で作ったマクロに、シンプルなコードをいくつか足していきます。

作成済のマクロを流用する機会は多い

作成済のマクロの編集・流用は、実務においても頻繁に行われています。新たな作業を追加する場合はもちろん、参照するブックやセルを変えたいといったケースもあります。マクロ編集時のポイントをまず押さえておきましょう。

ポイント1　バックアップは必須

マクロを編集する際は、ブックをコピーするなどして変更前のマクロをバックアップしておきましょう。あとは変更したいマクロをVBEで表示すれば編集できます。

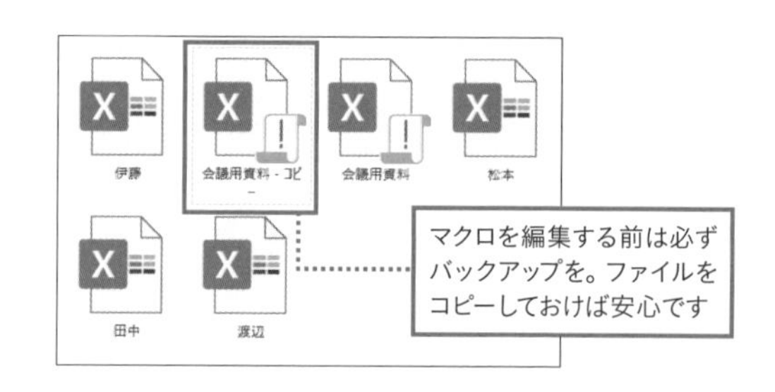

ポイント2　コメントを有効活用しよう

編集作業の効率に大きく影響するのがコメントです。特に自分以外の人が作ったマクロを編集する際は、的確なコメントがあるとないのでは、作業の難易度はだいぶ違ってきます。マクロの編集をしてみると、コメントの重要性がよくわかります。以後のコメントの付け方にも反映させることで、マクロの使いこなし力をアップしていきましょう。

```
Sub 定例会議資料作成()

    '【伊藤さん分】製品A001の売上合計を転記
    Range("B4").Value = Workbooks("伊藤").Sheets("A001").Range("D9")

    '【伊藤さん分】製品B002の売上合計を転記
    Range("E4").Value = Workbooks("伊藤").Sheets("B002").Range("D9")

    '【伊藤さん分】製品C003の売上合計を転記
    Range("H4").Value = Workbooks("伊藤").Sheets("C003-黒").Range("D9") _
    + Workbooks("伊藤").Sheets("C003-赤").Range("D9")
```

修正したい箇所を探すにもコメントが役立つ

解説

Open メソッドを使えば簡単にブックは開ける

ブックの開閉もマクロで自動化OK！
ブックを対象に開くコードを追加しましょう。

作業を追加したい位置にコードを追加する

この章では3章で作ったマクロにコードを追加して、できることを増やしていきます。まずは3章時点では手動で行っていた、参照ファイルを開く作業をマクロに組み込みます。このように作業を追加するだけであれば、作成済の部分はそのままに、必要な場所に必要なコードを足すだけでOKです。

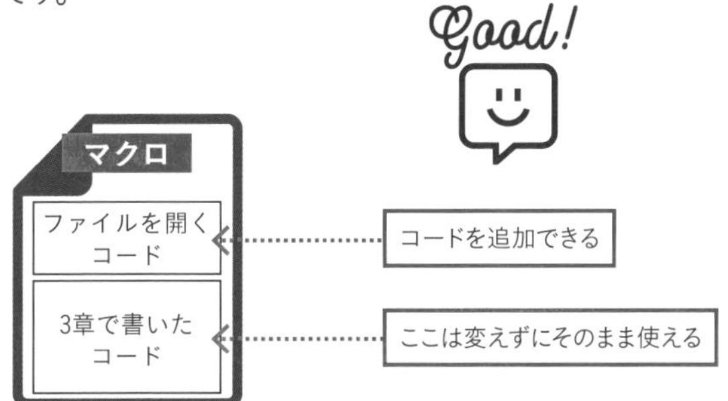

必要なコードを追加するだけでOK！

重視することにより方法を選ぶ

このセクションの目的は、作ったマクロを後からアレンジできることと、その基本的な方法の理解です。そのため、ここまでで学んだ文型ですぐに理解・利用できる「フォルダ名、ファイル名を指定してファイルを開く」ためのコードを追加する方法を取ります。
ただし、わかりやすい一方で、対象のファイルが多い場合、ファイル名をそれぞれ指定するのは手間がかかる、ファイル名が決まっている場合しか利用できないというデメリットもあります。対象のファイル数が多い場合や流動的な場合はあまり実用的ではありません。

たとえば3章で作った「複数のファイル内のデータを集計用の1つのブックに転記する」という作業を実務でマクロ化する場合、以下の方法を採用する方が現実的です。

①転記元のブックを1つのフォルダにまとめる
② フォルダ内の1つ目のファイルを開く
③ 集計用のブックの空白行（一番下）にデータを転記する
④ 転記が済んだ②のファイルを閉じる
⑤ フォルダ内の2つ目のファイルを開く
～　空白行への転記、ブックを閉じるをフォルダ内のブックの数だけ繰り返す

こうすることで、対象のブックを個々に指定する必要がなく、より効率的に「複数のブック内のデータを集計用の1つのブックに転記する」という作業ができます。空いている行にデータを追加することで、対象のブック数の増減にも対応可能です。

とても便利な方法ですが、ここまでで学んだ基本の文型より複雑なコードを利用するため、最初からこの方法を使うのは難しいというのが難点です。そこで本書では、まずはわかりやすさを重視したマクロで理解を深めてから、このような実践的なマクロを紹介します。上記の方法もP.148で解説しています。

マクロを使いこなすには、実際に作ってみるのがなによりですが、練習用のマクロをいくつも作るとなると、モチベーションを保つのが大変です。まずはシンプルなコードでよいので、実務でも進んでマクロを使っていくことで、マクロに触れる回数を増やしたいものです。「できるだけ効率的に、難しいマクロも書けるようになってから使い始めよう」と思うと、実際に利用するまでにどうしても時間がかかってしまいます。まずは簡単なコードでマクロに慣れ、その後より便利な方法を模索、それを実現できるマクロを探していくのがおすすめです。

ブックを開くコードを追記する

使用ファイル「ch4-1.xlsm」

Openメソッドは場所の指定方法と引数名の省略がポイント

ブックを開くためのコードを確認しましょう。ブックを開くコードは、P.45の動作のマクロの例として紹介した以下の通りです。

ワークブック を 開く 対象のファイル は ○○フォルダ内の ××という名のファイル

```
Workbooks.Open Filename:="ファイルの所在とファイル名"
```

操作の対象 動作 引数名 引数の値

例では、開きたいブックがあるのは「Cドライブ」の中にある「hiro」というユーザーの「ドキュメント」フォルダ＞「会議資料作成用」フォルダで、開きたいブックの名前は「伊藤」です。
上のコードにこの条件を当てはめると、次のようになります。

Cドライブのユーザーフォルダ「hiro」の「ドキュメント」＞「会議資料作成用」フォルダ内の「伊藤」ブックを開く

```
Workbooks.Open Filename:="C:¥Users¥hiro¥Documents¥会議資料作成用¥伊藤.xlsx"
```

操作の対象 動作 引数名 引数の値

さらにP.45で紹介したように、ブックを開くメソッドの引数名「Filename」は、省略してもよい引数名です。つまり、「Workbooks.Open "C:¥Users¥hiro¥Documents¥会議資料作成用¥伊藤.xlsx"」と書いても同じようにブックを開けます。ここではよりシンプルにするため、この書き方を採用します。
ファイルの場所がわからない、パスの入力が面倒といったときは、パスをコピーしましょう。目当てのファイルやフォルダをShiftキーを押しながら右クリックし、[パスのコピー]を選択してコピーしたら、Ctrl＋VでVBEに貼り付けられます。

VBEでマクロを開いてコードを追加する

3章で作ったマクロに、「伊藤」ブックを開くコードを追加しましょう。データの転記の前にブックを開きたいので、3章で書いたデータの転記のコードの上に追加します。コメントを使って、何のコードを追加したかわかるようにしておくのも重要です。

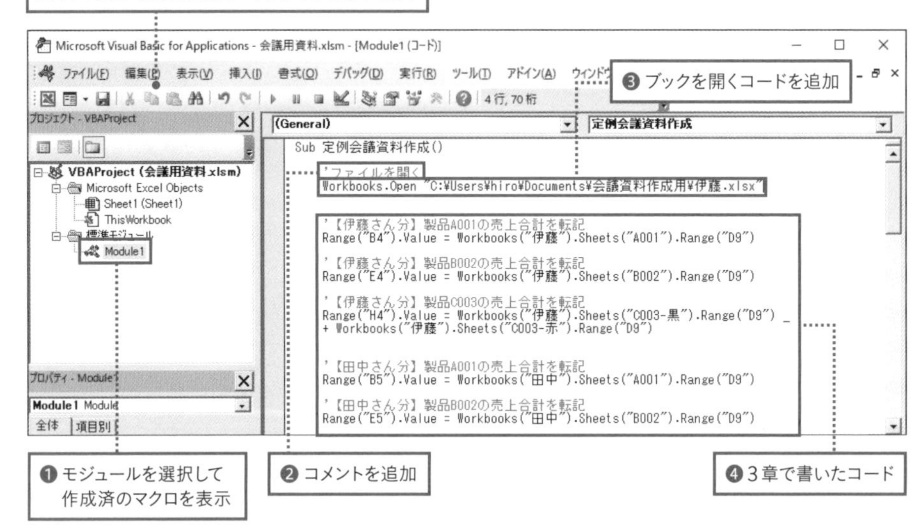

3章で作ったマクロでは、合計で4つのブックのデータを転記しています。残り3つのブックを自動で開くためのコードも追加しましょう。同じフォルダにある別の名前（田中・松本・渡辺）のブックを開くので、ブック名の部分だけ変えて追加します。

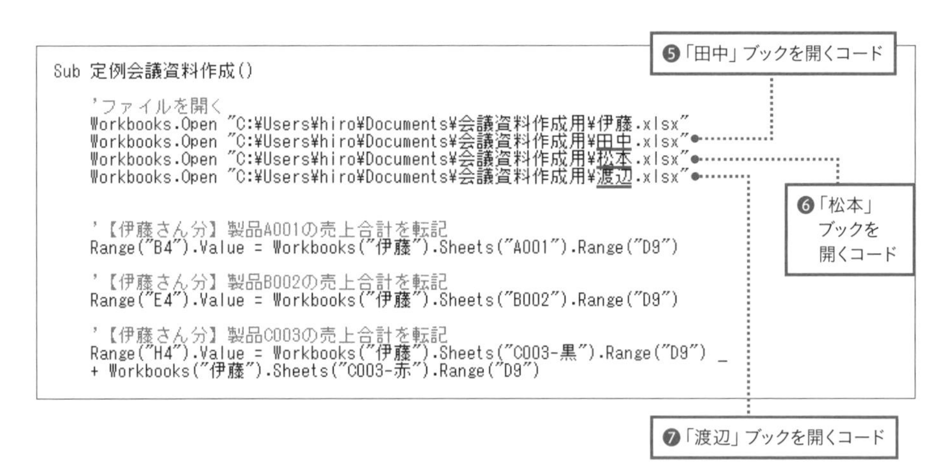

アクティブブックを指定するコードを追記する

使用フォルダ「Chapter4-1」

マクロの実行順とアクティブブックの関係も考慮する

前のページまでで、「ブックを開く」→「開いているブックのデータを転記する」というコードが書けたので完成のように思えますが、前ページの状態では実は問題があります。
3章でデータの転記用に書いたコードを見てください。

```
Range("B4").Value = Workbooks("伊藤").Sheets("A001").Range("D9")
```

操作対象の方はブックやシートを指定せず、「Range("B4")」といきなりセルを指定しています。この指定方法の場合、「Excelは『ActiveWorkbook.ActiveSheet』というコードが省略されたと判断する」というのは、先に説明した通りです。3章の時点の操作順序は以下の通りだったので、転記先のブック＝アクティブブックで問題ありませんでした。

● 3章時点での操作手順

① 先に手動で「伊藤」「田中」「松本」「渡辺」を開く

② マクロのある「会議用資料」ブックでマクロを実行　←　転記実行時のアクティブブック

③ アクティブブックにデータを転記する

一方、今回ブックを自動で開くコードを追加したことで、アクティブブックが次ページのように変化します。

① マクロのある「会議用資料」ブックでマクロを実行

②1つ目のブックが開く

③2つ目のブックが開く

④3つ目のブックが開く

⑤4つ目のブックが開く　←　転記実行時のアクティブブック

⑥アクティブブック（4つ目のファイル）にデータを転記する

最後に開いたブックがアクティブブックになるため、転記実行時には4つ目に開いたブックがアクティブブックとなっています。このままでは、本来転記先にしたい「会議用資料」ブックとは違うブックにデータが転記されてしまいます。

マクロのあるブックをアクティブブックにする

この問題を解決するため、4つ目のブックが開き終わったあとに、アクティブブックを指定するコードを追加します。例の場合、データの転記先にしたいのはマクロの組み込まれている「会議用資料」ブックなので、マクロのあるブックをアクティブブックにする以下のコードを追加します。

```
ThisWorkbook.Activate
```

「ThisWorkbook」は、マクロの組み込まれているブックを指します。「Activate」は、アクティブにするというメソッドです。

Column

方法は1つではない

上記のアクティブブックの変化による問題を解決するには、3章時点で省略した操作対象「Range("B4")」にブックとシートの情報を追加するのも1つの手ですが、今回の例では、同じようなコードが何行もあり、すべてのブックとシートの情報を行に追加するのは面倒です。そのためマクロの組み込まれているブックをアクティブにするコードを追加し、3章で作成済のコードは変更しない方法にしました。目当ての操作を実行するマクロは1つとは限りません。まずは自分の使いやすいコード、手間が少なくて済むコードを使ってみましょう。マクロに慣れてくると、最適なコードがわかってきます。

作業を実行したい位置にコードを追加する

前のセクションまでで作成したマクロに、アクティブブックを指定するコードを追加すると、以下のようなマクロになります。

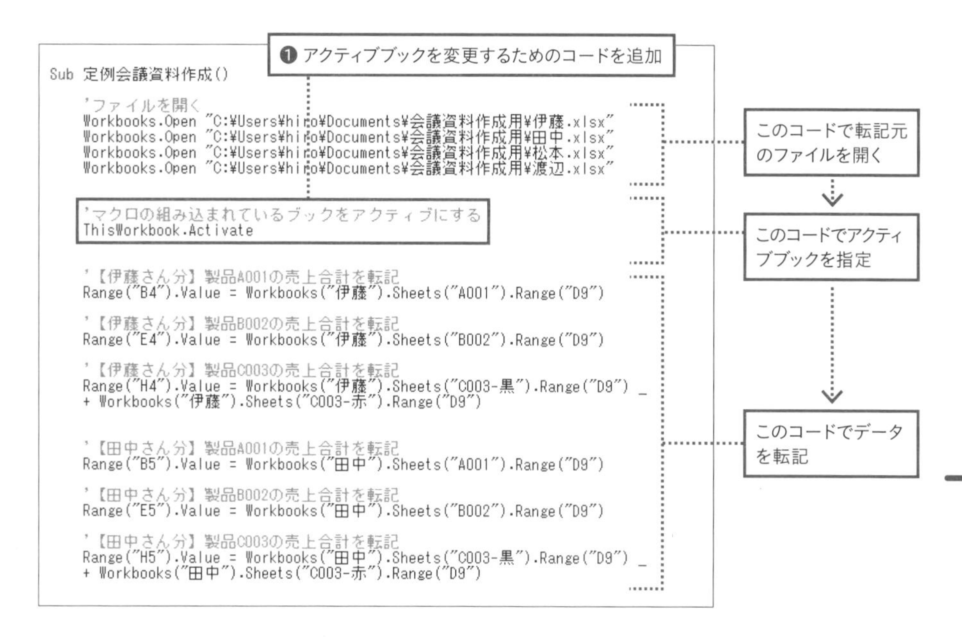

上から順に実行されるので、データの転記時にはマクロのあるブックがアクティブになり、目当ての「会議用資料」ブックに正しく転記できます。転記元のブックを閉じた状態で、マクロを実行してみましょう。順番にブックが開き、マクロのあるブックにデータが転記されます。なお、一度マクロを実行し、転記先のブックにすでにデータが転記されているときは、転記されたデータを一度削除してから試してください。

Column

使える引数や省略の可否はどうやってわかる？
「オブジェクトブラウザー」と「VBAリファレンス」の活用

ここまでで何度か、省略可能な引数（P.45）や、省略可能な引数名（P.46）について触れてきました。ここではそれらをより理解するのに便利なツールを紹介します。

マクロに慣れるまで、参考になるコードをまるまるコピーして利用している間はあまり気にしなくても問題ありませんが、「コピーしたコードの意味をもっと深く理解したい」「コードをアレンジするための引数について知りたい」といったときに役立ちます。

▶

● **オブジェクトブラウザー**

「オブジェクトブラウザー」は、VBEに組み込まれている機能です。[表示]メニューから[オブジェクトブラウザー]を選択するか、F2キーを押すと表示できます。メソッドなどをキーワードに検索すると、利用できる引数と省略の可否、引数の順番がわかります。すぐ前のページで利用した「Workbooks.Open」のコードのOpenメソッドを例に使い方を紹介します。

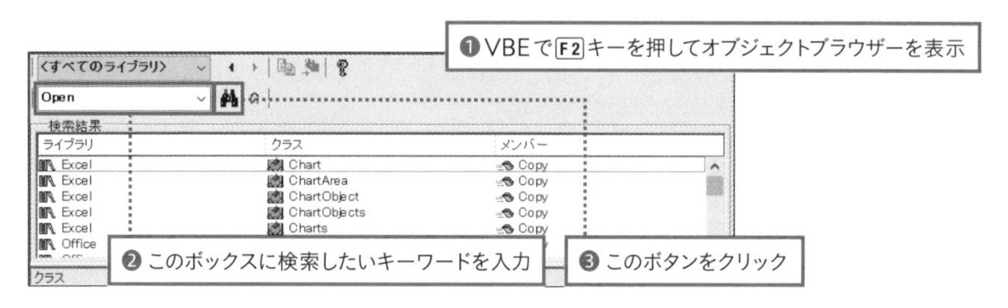

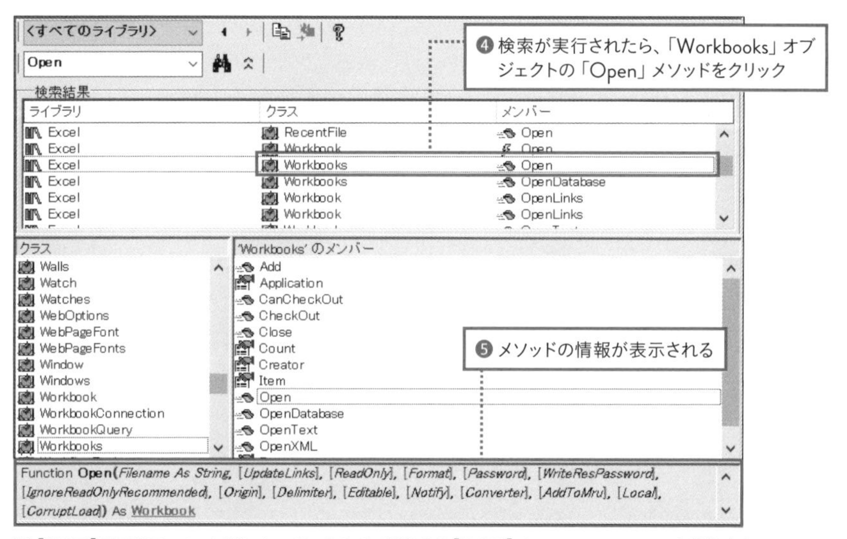

※[クラス]はアルファベット順になっているので、目当ての[クラス](ここではオブジェクト)を探します。
同じ[クラス]でいくつもの[メンバー]があるので、間違えないように選びましょう。

メソッドの情報の( )に挟まれた部分がそのメソッドの持つ引数で、[ ]で囲まれたものは省略可能です。つまりOpenメソッドの場合、必須なのはFilenameだけで、他の引数は省略してもよいことがわかります。

なお、引数名を省略してもよい引数は1つ目の引数です。Openメソッドの場合、1つ目の引数はFilenameなので、引数名を省略して開くブックを指定しても大丈夫ということがわかります。

● Microsoft 提供のリファレンス

もう1つ便利なツールとして紹介するのが、マイクロソフト社が提供するサイト上のリファレンスです。引数の内容を知りたいときなどに便利です。VBEの画面で知りたいキーワードにカーソルを合わせ、簡単に情報を検索できます。

メソッドに限らず、オブジェクトをキーワードにして情報を得ることもできます。こちらでもメソッドの持つ引数は確認できますが、省略の可否などが分かりにくいものもあるので、先に紹介したオブジェクトウィンドウと上手く併用しましょう。

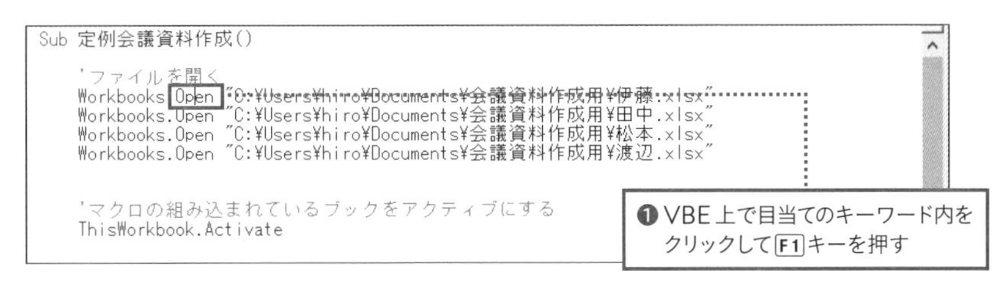

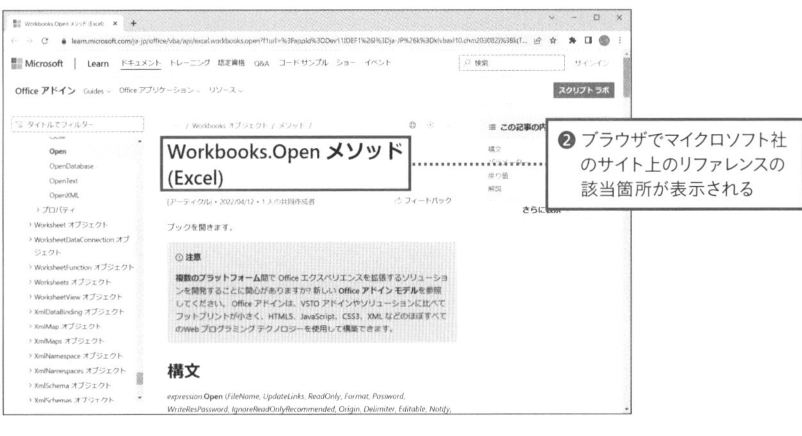

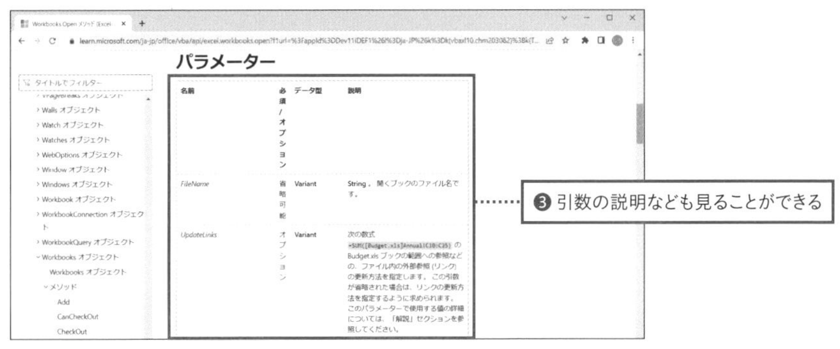

Column

オブジェクトの種類とコレクションの存在を知ろう

P.86で紹介した「オブジェクトブラウザー」の画面をよく見ると、オブジェクトを表す［クラス］の欄に、「Workbooks」と「Workbook」の両方があります。Excelのブックを表すオブジェクトの記し方は「Workbook」ではないのか？と疑問に思った人もいるのではないでしょうか。
P.26で紹介したように、「オブジェクト」はマクロを使って操作する対象のことです。オブジェクトには呼び名があり、例えばセルは「Rangeオブジェクト」で、「Range("B2")」のように使います。セル以外に、Excelでよく使う主なオブジェクトとその呼び名は以下の通りでした。

オブジェクトの種類	オブジェクトの呼び名
Excel	Applicationオブジェクト
ブック	Workbookオブジェクト
ワークシート	Worksheetオブジェクト
セル	Rangeオブジェクト
グラフ	ChartObjectオブジェクト
図形	Shapeオブジェクト

上の表の通り、ワークブックを表すオブジェクトは「Workbook」ですが、ブックを開くときのコードは「Workbooks.Open」と「s」が付いています。この「Workbooks」は、実は「オブジェクト」ではなく、「コレクション」と呼ばれるものです。
「コレクション」は、同種のオブジェクトの集合のことで、オブジェクトと同じように操作の対象の指示に利用します。コレクションには、他にも主に以下のようなものがあります。

オブジェクトの種類	コレクションの呼び名
ブック	Workbooksコレクション
ワークシート	Worksheetsコレクション
グラフ	ChartObjectsコレクション
図形	Shapesコレクション

例えばワークシートの場合、以下のように考えます。

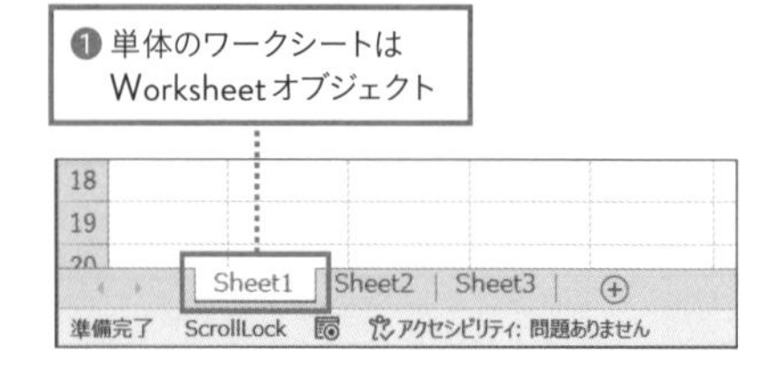

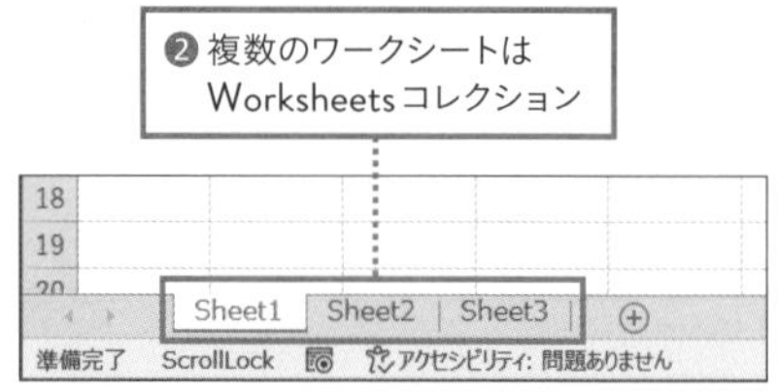

英語の複数系である「s」を使っていることもあり、オブジェクトとコレクションの違いはイメージしやすいと思います。ここで悩むのは、「どんなときにオブジェクトを使い、どんなときにコレクションを使うのか」でしょう。1つのブックを開くだけなのに、「Workbooks.Open 対象のファイル」と「Workbooks」を使うのはなぜか?と感じる人も多いと思います。これは「複数のブックの中から、"対象のファイル"を開く」というようにとらえると理解しやすいでしょう。例えば、P.69で転記に使ったコードであれば、以下のように考えます。

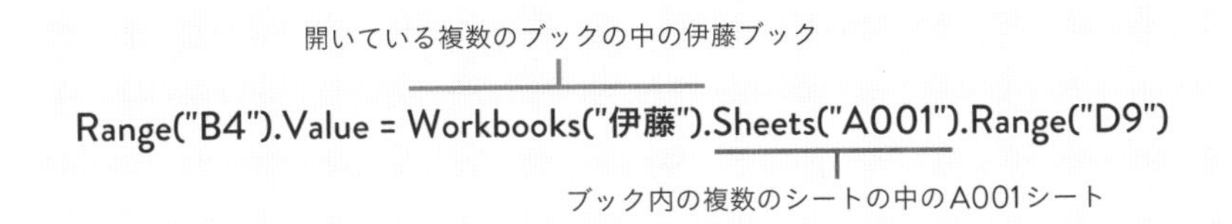

一方、マクロの記録されているワークブックをアクティブにするコード（P.84）は、「ThisWorkbook.Activate」と、「Workbook」に「s」は付いていません。これはアクティブにする1つのワークブックのみを示しているからです。
少しややこしいと思うかもしれませんが、この時点で意識してほしいのは、「s」を付ける場合と付けない場合があるということです。

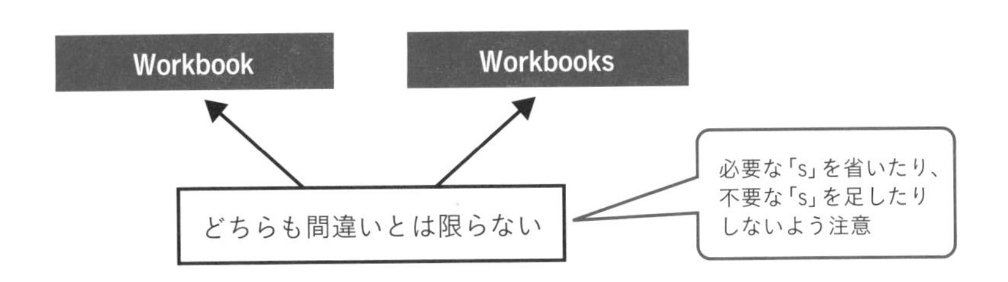

実際の作業において、マクロに不慣れなうちは、オブジェクトとコレクションのどちらを使うかの判断を自身でする必要はほぼありません。参考になるコードを探し、それを手本に作成する段階では、見本のコードと同じようにオブジェクトかコレクションを使用すればOKです。
不用意に「s」を省略したりしないよう、末尾の「s」には意味があり、オブジェクトとコレクションの指示を間違えるとマクロが正しく動作しないことが意識できれば十分でしょう。

解説

表内のデータを売上順にして より見やすい資料にレベルアップ

**ここでは表内のデータを並べ替えるマクロを追加します。
対象の表と優先する列の指定がポイントです。**

情報量が増えるほど重要になる並べ替えをマスター

3章で作成したマクロをさらにレベルアップして、表内のデータを売上の高い順に並べ替える操作を追加します。名前順の状態より売上の把握がしやすく、資料としての使い勝手がよくなります。並べ替えのマクロは、例のように基準を変えて並べ替えたいときはもちろん、ランダムに取り込んだデータを何らかの基準で並べたいときにも重宝します。ぜひマスターしましょう。

	A	B	C	D	E	F	G	H	I
1	営業第3部　○月　製品別売上資料								
2									
3	A001/担当者	売　上		B002/担当者	売　上		C003/担当者	売　上	
4	伊藤	6,440,000		伊藤	7,290,000		伊藤	5,150,000	
5	田中	3,640,000		田中	6,390,000		田中	4,250,000	
6	松本	5,810,000		松本	6,660,000		松本	5,550,000	
7	渡辺	5,740,000		渡辺	4,680,000		渡辺	4,200,000	
8	合　計	21,630,000		合　計	25,020,000		合　計	19,150,000	
9									
10									

現時点では「名前順」になっているこの部分を「売上順」に並べ替える

採用するのはSortメソッド

表内のデータを並べ替える方法は、SortメソッドとSortオブジェクトの2つがあります。その最大の違いは、並べ替え時に基準として指定できるキーの数で、Sortメソッドが3つまでなのに対し、Sortオブジェクトは実質無制限です。
例では基準にしたいキーは「売上」の1つのみなので、より簡単なSortメソッドを利用します。複雑な条件で並べ変えるためにキーが3つでは足りないというときは、Sortオブジェクトがあることも覚えておきましょう。

Sortメソッドで売り上げの多い順に並べる

使用フォルダ「Chapter4-2」

表の範囲を認識できるようにする

作成したマクロに並べ替えのコードを追加していきましょう。表内の行のみを並べ替えるため、表の範囲とそれ以外を明確にする必要があるのは、Excelでの並べ替えと同じです。見出しのセル、表の端が判別できるよう以下の条件に沿って集計用のブックを編集しておきます。

	A	B	C	D	E	F	G	H	I	J
1	営業第3部　○月　製品別売上資料									
2										
3	A001/担当者	売　上		B002/担当者	売　上		C003/担当者	売　上		
4	伊藤	6,440,000		伊藤	7,290,000		伊藤	5,150,000		
5	田中	3,640,000		田中	6,390,000		田中	4,250,000		
6	松本	5,810,000		松本	6,660,000		松本	5,550,000		
7	渡辺	5,740,000		渡辺	4,680,000		渡辺	4,200,000		
8										
9										
10	商品別売上計									
11	A001	21,630,000								
12	B002	25,020,000								
13	C003	19,150,000								
14										

❶ 先頭行の見出しのセルはデータ行とは異なる書式を設定する

❷ 表の範囲を認識させるため隣接するセルは空白にする

❸ 並べ替えに含めたくない「合計」の行は削除しておく

Sortメソッドの書式を確認する

ここで利用するSortメソッドの文型は、以下のようになります。

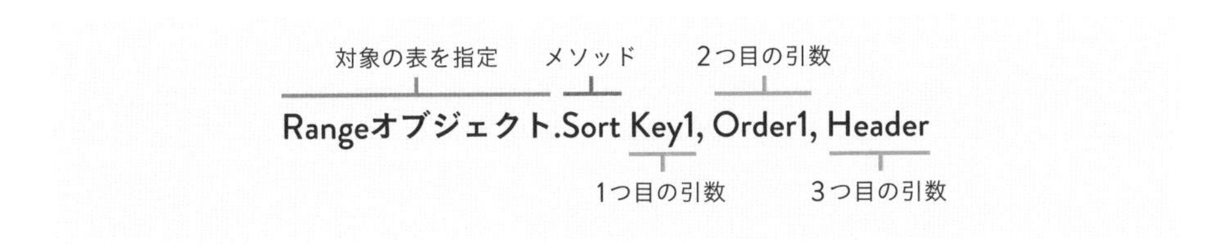

対象の表の指定は、表内のいずれかのセルをRangeオブジェクトとして指定します。「表」というオブジェクトを使わない点がポイントです。

それぞれの引数の役割と、使い方は以下の表の通りです。

引数名	指定する項目	指定の仕方
Key1	並べ替えの基準とする列	列内のセルを指定する
Order1	並べ替えの順序	定数で指定する 昇順の場合は　xlAscending 降順の場合は　xlDescending
Header	表の先頭行の扱い方	定数で指定する 先頭行は見出しなので並べ替えに含めない場合　xlYes 先頭行は見出しではなく並べ替えに含める場合　xlNo 先頭行が見出しかの判断をExcelに任せる場合　xlGuess

2番目、3番目に優先するキーがあるときは、「Rangeオブジェクト.Sort Key1, Order1, Key2, Order2, Key3, Order3, Header」のようにキーについての引数を先に入れ、最後にHeaderを入れます。

使用するコードを確認する

つまり、例の「製品番号A001の売上表」を売り上げの高い順に並べ替えるコードは次のようになります。対象の表と基準とする列は、表内、列内のいずれかのセルを指定すればよいので、以下のコードで「製品番号A001の売上表」が対象、B列が基準となります。

```
Range("A3").Sort key1:=Range("B4"), order1:=xlDescending, Header:=xlYes
```

A3セルを含む表 を 並べ替える
並べ替えの順序は降順
基準とする列はB4セルを含む列
先頭行は並べ替えに含めない

今回の例では、並べ替えが必要な表は3つあります。Key1とOrder1の引数を変えて、それぞれの表を並べ替えるコードを作りましょう。セルの位置は、前ページの図で確認してください。

● 製品番号「B002」の表を並べ替えるコード

```
Range("D3").Sort key1:=Range("E4"), order1:=xlDescending, Header:=xlYes
```

● 製品番号「C003」の表を並べ替えるコード

```
Range("G3").Sort key1:=Range("H4"), order1:=xlDescending, Header:=xlYes
```

並べ替えのコードをVBEに追記する

VBEへの転記の要領は、先の「ファイルを開くコードの追加」と同じです。マクロを実行したい順番に応じてコードを追加しましょう。

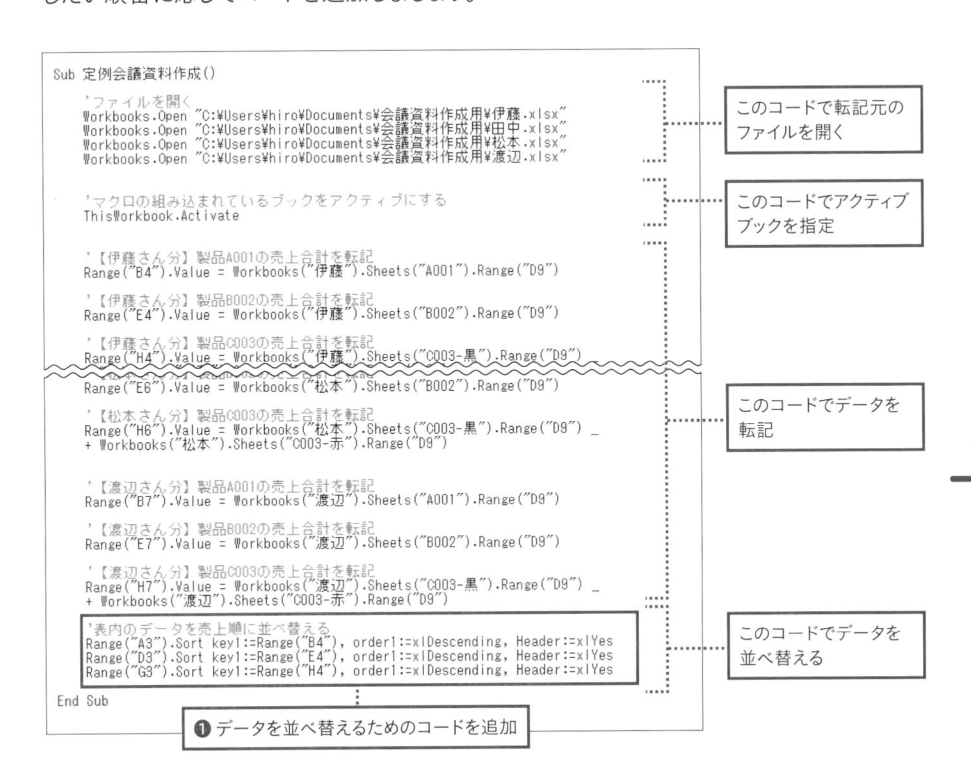

```
Sub 定例会議資料作成()

    'ファイルを開く
    Workbooks.Open "C:¥Users¥hiro¥Documents¥会議資料作成用¥伊藤.xlsx"
    Workbooks.Open "C:¥Users¥hiro¥Documents¥会議資料作成用¥田中.xlsx"
    Workbooks.Open "C:¥Users¥hiro¥Documents¥会議資料作成用¥松本.xlsx"
    Workbooks.Open "C:¥Users¥hiro¥Documents¥会議資料作成用¥渡辺.xlsx"

    'マクロの組み込まれているブックをアクティブにする
    ThisWorkbook.Activate

    '【伊藤さん分】製品A001の売上合計を転記
    Range("B4").Value = Workbooks("伊藤").Sheets("A001").Range("D9")

    '【伊藤さん分】製品B002の売上合計を転記
    Range("E4").Value = Workbooks("伊藤").Sheets("B002").Range("D9")

    '【伊藤さん分】製品C003の売上合計を転記
    Range("H4").Value = Workbooks("伊藤").Sheets("C003-黒").Range("D9")
    Range("E6").Value = Workbooks("松本").Sheets("B002").Range("D9")

    '【松本さん分】製品C003の売上合計を転記
    Range("H6").Value = Workbooks("松本").Sheets("C003-黒").Range("D9") _
    + Workbooks("松本").Sheets("C003-赤").Range("D9")

    '【渡辺さん分】製品A001の売上合計を転記
    Range("B7").Value = Workbooks("渡辺").Sheets("A001").Range("D9")

    '【渡辺さん分】製品B002の売上合計を転記
    Range("E7").Value = Workbooks("渡辺").Sheets("B002").Range("D9")

    '【渡辺さん分】製品C003の売上合計を転記
    Range("H7").Value = Workbooks("渡辺").Sheets("C003-黒").Range("D9") _
    + Workbooks("渡辺").Sheets("C003-赤").Range("D9")

    '表内のデータを売上順に並べ替える
    Range("A3").Sort key1:=Range("B4"), order1:=xlDescending, Header:=xlYes
    Range("D3").Sort key1:=Range("E4"), order1:=xlDescending, Header:=xlYes
    Range("G3").Sort key1:=Range("H4"), order1:=xlDescending, Header:=xlYes

End Sub
```


コードを追加したら、試しに実行してみましょう。並べ替えのコードを追加したので、表ごとに売り上げの高い順にデータが並び変えられました。なお、実行時には、マクロが最初から実行されます。参照元のブックを閉じ、転記先のセルを空白に戻してから実行しましょう。

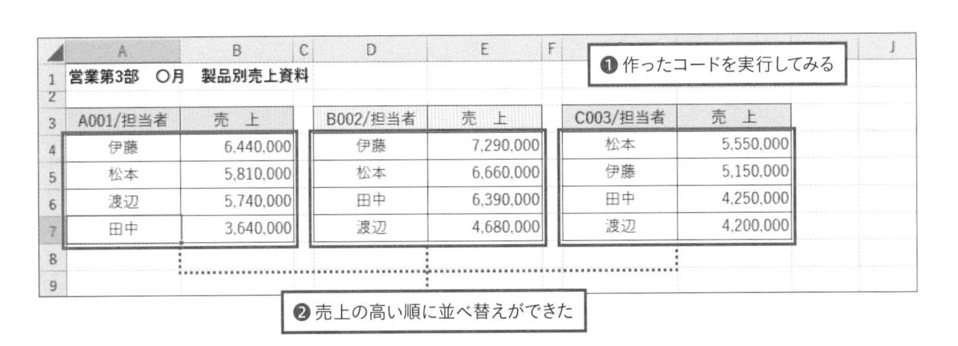

営業第3部　○月　製品別売上資料

A001/担当者	売　上		B002/担当者	売　上		C003/担当者	売　上
伊藤	6,440,000		伊藤	7,290,000		松本	5,550,000
松本	5,810,000		松本	6,660,000		伊藤	5,150,000
渡辺	5,740,000		田中	6,390,000		田中	4,250,000
田中	3,640,000		渡辺	4,680,000		渡辺	4,200,000

解説

シート上からマクロが実行できるボタンを設置してより快適に

ここではクリックするだけで
マクロを実行できるボタンの設置方法を紹介します。

ボタンの作成はExcelの機能でできる

Excelでは、クリックするとマクロを実行できるボタンを作成できます。下の図のようにシート上に作成できるので、[開発] タブから [マクロ] ウィンドウを開いて…といった手間を省き、ワンクリックでマクロを実行できる便利な機能です。ここではこのマクロ実行用ボタンの作成方法を紹介します。Excelの機能でできるのでコードを書く必要はありません。

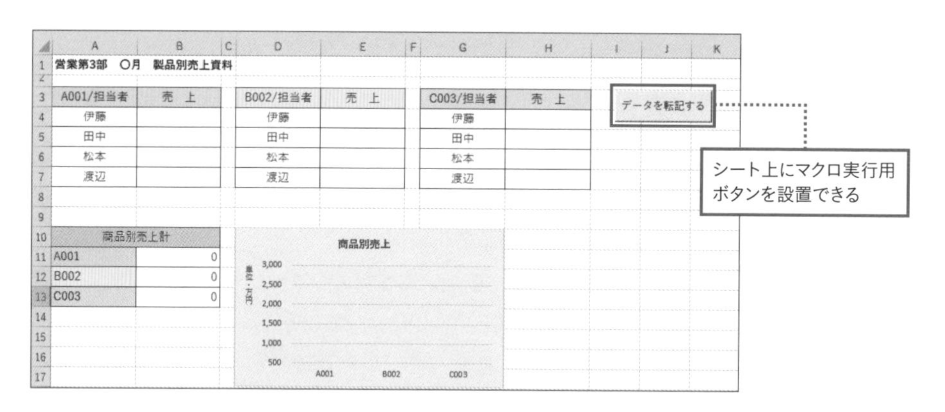

何度も利用するマクロや他の人も使うマクロに最適

マクロ実行用のボタンを設置すると、マクロをすばやく実行できるうえ、マクロの作成者以外にもマクロの実行方法が分かりやすく、簡単に実行できるというメリットがあります。例の集計用ファイルのように何回も利用する予定のあるマクロや、自分以外の誰かも実行する予定のあるマクロであれば是非利用したい機能です。逆に1度しか実行予定のないマクロの場合、わざわざボタンを設置せず [開発] タブから実行した方が簡単です。用途によって使い分けましょう。

4 挿入したボタンに実行したいマクロを登録する

使用ファイル「ch4-2.xlsm」

ボタンはドラッグで挿入できる

ここまでの章でマクロを作成した「会議用資料」のブックに、マクロ実行用のボタンを設置します。設置場所に決まりはありませんが、データの転記により行が増減する場合や、シートを印刷する場合なども考慮して、邪魔にならない場所に設置しましょう。設定方法は簡単で、ドラッグしてボタンのサイズを決め、実行したいマクロを登録できます。

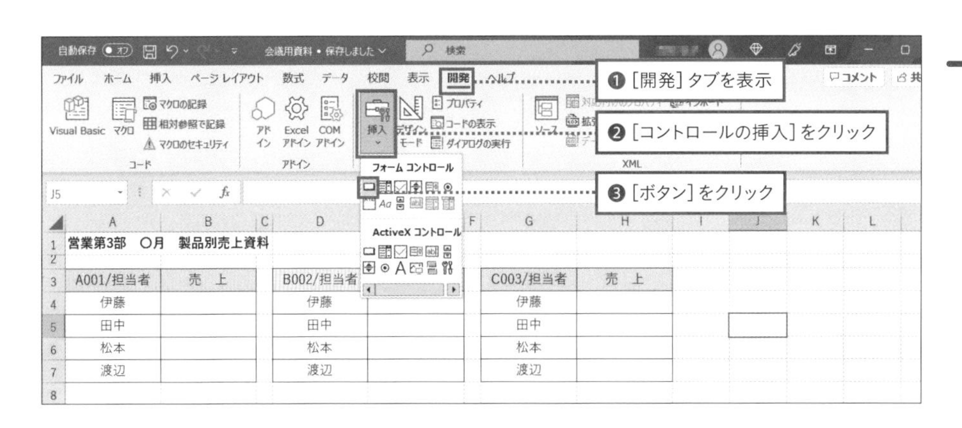

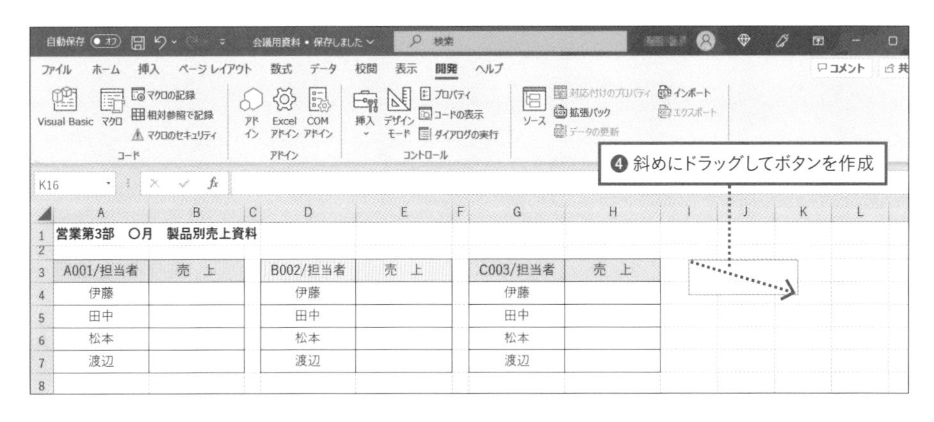

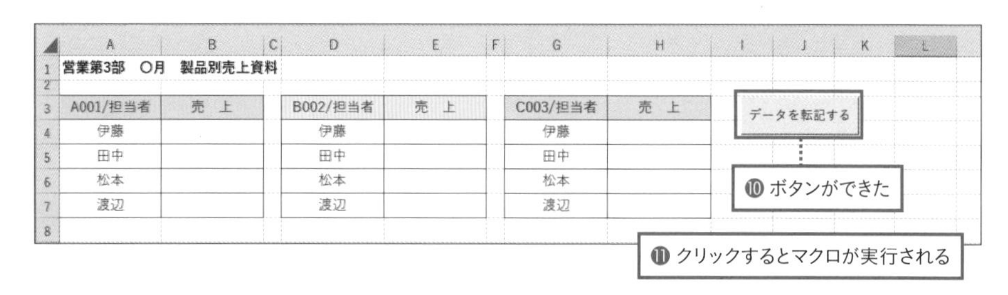

Column

作成後のボタンの名前の変更や選択

ボタンの完成後は、クリックするとマクロが実行されます。❽の入力前にボタン外をクリックしてしまったなど、完成したボタンの名前を変更したいときは、ボタンを右クリックし、［テキストの編集］を選択すると変更できます。Ctrlキーを押しながらボタンをクリックすると、ボタンを選択でき、ドラッグでの配置の調整も可能です。

第 5 章

［中級編］

条件分岐と繰り返しを使うマクロのアレンジ

「制御構造」と「変数」を使って、さらに便利なアレンジを加えていきましょう。
この２つを使ったマクロは少し難易度が増しますが、
今まで通り作りながら理解を進めていくので、
無理なく使い方をマスターすることができます。

解説

便利さ重視！マクロで“できること”を増やす

より複雑な動きをマスターして、
マクロの使いこなしをワンランクアップします。

前章まではここが違う

前の章までは、データの入力やブックを開くなど、Excelの機能を単純に実行するための「設定」「動作」のマクロを用いてきました。これらは簡単に作れて、単純作業の効率化が可能なため、マクロの基本を理解したり、マクロのとっつきにくさを解消したい人にとって、まず最初に慣れたいマクロです。
一方で、できることに限りがあり、効率的に最適とは言えないという短所もあります。そこでこの章からは、「簡単に作れる」ことを最優先した４章から一歩前進。「より便利なこと」を優先し、もう少し複雑な作業が可能なマクロを作っていきます。

●4章までの目的
■マクロに慣れる
■基本を理解する

簡単さを最優先
●基本的な書式のマクロのみ利用
●シンプルに上から順に指示を実行

●5章の目的
■マクロをより便利に使う

便利さや効率の良さを優先
●少し複雑な書式も使う
●条件による分岐などの処理も実行する

難易度は上がるが、マクロでできることは格段に増える！

Good!

この章で作るのは、条件ごとに対応を変えるマクロですが、このマクロを使いこなすために理解が必要な仕組みや他のコード、機能についての紹介も交えます。そのため４章までに比べると難しく感じることもあるかもしれませんが、マクロの利用において使用頻度の高い機能を紹介していくので、ぜひ利用してみましょう。

「Excelでよくない？」を解消するためアレンジを続行

本書では5章でも、４章で作ったマクロに手を加えていきます。その理由は、個々に例題をこなすより、マクロの便利さが実感しやすいからです。たとえば、条件により書式を変えるという作業は、Excelの機能でもできるため、この作業だけを行う場合、「Excelでやればよいのでは？」と感じる人も出てくるかもしれません。これは当然の思いではあるものの、そうした疑問を持ちながらでは、マクロを学ぶ意欲はなかなか上がらないものです。

条件による書式設定はExcelにある専用の機能でもすぐできる

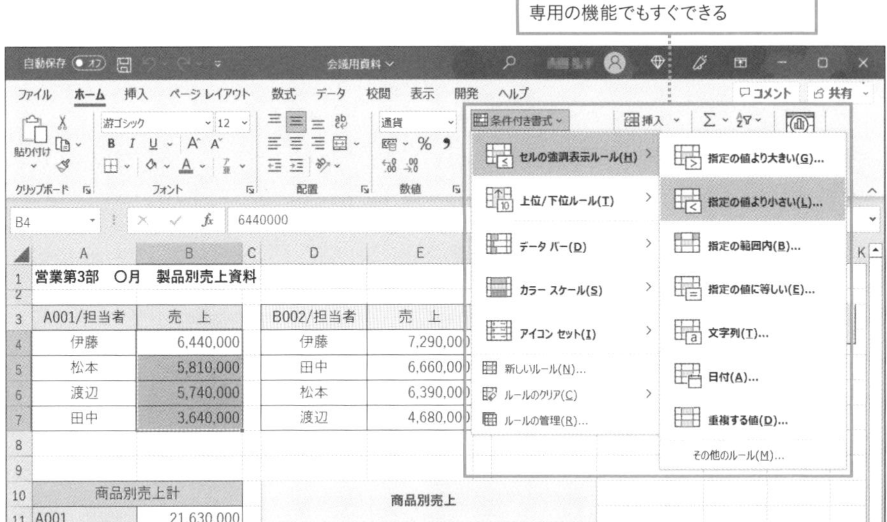

一方で、４章までに作った「ブックを開く」→「データを転記」→「並べ替え」を自動化するマクロがあると考えると、以下の２つのパターンのうち①の方が便利と思う人が多いでしょう。

> ① 条件による書式の設定もマクロに加え、資料作りの全作業を自動化する
> ② データの並べ替えまでをマクロで行い、条件による書式設定だけ別途手動で行う

一連の作業をすべて自動化できるのは、マクロを使うメリットの1つです。それが実感しやすいよう、本書ではあえて４章で作ったマクロを用いて解説します。

解説

マクロの自由度が格段にアップ「制御構造」を理解する

マクロでできることを増やすのに欠かせないのが、単純な指示以外を可能にする「制御構造」です。

目標達成の成否によって対応を変えたい場合を考える

この章ではまず、表内の数値が売上目標に届いているかいないかで文字の色を変え、資料の視認性をアップします。状況が一目で把握でき、資料としてのレベルがワンランクアップします。

売上目標に達していない場合は、文字を赤色にすると状況がより把握しやすい

	A	B	C	D	E	F	G	H
1	営業第3部　○月　製品別売上資料							
2								
3	A001/担当者	売　上		B002/担当者	売　上		C003/担当者	売　上
4	伊藤	6,440,000		伊藤	7,290,000		松本	5,550,000
5	松本	5,810,000		田中	6,660,000		伊藤	5,150,000
6	渡辺	5,740,000		松本	6,390,000		田中	4,250,000
7	田中	3,640,000		渡辺	4,680,000		渡辺	4,200,000
8								

この設定を行う場合、「このセルの数値が○○より下だった場合に文字の色を赤にする、○○より上だった場合は何もしない」というマクロが必要です。ポイントとなるのは、上から下へ単に指示を実行するだけでは実現できないという点です。4章までのマクロと比較すると、次の図のような違いがあります。

● 4章までのマクロ

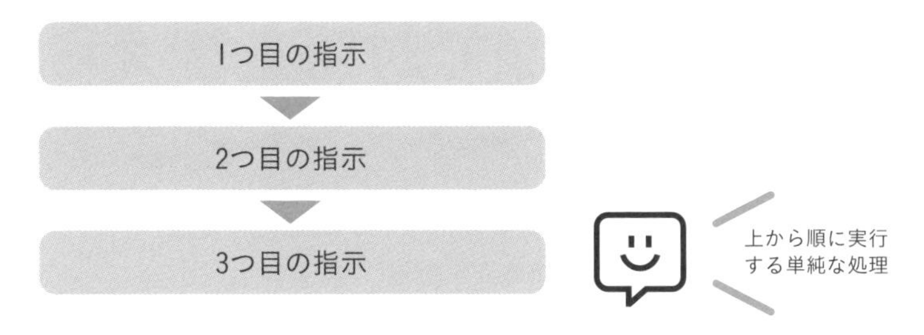

● 目標達成の成否によって対応を変えるマクロ

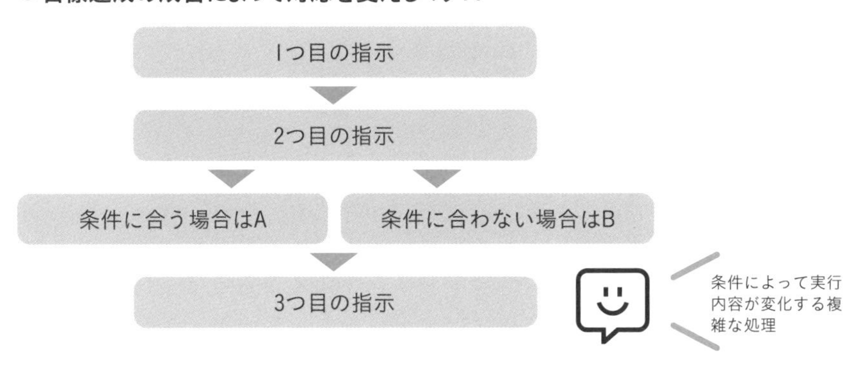

このように処理の流れを変え、より複雑な処理を可能にするには、「制御構造」と呼ばれる仕組みを使います。条件を満たした場合はA、満たさなかった場合はBのように対応を変える「条件分岐」は、代表的な制御構造の1つです。「制御構造」は他に、一定の条件下において処理を繰り返したいときに使う「繰り返し処理」などがあります。
この章では「条件分岐」と「繰り返し処理」を使ったマクロを作ります。まず紹介する「条件分岐」では、「Ifステートメント」と呼ばれる構文を使います。

Column

ステートメントは2つの意味がある

「ステートメント」という言葉は、「Ifステートメント」のようにプログラムの構造に関わるコードの意味合いで使われるほか、1行のコードのことを指す場合もあります。現時点で深く気にする必要はありませんが、2つの意味合いで使われていることは覚えておきましょう。

解説

YESかNOかで対応を変えられるIfステートメントとは

条件により実行する作業を変える「Ifステートメント」について、まずは基本を確認しましょう。

Ifで始めて条件式と処理を指定する

条件が成立したかによって実行する処理を変えるには、「Ifステートメント」と呼ばれる構文を使います。
まずはIfステートメントの形と、読み取り方を確認しましょう。

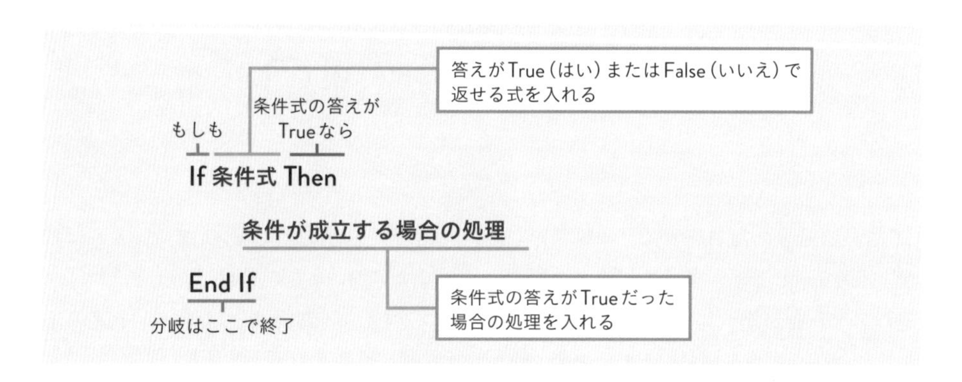

「If＝もしも」が先頭にあり、意味を推察しやすい構文です。「Then」は、「条件式の答えがTrue（真）なら」という意味です。「True」と聞くとややこしく感じるかもしれませんが、「条件式に対してYESなら」「条件式通りなら」ということです。
IfとThenの間に、答えがYes（True）またはNo（False）で返せる条件式を入れ、Thenの後ろに条件式の結果がYesだった場合の処理を入れます。

今回の場合、「設定した売り上げ目標（5,500,000円）に達していないセルは文字を赤にしたい」ので、以下のようなマクロを作っていきます。

もしも　　　　　　　　　　　　　　条件式の答えがTrue（真）なら

If セルの値が5,500,000より小さい Then

セルの文字を赤色にする

End If

分岐はここで終了

Column

TrueとFalseとは？

VBAでは、正しいか否かを表すときに「True」「False」を使います。「True」は「真実の」などの意味を持つ英単語、「False」は「偽りの」などの意味を持つ英単語で、「True（真）」「False（偽）」などと表されます。「True」は、「正しい」「Yes」、「False」は「間違っている」「No」の意味の値で、この2つを合わせて論理値と言います。

Column

文字色の変更は条件付き書式もある

「数値が○○以下だった場合は文字色を赤」の設定は、条件付き書式でも行えます。Excelでも使えるこの機能はVBAでも設定できますが、今回はあえてこの方法を使わず、Ifステートメントを用いました。その理由は、Ifステートメントは使いどころが多く、マクロを使い始めたら早めに覚えておきたい構文の1つだからです。

今回の例では文字の色の変更ですが、たとえば「点数が80点以上であれば隣のセル合格と表示、79点以下の場合は隣のセルに不合格と表示」のような書式設定以外の作業にも使え、条件付き書式より活躍の場が多くあります。

	A	B
1	得点	合否
2	81	合格
3	75	不合格
4	68	不合格
5	92	合格
6	88	合格
7	72	不合格
8	94	合格
9		

Ifステートメントなら書式変更以外の作業も可能

比較演算子を使って条件式を作る

○○より小さいは「<」を使う

4章でも利用した以下のブックを使い、図の四角部分のセルに「設定した売り上げ目標（5,500,000円）に達していないセルは文字を赤にする」マクロを作っていきます。

L13

	A	B	C	D	E	F	G	H
1	営業第3部　○月　製品別売上資料							
2								
3	A001/担当者	売　上		B002/担当者	売　上		C003/担当者	売　上
4	伊藤	6,440,000		伊藤	7,290,000		松本	5,550,000
5	松本	5,810,000		田中	6,660,000		伊藤	5,150,000
6	渡辺	5,740,000		松本	6,390,000		田中	4,250,000
7	田中	3,640,000		渡辺	4,680,000		渡辺	4,200,000
8								

この部分をセル内の値によって文字色を変えたい

まずは条件式を含む1行目です。ここで作成したい条件式「セルの値が5,500,000より小さい」は、以下のようになります。
条件分岐の対象は1セルずつ指定する必要があるので、まず最初の対象として、「売上」の一番上にあたる「B4」セルを指定しています。

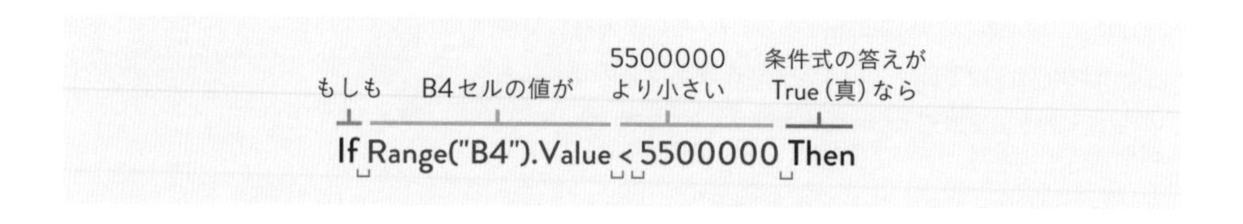

比較演算子の使い方

今回の「○○が××より小さい」のように、2つの値を比較して条件を判定するには、比較演算子を使います。「<」以外にも以下の比較演算子があります。表の比較演算子は、数値に加え、日付の条件判定にも利用できます。「意味」の（　）部分は、日付の条件判定時の意味です。

演算子	使い方例	意味
>	○>×	○が×より大きい　(より後)
>=	○>=×	○が×以上　(以降)
<	○<×	○が×より小さい　(より前)
<=	○<=×	○が×以下　(以前)
=	○=×	○が×に等しい
<>	○<>×	○が×に等しくない

Column

文字列も判定できる

たとえば、「A1セルの値が○ならB1セルに合格と表示」といった条件分岐を行う場合、条件式で比較の対象になるのは数値ではなく文字列です。

文字を比較する場合、「等しい」を意味する「=」、「等しくない」を意味する「<>」の演算子が使えます。さらにもう1つ、文字列の比較ならではの「Like演算子」が利用できます。

「Like演算子」は「ワイルドカード」と組み合わせることで、文字列の一部だけを比較の条件として指定できます。たとえば「Range("B4").Value Like "*県"」(B4セルの値が「県」で終わる文字列)のように使います。

「ワイルドカード」は、不特定の文字列を指定するための特殊な記号で、Excelの検索条件などに使うものと同じです。以下は代表的なワイルドカードと使い方の例です。

ワイルドカード	意味	使用例　→　該当する例
*	文字数制限のない任意の文字列	*県　→　千葉県、神奈川県　など「県」で終わる文字列
?	任意の1文字	??県　→　千葉県、埼玉県　　???県　→　神奈川県、鹿児島県

プロパティは「設定」と「取得」ができる

ここまで繰り返し使ってきた「プロパティ」ですが、序盤で説明した「設定」以外に実はもう1つできることがあります。より簡単に「プロパティ」を理解するため、最初の時点ではあえて「設定」での利用のみを紹介しましたが、今回P.104で作った条件式のプロパティは、実は「設定」の役割を果たしていません。そのためP.104の時点で、「おかしいな?」と感じた人もいるかもしれません。

P.104のコードでは、プロパティは「設定」ではなく、「取得」の役割を果たしています。この「取得」こそが、「設定」と並ぶ「プロパティ」のもう1つのできることです。「取得」についての説明を後回しにしたのは、「設定」の方が基本的なコードで利用されることが多いためで、重要度が低いからではありません。「取得」もVBAを使ううえで重要なポイントですので、ここでしっかり理解しておきましょう。

プロパティを「設定」する場合の例は、本書の序盤で紹介した以下の通りです。

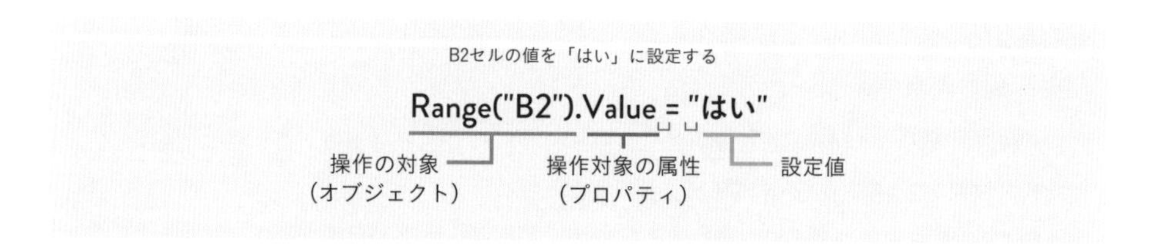

一方、プロパティを「取得」する場合の例(P.104の条件式)は、以下の通りです。

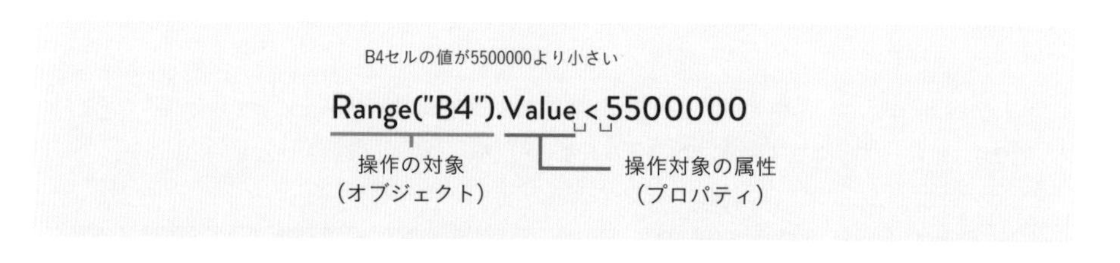

この場合の意味は「B4セルに5,500,000より小さい数を設定する」ではありません。「取得」は文字通り、プロパティの値を取得して使用するためのもので、この場合もB4セルの値を取得して、条件式の1部として利用しています。

「値を○○にする」のように結果のわかりやすい「設定」に対し、結果が見えにくい「取得」はややわかりにくいかもしれませんが、以下のようなケースを想定してみるとイメージしやすいでしょう。

- A1セルの値を取得し、シート名に利用する
- ブック名を取得し、営業1部を含む場合のみ開く

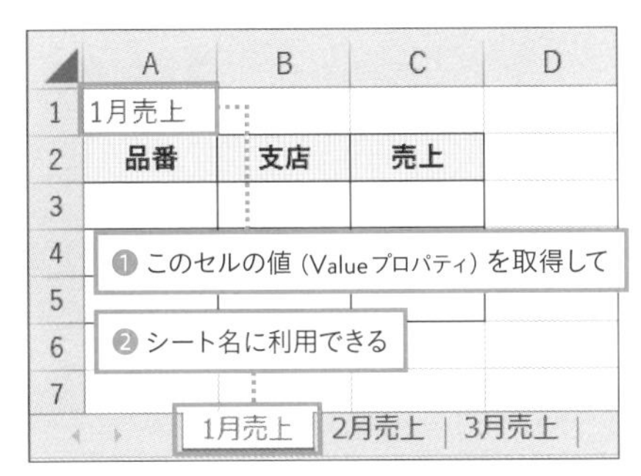

セルの値を直接シート名には代入できない。
取得ができるからこそシート名に利用できる

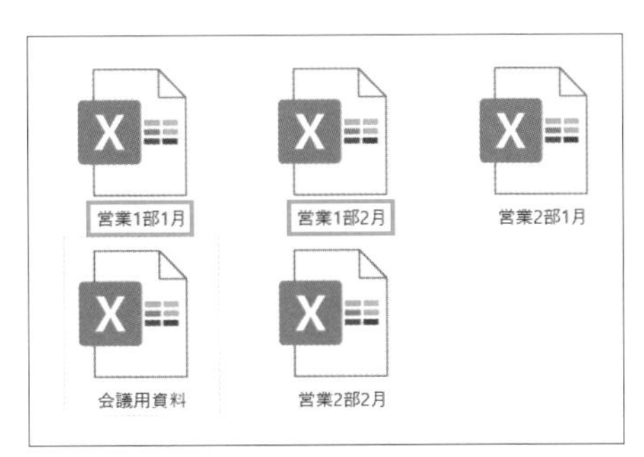

ブックの「Nameプロパティ」を「取得」することで条件に合うブックだけを操作できる。ブックの「Nameプロパティ」を「設定」のみで利用したのではできない操作

プロパティでできることが「設定」のみという理解では、こうした複雑な操作を実行するマクロは作れません。より複雑な操作をマクロ行うためにも、「プロパティ」は「設定」と「取得」ができることは理解しておきましょう。

ここではValueプロパティを主に紹介しましたが、他のプロパティであっても同じです。たとえば「Fontプロパティ」であれば、以下のように利用できます。

- A1セルのフォントを○○に「設定」する
- A1セルのフォントを「取得」し、B1セルに利用する

また、中には「取得」のみしかできないプロパティもあります。このタイプのプロパティの代表が「Count」プロパティです。その名の通り数を数えるプロパティで、「選択したセル範囲の行数や列数を取得する」といった使い方をします。

文字色を指定して処理部分を作る

シンプルにフォントカラーを指定する方法

ここでは前のセクションに続き、「設定した売り上げ目標（5,500,000円）に達していないセルは文字を赤にする」マクロ作りの処理部分、「B4セルの文字を赤にする」を作成します。

もっともイメージしやすい「Font.Color」を使って文字色を設定する方法は以下の通りです。「Font.Color」のフレーズは文字色であることが連想しやすく、文字の色を「=」以降で指定する色にするという文型は、すぐに理解できるでしょう。

対象セル　の　フォント　の　色　を　Rが255、Gが0、Bが0色にする

```
Range("B4").Font.Color = RGB(255, 0, 0)
```

操作の対象（オブジェクト）　操作対象の属性（プロパティ）　設定値

RGBとは?

RGBは、赤（Red）、緑（Green）、青（Blue）を表しています。光の三原色のこの3つのカラーの値をそれぞれ0～255の数値で指定して、自由に色を指定できます。例の「RGB(255, 0, 0)」は、赤が最大の255、緑は0、青は0の意味で、つまり赤色ということです。RGBの値は、以下のようにExcelの画面で調べることができます。

色	RGBの値
	RGB(255, 0, 0)
	RGB(0, 255, 0)
	RGB(0, 0, 255)

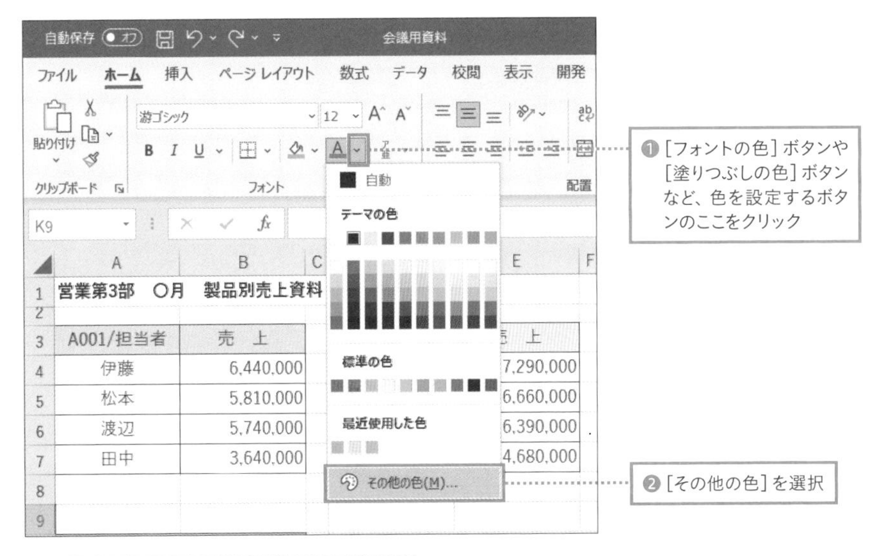

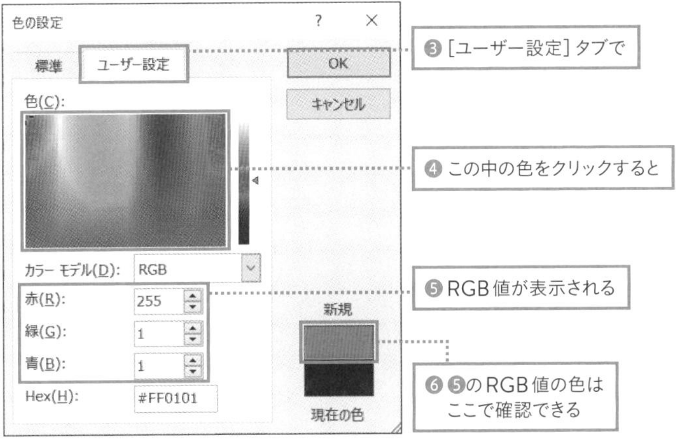

この画面では、❺の数値を手動で変更して色を作ることもできます。利用したい色のRGB値を把握しましょう。今回の例の「赤」のように緑や青が不要な場合は、緑や青は0にしておけばOKです。

Column

赤や青はより簡単に指定できる

VBAの中にはあらかじめ、よく利用される色を簡単に入力するための「組み込み定数」が用意されています。

たとえば赤の組み込み定数は「vbRed」なので、「Range("B4").Font.Color = vbRed」で文字を赤色にできます。入力がすぐできるだけでなく、RGB値を使うより直感的に色が分かりやすく便利です。赤だけでなく、表のような色も指定できます。

色	組み込み定数
赤	vbRed
緑	vbGreen
青	vbBlue
黒	vbBlack
白	vbWhite
黄	vbYellow

オブジェクトの仕組みについて詳しく理解する

今回利用したコードをもう1度見てください。

```
Range("B4").Font.Color = RGB(255, 0, 0)
```

Range("B4")：操作の対象（オブジェクト）
Color：操作対象の属性（プロパティ）
RGB(255, 0, 0)：設定値

「オブジェクト」である「Range("B4")」と、「プロパティ」である「Color」の間にある「Font」には、現時点ではあえて説明を加えていません。これは「オブジェクト」「プロパティ」のどちらなのか?と思った方もいると思います。この「Font」は、「オブジェクト」です。

「B4セルのフォント」というと、「フォント」部分は「B4セル」の属性を表す「プロパティ」のようにも思えますが、VBAでは「フォントの書体」「フォントの色」「フォントのサイズ」のように考えます。つまり今回の場合、「Rengeオブジェクト」と「Fontオブジェクト」を合わせた「セルのフォント」が操作対象（オブジェクト）です。

以下の部分のみを抜き出してみると、「フォント」が「オブジェクト」であることが理解しやすいと思います。

```
Font.Color = RGB(255, 0, 0)
```

Font：操作の対象（オブジェクト）
Color：操作対象の属性（プロパティ）
RGB(255, 0, 0)：設定値

「Font」を「プロパティ」と思ってしまうと、本来必要な「プロパティ」を入れ忘れるなどのミスにつながります。本書で扱うようなシンプルなマクロの場合、「Range("B4").Font」＝B4セルのフォントまでが操作対象であり、オブジェクトという捉え方で問題はありませんが、今後より複雑なマクロを作ることも想定し、次ページの考え方も押さえておきましょう。

オブジェクトは階層構造になっている

P.68でブックやシートを指定した際に説明した通り、ここで設定しているB4セルのフォントは、実は以下のような情報が省略されています。

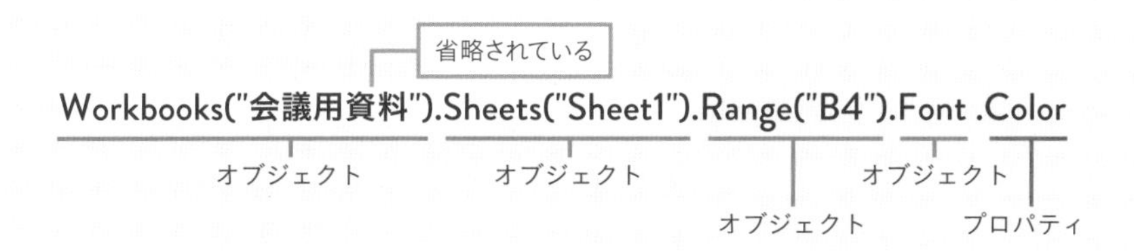

オブジェクトはこのように階層構造になっていて、省略が可能な場合以外は、きちんと指定する必要があります。本書で利用している「Range("B4")」が、これまで上の階層のシート名などを省略できたのは、P.69で紹介した通り、アクティブブックのアクティブシートにあるセルだったからです。

なお、オブジェクトの階層構造の最上位はブックを示す「WorkBook」ではなく、正式にはExcel自体を示す「Application」です。省略可能な場合が多いためあまり使いませんが、以下のような階層になっています。
セル（Rangeオブジェクト）の下位には、今回利用した「Fontオブジェクト」以外にもオブジェクトがあります。

● **オブジェクトの階層**

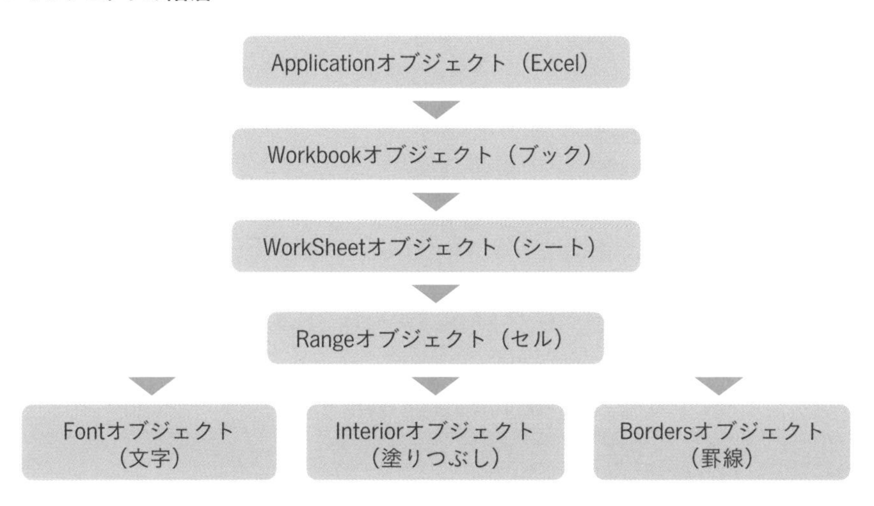

Column

Rangeオブジェクトは Rangeプロパティでもある

オブジェクトが階層構造なことを紹介したので、このコラムではもう一歩踏み込んだ内容を紹介します。まずは、先に「設定」のマクロとして紹介した以下のコードを見てください。

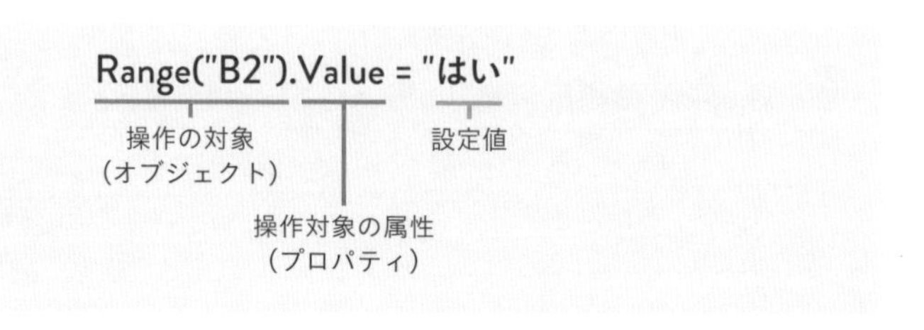

実はこの「オブジェクト」は、厳密には「Rangeプロパティ」でもあるというのが、ここで紹介したいことです。「操作対象はオブジェクトではないのか？」と感じるのは当然なので、ここではその辺りを詳しく解説します。

ただし、ここで紹介する内容は、マクロに不慣れなうちはだいぶ難解です。そのためマクロの基本をできるだけ簡単に理解するため、冒頭の説明で「Range("B2")」を「Rangeオブジェクト」としたのをはじめ、ここまで「操作対象＝すべてがオブジェクト」と説明してきました。

今後マクロに慣れたときのことを考えると、「Rangeオブジェクト」と「Rangeプロパティ」の違いを意識しておいた方がよいため、オブジェクトの階層に触れたここで改めて解説しますが、「これを理解しなければマクロは使えない」と堅苦しく捉えないでほしいという気持ちもあります。本書で扱ってきたようなシンプルなレベルのマクロであれば、今まで通り「Range(引数)」は操作対象のセル範囲を示しているという理解で利用しても特に問題はありません。
そのためここで紹介する内容が「いまひとつわかりにくい」という場合は、無理に立ち止まらずひとまず先へ読み進め、マクロに慣れた頃に再度読み返してみてください。

「自分の作業を楽にするためにコピペを自動化するマクロを作る」のと、「ビジネスとして対価を受け取るプログラムを作る」のでは、必要なレベルは違います。前者の場合、自身が満足するように動けばよいのであって、難しい決まりをすべて理解・守らなくても済むことも多くあります。多少遠回りでも、効率が悪くても「目指す作業を自動化するプログラム」を実際に作り、「もっとこうしたい」「思った通りに動かない原因を知りたい」と思うことがマクロに慣れる近道です。

さて、本題に戻り、「Rangeプロパティ」についてです。「ワークシート」は「Worksheetオブジェクト」という名前のオブジェクト、「セル」は「Rangeオブジェクト」という名前のオブジェクトということに間違いはありませんが、同時に「Worksheetプロパティ」であり、「Rangeプロパティ」でもあります。

ここでポイントとなるのが、プロパティには「取得」の役割がある点です。たとえば以下は、Worksheetオブジェクトの持つプロパティの1部です。このように、ワークシートについてのどんな情報を得るかを「プロパティ」で指定できます。プロパティにはシート名のように値を取得できるものと、セルのようにオブジェクトを取得できるものがあります。

プロパティ名	取得できるもの
Nameプロパティ	シートの名前を取得できる
Typeプロパティ	ワークシートの種類を取得できる
Rangeプロパティ	シート内のセルまたはセル範囲を表すRangeオブジェクト取得できる

つまり、Workbook、Worksheetなどのオブジェクトは、それぞれ自身の下の階層のオブジェクトをプロパティとして持っていて、ブックやシート内の何を使うかの指示に利用できます。

以下のようなコードは、これまで「Value」のみ「プロパティ」で、それ以前は「オブジェクト」としてきましたが、より正確には、実はそれぞれのプロパティにより、操作すべきオブジェクトを取得しているという仕組みなのです。

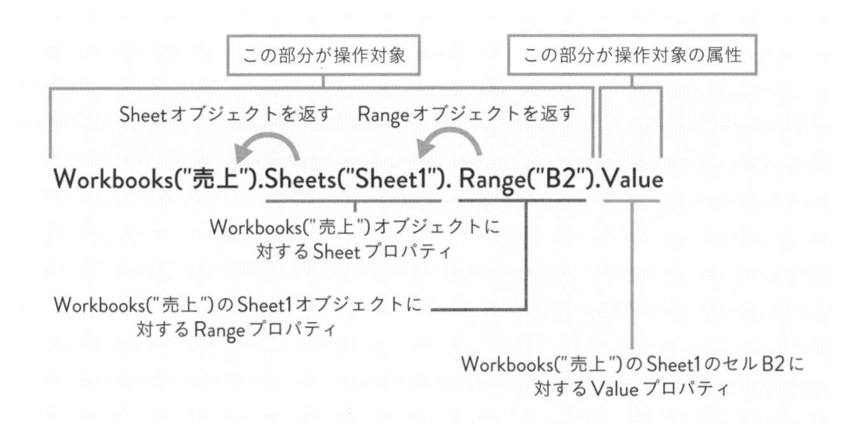

なお、先にも言いましたが、本書で扱っているシンプルなマクロにおいては、グレーの線で示したように操作対象とそれに対する属性という理解でも特に問題はありません。

ステップ 3

Ifステートメントを実行してみる

使用フォルダ「Chapter5-1」

必要なコードを追加してマクロに組み込む

4章までで作った「会議用資料」ブックにマクロを追加して、「ファイルを開く」～「予算に満たないセルの文字を赤くする」までの作業を自動化しましょう。
5章ではここまでで、条件に応じてB4セルの文字色を変更する以下のコードができました。

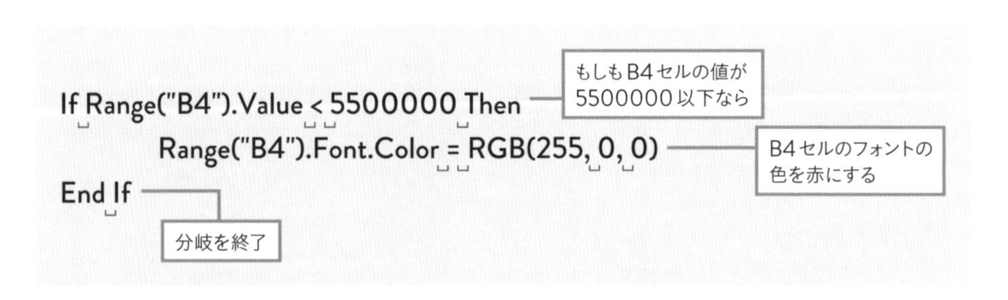

これが正しく動作するか実行して試しますが、マクロを利用する「会議用資料」ブックのデータの4章までの状態を見ると、以下のようにB4セルの値は「5500000」より大きいので、文字を赤にする条件にあてはまりません。

	A	B	C
1	営業第3部　○月　製品別売上資料		
2			
3	A001/担当者	売　上	
4	伊藤	6,440,000	
5	松本	5,810,000	
6	渡辺	5,740,000	
7	田中	3,640,000	
8			

このセルは条件にあてはまらない

これでは条件に応じて文字色が変わるかがわからないので、B4セル～B7セルまでが対象になるようコードを追加します。
以下のように対象セル（黄色い印を付けた部分）だけ変えればOKです。
最終的には製品番号「B002」や「C003」の売上も同条件で分岐させますが、ひとまず動作を確認するため、ここではB列の4つのセル分のコードだけ追加します。

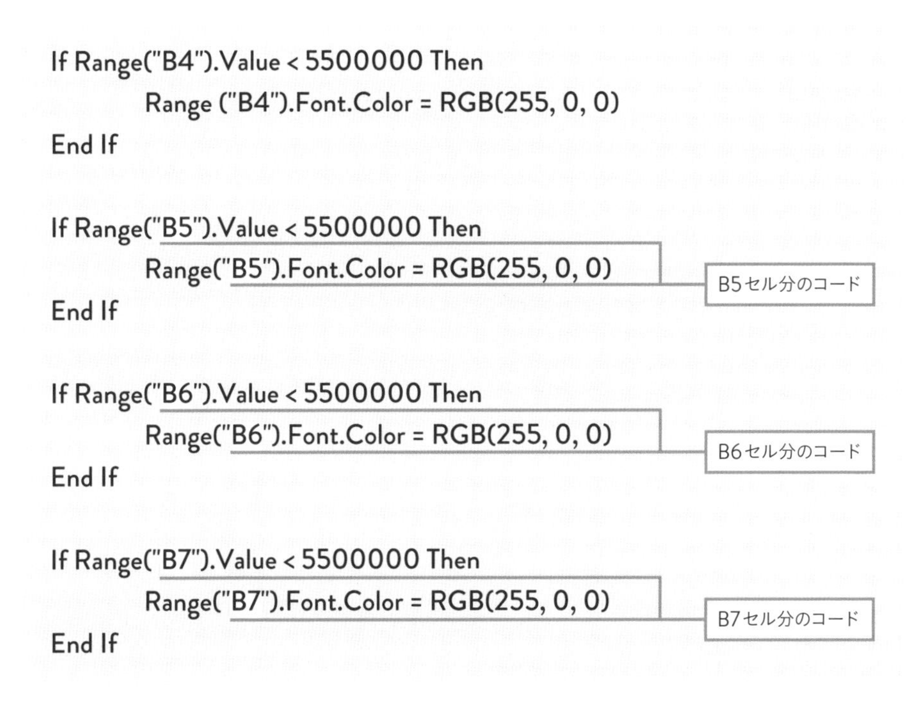

```
If Range("B4").Value < 5500000 Then
        Range ("B4").Font.Color = RGB(255, 0, 0)
End If

If Range("B5").Value < 5500000 Then
        Range("B5").Font.Color = RGB(255, 0, 0)
End If

If Range("B6").Value < 5500000 Then
        Range("B6").Font.Color = RGB(255, 0, 0)
End If

If Range("B7").Value < 5500000 Then
        Range("B7").Font.Color = RGB(255, 0, 0)
End If
```


Column

Ifステートメントの対象はセル範囲にはできない

「B4セル」～「B7セル」に同じコードを使うので、対象のセルを「B4セル～B7セル」とセル範囲で「指定したくなりますが、Ifステートメントの対象は1セルずつにする必要があります。そのためここでは上のようにそれぞれのコードを記述しましたが、P.124で紹介するようにVBAでもセル範囲の記述は可能です。また、セル範囲を操作対象にできる場合もあります。

VBEに追加する

追加したいコードができたので、「会議用資料」ブックでVBEを開き、4章までで作ったコードに追加します。売り上げの金額による並べ替えが終わったあとに、文字色の設定を行いたいので、4章までで作成したコードの下に入れ、後からわかりやすいようコメントも入れておきます。

コードが追加できたら実行してみます。なお、ここまで作り続けてきたマクロは、担当者名が五十音順に並んだ「マクロ実行前」の図の状態のシートに、データを転記して会議用の資料を作成するものです。1度マクロを実行したブックの転記データを削除して再度実行するときは、文字色など書式の設定も戻す点に気を付けましょう。

マクロの実行は、VBEの画面から実行してもよいですし、4章で追加したシート上のマクロ実行用のボタンを使って実行してもかまいません。

第5章 条件分岐と繰り返しを使うマクロのアレンジ

Column

より複雑な条件も設定できる

ここまでは、条件を満たした場合に「文字を赤にする」方法を紹介しましたが、Ifステートメントでは、より複雑な条件も指定できます。

● 条件を満たさない場合の指示を追加する

条件を満たさなかった場合にも実行させたいことがあるときは、条件を満たした場合と、End IFの間に、Elseを使って条件を満たさなかった場合の処理を入れます。

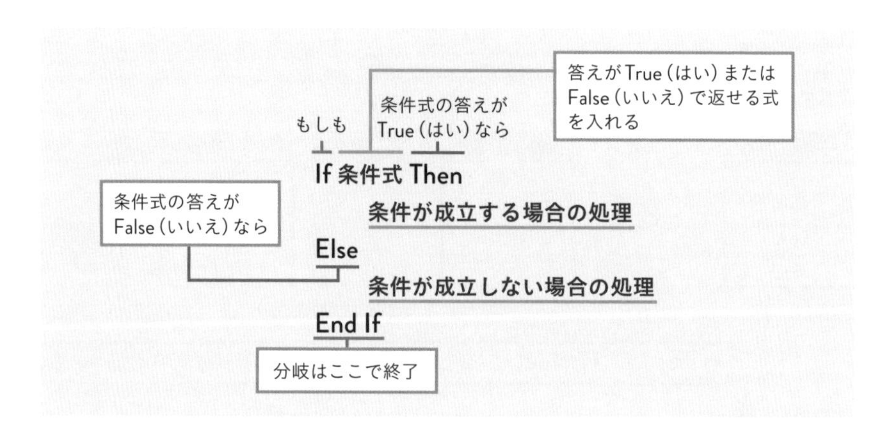

前ページまでの例題に、条件を満たさなかった場合にセルの文字を青くするという指示を追加すると以下のようになります。

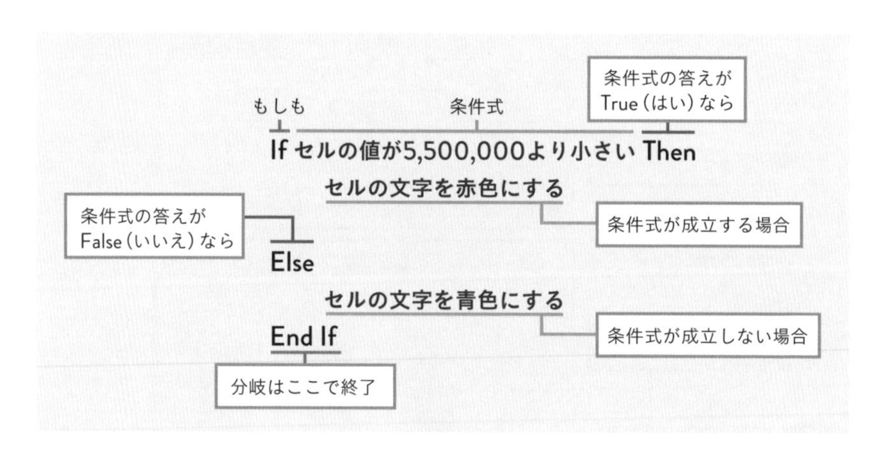

例で使った下の表に、このマクロを実行してみます。B4セルは条件を満たしていないので、文字の色が青くなりました。

	A	B	C
1	営業第3部　〇月　製品別売上資料		
2			
3	A001/担当者	売　上	
4	伊藤	6,440,000	
5	松本	5,810,000	
6	渡辺	5,740,000	

❶ 条件を満たさなかったときの指示が実行された

● 複数の条件により指示を分ける

Ifステートメントでは、条件式を3つまで指定できます。指定にはElseIfを使います。以下のようにElseIfと2つ目の条件式、2つ目の条件式が成立した場合の処理を指示できます。例では2つ目までですが、3つ目の条件式を入れたい場合も同じです。ElseIfと3つ目の条件式、3つ目の条件式が成立した場合の処理を入れてから、Else以下をつなげればOKです。

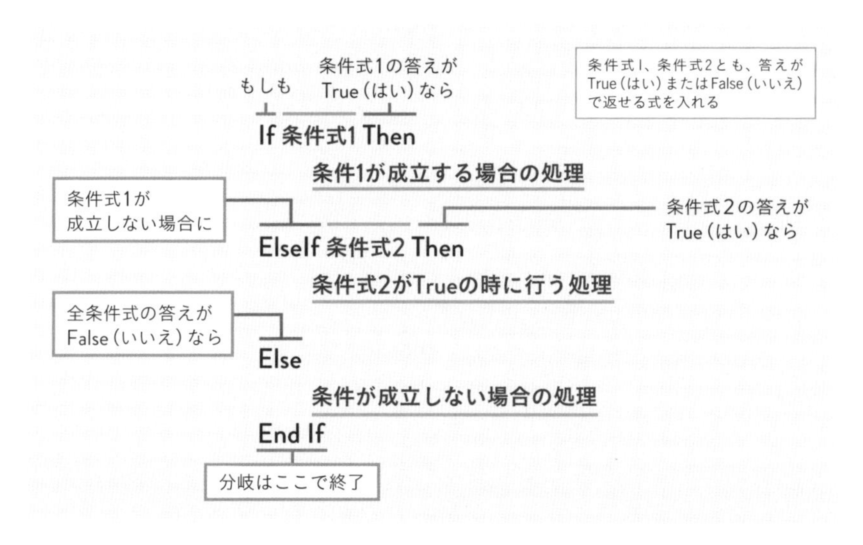

例えば以下は、次の条件をB4、B5、B6に実行するためのコードです。

● 条件式と処理

- 1つ目の条件式と処理「2000より大きいときは文字を赤色にする」
- 2つ目の条件式と処理「1000より大きいときは文字を緑色にする」
- いずれの条件も満たさないときの処理「文字色を青にする」

```
If Range("B4").Value > 2000 Then
        Range("B4").Font.Color = RGB(255, 0, 0)
ElseIf Range("B4").Value > 1000 Then
        Range("B4").Font.Color = RGB(0, 255, 0)
Else
        Range("B4").Font.Color = RGB(0, 0, 255)
End If

If Range("B5").Value > 2000 Then
        Range("B5").Font.Color = RGB(255, 0, 0)
ElseIf Range("B5").Value > 1000 Then
        Range("B5").Font.Color = RGB(0, 255, 0)
Else
        Range("B5").Font.Color = RGB(0, 0, 255)
End If

If Range("B6").Value > 2000 Then
        Range("B6").Font.Color = RGB(255, 0, 0)
ElseIf Range("B6").Value > 1000 Then
        Range("B6").Font.Color = RGB(0, 255, 0)
Else
        Range("B6").Font.Color = RGB(0, 0, 255)
End If
```

1つ目の条件式と成立した場合の指示

2つ目の条件式と成立した場合の指示

いずれの条件式も成立しなかった場合の指示

ここまでがB4セル用コード

ここまでがB5セル用コード

ここまでがB6セル用コード

このコードを図の表に実行してみると、条件に応じて正しく処理が実行できました。

	A	B	C
1	営業第3部　○月　製品別売上資料		
2			
3	A001/担当者	売　上	
4	伊藤	2,100	
5	松本	1,100	
6	渡辺	500	
7			

❶ この3つのセルがマクロの対象

▼

	A	B	C
1	営業第3部　○月　製品別売上資料		
2			
3	A001/担当者	売　上	
4	伊藤	2,100	
5	松本	1,100	
6	渡辺	500	
7			

❷ 条件分岐の設定に応じて文字の色が変わりました

Chapter5フォルダの中の「会議用資料_コラム.xlsm」をチェック！

作ったマクロを再実行するときは書式も元に戻す

条件分岐による文字色の設定までのマクロを1度実行すると、転記したデータを削除したあとも、書式の設定が残ります。転記されたデータを削除して、同じシートで再度マクロを実行したいというときは、値だけを削除するのではなく、文字色が設定されたセルの書式も削除してください。黒文字のセルの書式をコピーして貼り付ければOKです。

解説

より効率的なマクロを作るため繰り返しを活用したい

ここでは、前のセクションで作成した条件分岐のマクロをより効率的なものにするにはどうすればよいかを考えます。

同じようなコードを何度も繰り返すのは手間がかかる

P.116では、図の製品番号「A001」の売上が目標金額に満たない場合に文字色を赤にするところまでのマクロを作成しました。

	A	B	C	D	E	F	G	H
1	営業第3部　○月　製品別売上資料							
2								
3	A001/担当者	売　上		B002/担当者	売　上		C003/担当者	売　上
4	伊藤	6,440,000		伊藤	7,290,000		松本	5,550,000
5	松本	5,810,000		田中	6,660,000		伊藤	5,150,000
6	渡辺	5,740,000		松本	6,390,000		田中	4,250,000
7	田中	3,640,000		渡辺	4,680,000		渡辺	4,200,000
8								

❶ P.116では、このセルを対象にしたマクロを作成した

❷ このセルとこのセルにも同じIfステートメントを設定したい

最終的には製品番号「B002」と「C003」にも、同じIfステートメントを設定したいので、本書でここまで採用してきた方法の場合、次に行う作業は「対象セルのみ変更し、製品番号『B002』や『C003』の売上も同条件で分岐させるためのコードを追加する」です。

しかし、セルごとにIfステートメントを記述する方法は、同じようなコードの量が多くなるうえ、コードをコピー→対象セルを修正の作業を何度も行うのも面倒です。そこでここからは、セルごとに記述する方法から一歩進み、必要な回数だけ自動で繰り返すコードを利用する方法をマスターしましょう。

セル単位でIfステートメントのコードを書く場合

- コードが多く見にくい
- コードのコピー、対象セルの修正作業に手間がかかる
- 手作業なのでコピーや対象セル変更にミスが生じる可能性もある

製品単位でIfステートメントを繰り返すコードを使う場合

- コードの量が少なく済み見やすい
- コードのコピーが少なくて済み、手間も少ない
- 手作業が少ない分、ミスの生じる確率も下がる

便利な繰り返しのための構文ですが、問題はここまで紹介してきたコードに比べて難しいということです。必要な解説も多いので、説明を読むのが面倒に感じるかもしれませんが、使いこなせれば上記のようにいくつものメリットがあります。
本書で利用している例では1列につき対象のセルが4つと限られていますが、実作業では対象のセルが50、100というケースもあるかもしれません。繰り返しの構文を使えば、こうした大量のセルに対しても簡単に処理を実行できます。

また、例のように「達成したい予算」の数値を条件にする場合、時期や業績により数値が変化することもあるでしょう。セル単位でIfステートメントのコードを書いている場合、こうした変更時に対象セル数分のコードを修正しなければなりませんが、繰り返すコードであれば修正箇所はグッと少なくて済むというメリットもあります。

実務でも活用度の非常に高いこの構文をマスターするため、次ページからは以下の順序で解説を行います。第一段階となるIfステートメントの理解は済んでいます。もう一歩踏み込んでみましょう。

①「Cells」を使った対象セルの指定方法
②変数を理解する
③繰り返しの構文 For Next ステートメントを使う

解説

複数セルやRangeを使わないセルの指定方法を知る

「Cells」を使った対象セルの指定方法に加えて、
行・セル・範囲など、さまざまなセルの指定方法をまとめてマスターしましょう。

セルは「Cells」でも指定できる

セル＝Rangeオブジェクトの記述には、もっとも基本となる「Range」を使ってきましたが、Rangeオブジェクトの記述方法は他にもあります。中でもよく使われる「Cells」について、まずは紹介します。
「Cells」を利用する場合、「Cells(行,列)」と記述して対象のセル示します。このとき「行,列」はともに数字で入れ、行は行番号、列はA列を1、B列を2、C列を3の要領で数えます。同じB2セルを「Range」「Cells」で記述すると、それぞれ以下のようになります。

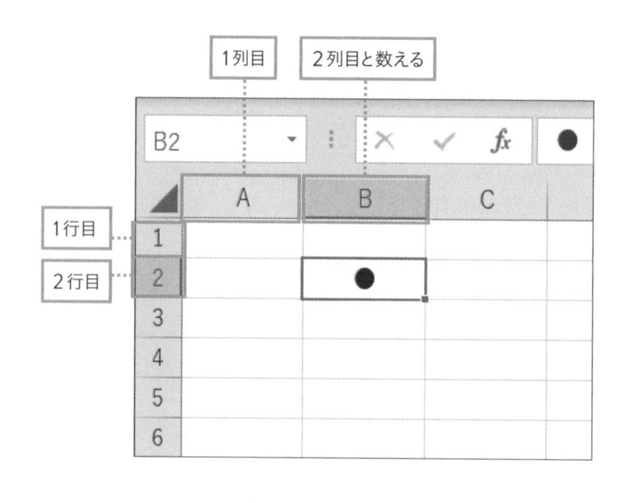

● Rangeを使う場合

Range("B2")
セル番地を" "で囲んで入れる

● Cellsを使う場合

Cells(2,2)
行を数字で指定
列を数字で指定
カンマでつなぐ

「Range」「Cells」のメリット・デメリット

わざわざ2つの方法をマスターするのは、それぞれに適した利用方法やできないことがあるからです。その主な違いを把握しておきましょう。

● Range(引数)での記述

<メリット>

- ■ **引数部分(A1など)から、セルの位置がわかりやすい**
- ■ **単一セルに加え、複数セルも指定できる**

<デメリット>

- ■ **引数部分のセルの指定は文字列(A1など)で行う**

Rangeの大きな特徴は、複数のセルも指定できる点です。「A1〜C3範囲のセルをまとめて選択する」といったケースでは、Rangeを使います。
一方、引数部分は" "で囲んだ文字列で指定している点もCellsとの大きな違いです。

● Cells(行,列)での記述

<メリット>

- ■ **数値のみを使ってセルを指定できる**

<デメリット>

- ■ **複数のセルは指定できない**

Cellsの大きな特徴は、数値だけを使ってセルを指定できる点です。Rangeの場合と違い、( )内に" "を使わず直接数字を入力します。この「数値だけ」で済むという点が変数での利用に適しているため、変数の利用時はCellsを使うのが一般的です。
このタイミングでCellsによるセルの指定方法を紹介したのも、次に紹介する変数で利用するからです。

このように、Range、Cellsどちらの使用が適しているかは場合によります。マクロに慣れるまでは、基本的にはRange(引数)を使い、数値のみでセルを指定したいなどRange(引数)に不都合があるときはCellsに変えるといった使い方でも問題ないでしょう。

Column

Cellsオブジェクトではない

セルのオブジェクト名はあくまでも「Rangeオブジェクト」なので、「Cellsオブジェクト」にはなりません。「Rangeオブジェクト」が、セルのオブジェクト名称であることは変わらず、「Rangeオブジェクト」の記述方法は「Range」「Cells」など複数あるということです。

複数セルの指定方法

次に、複数セルの指定方法を紹介します。セルを範囲で指定してまとめて操作したいときに使います。先にも紹介した通り、複数のセルの記述はCellsではできません。Rangeを使いましょう。

ひとまとまりの複数セルを指定する

図の緑線で囲んだセルのようにひとまとまりの複数セルを記述する場合、次のように「:」を挟んで最初のセルと最後のセルを指定します。複数セルの場合も" "で囲むには同じです。

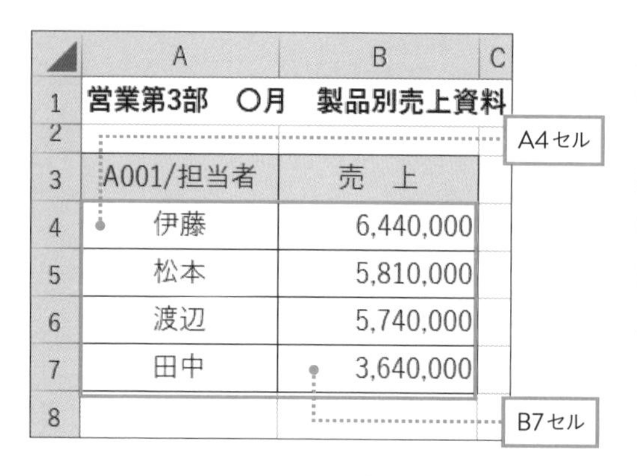

または、Range("A4", "B7")でも指定できます。

離れたセルをまとめて指定する

次の図の緑線部分のように離れたセルを記述する場合は、このように「,」(カンマ)で区切って繋げます。

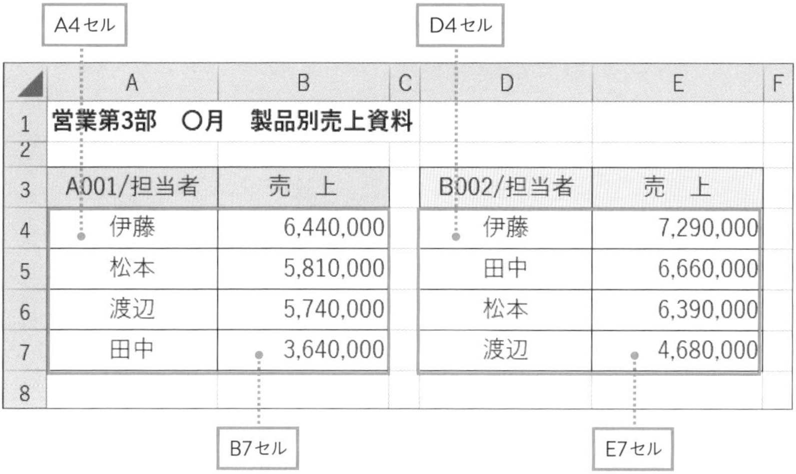

A4セル　D4セル

	A	B	C	D	E	F
1	営業第3部　〇月　製品別売上資料					
2						
3	A001/担当者	売　上		B002/担当者	売　上	
4	伊藤	6,440,000		伊藤	7,290,000	
5	松本	5,810,000		田中	6,660,000	
6	渡辺	5,740,000		松本	6,390,000	
7	田中	3,640,000		渡辺	4,680,000	
8						

B7セル　E7セル

Rangeの使用方法をまとめて確認

Rangeを使って、列や行を指定することもできます。先に紹介した単一セルや複数セルの指定方法も合わせて、まとめて表にしました。セルの指定方法で迷ったら、ここで確認してください。

前のページでは、2つの離れたセル範囲の指定方法を紹介しましたが、A1セルとA3セルのように単一セルの場合も「,」で区切って指定できるのは同じです。表の「複数セル」の部分のように指定できます。

なお、行や列は、セルの場合のCellsのように、Rangeを使わず指定する方法もあります。次ページで紹介するのでこちらも確認してください。

説明	記述方法
単一セル（A1セル）	Range("A1")
セル範囲（A1～C3セル）	Range("A1:C3")　または　Range("A1", "C3")
複数セル（A1セルとC3セル）	Range("A1,C3")
複数範囲（A1～A3セルとC1～C3セル）	Range("A1:A3,C1:C3")
名前付きセル（「営業部」という名前のセル範囲）	Range("営業部")
列（A列）	Range("A:A")
複数列（A列～C列）	Range("A:C")
行（1行目）	Range("1:1")
複数行（1行目～3行目）	Range("1:3")

Rangeを使わない行・列の指定方法

セルと同じく行・列もRangeを使わず指定できます。ここではその方法をマスターを紹介します。どの場面でどの記述方法を使えばよいのかは状況によりますが、最初のうちは参考にするコードと同じ書き方を用いることで問題ないでしょう。そうしたなかで「この場合、この方法を使うと便利なんだな」と読み取るうちに、それぞれの使いどころがわかってくるはずです。

行は「Rowsプロパティ」で指定できる

行は「Rows」を使っても記述できます。主な記述方法は、以下の表の通りです。( )内が行番号の数値単体の場合、" "を使わずに数値のみを記述できる点がポイントです。

説明	記述方法
すべての行	Rows
1行のみ（3行目）	Rows(3)
複数行（3行目〜5行目）	Rows("3:5")

列は「Columnsプロパティ」で指定できる

列は「Columns」を使っても記述できます。主な記述方法は、以下の表の通りです。A列を1、B列を2の要領で数えた数字で表せるほか、Aのように列記号でも指定できる点がポイントです。

説明	記述方法
すべての列	Columns
1列のみ（B列）	Columns(2)　または　Columns("B")
複数列（B列目〜D行目）	Columns("B:D")

Column

「s」がない、Row、Columnプロパティもある

上で紹介した「Rows」「Columns」は、行や列を操作するときに利用します。一方、行番号や列番号を取得するときは、末尾のsのない「Row」「Column」を使います。マクロに慣れるまでは、自身でどちらを使うかを判断する場面はほぼありませんが、末尾のsがあるものとないもの、両方のプロパティがあり、それぞれが違う用途で使われるということは覚えておきましょう。

表内に限定して行や列を指定するには

シート全体ではなく、特定の範囲内の行や列を対象にしたいときは、Rangeを使って最初にセル範囲を指定してから行や列を指定します。この方法を覚えておくと、「表内の1行目に見出しを設定したい」など、表内の行・列だけを取得するのに重宝します。

表内の1行目

	A	B	C	D
1	営業第3部　〇月　製品別売上資料			
2				
3	A001/担当者	売　上		B002/担当者
4	伊藤	6,440,000		伊藤
5	松本	5,810,000		田中
6	渡辺	5,740,000		松本
7	田中	3,640,000		渡辺
8				

表の範囲は「Range("A3:B7")」　表内のB列部分

● 図の表内の1行目を指定する場合

Range("A3:B7").Rows(1)

Rangeを使って対象範囲を指定　対象範囲内の1行目

● 図の表内のB列目を指定する場合

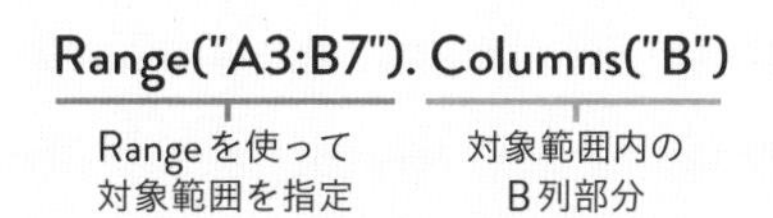

解説

変数とは?
仕組みや使い方を理解しよう

**変数はVBAを使ううえでとても重要なポイントです。
その仕組みや使い方をしっかり理解しましょう。**

変数を使わないとできないことがある

次に紹介するのは、「変数」です。なぜここで変数を紹介するかというと、この章での最終目標である次のような動きのマクロを作るのに必要だからです。

● こんな動きをマクロで実行したい

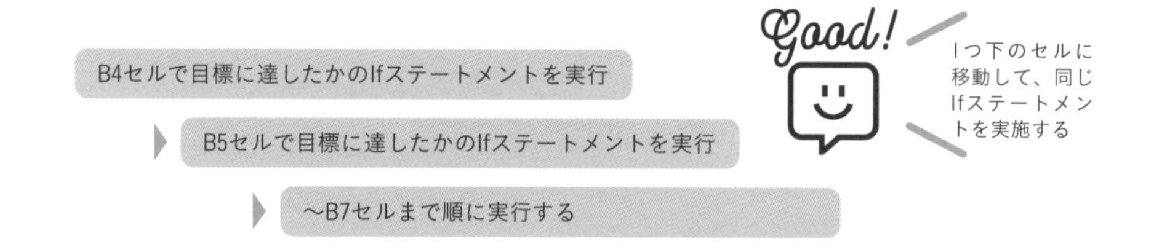

IfステートメントはP.102で先に作ってあるので、追加で指示したいのは以下の内容です。

- B4セルからスタートする
- 1つずつ下のセルに移動して同じ処理を繰り返す
- B7セルで終了する

今まで学んできたコードでは、何行もの記述が必要になる動きですが、「変数」を使えば、この複雑な指定を簡単に行うことができます。

変数は「データを入れておける箱」

変数は、名前を付けて記録したデータを名前を使って読み取りできる仕組みです。「後で使うデータを入れておき、いつでも取り出せる箱」と例えられることが多くあります。

その便利さがもっとも分かりやすいのは、同じ値を何度も利用するケースでしょう。たとえば以下のように、商品の価格を何度も利用するマクロの場合、「価格」という変数を使うことで、必要な場所で「価格」に入れたデータを利用できます。
値段を変更したい場合は、変数内のデータを変更するだけで、「価格」変数を使ったコード自体は変更が不要なのも便利な点です。

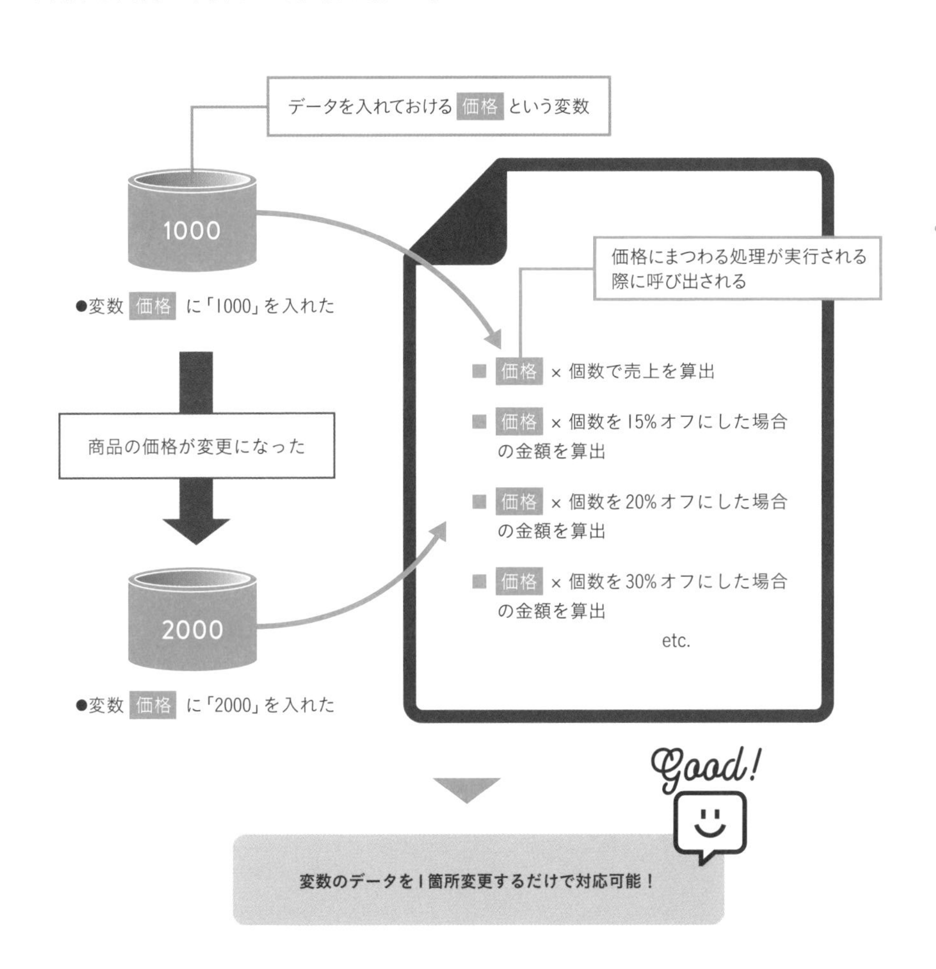

Column

変数はとても大事な要素

変数は、VBAを使いこなすうえで理解が欠かせないとても重要な要素です。一方で、やや複雑で、使いどころや便利さがいまいちピンとこないなどの理由から、初心者がマクロにつまずくポイントでもあります。
そこで本書では、P.130のマクロを作るためという目標を定めて変数を紹介していますが、「変数の基本の基本」の説明は必要なため、ここではまずそれを行っています。1度読んだだけでは理解しにくいという場合は、ひとまず先へ読み進め、実際に変数を使ってマクロを作るという目標を達成してみてください。その後、再度ここへ戻り、変数の基本をもう一度読むと、理解しやすさがアップするはずです。

変数の使い方

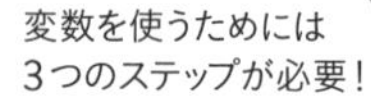

変数を使うための主な手順は次の3つです。

① 変数を宣言する
② 変数に値を代入する
③ 変数の値を利用する

①変数の宣言とは

変数はあらかじめ用意されているものではなく、自分で作ります。そのため最初に行うのは、「この名前の変数を作る」という指示を出すことで、この作業を「変数を宣言する」と言います。変数の宣言は、次のようにDimを使って行います。

● 変数の宣言方法

Dim 変数名
変数を宣言するときに必ず入れる
自分で決めた変数名を入れる

P.131で例にした「価格」変数であればこうなる
価格という名前の変数を作る
Dim 価格
自分で決めた変数名

Column

変数の名前の付け方

変数の名前は自由に付けられますが、使える文字などに以下の決まりがあります。入力した変数名が使えない場合はエラーが表示されるので、指示に従って修正すればOKです。
変数の名前は、その変数が表しているもの、どんな値が収められているかが後からでもわかりやすいものにしましょう。

- 利用できる文字は、英数字、漢字、ひらがな、カタカナ、アンダーバー（_）
- 名前の1文字目は数字とアンダーバーは使えない
- VBAで先にステートメント名などに使われている名前は使えない

②値の代入とは

作った変数に値を入れることを「値の代入」と言います。値の代入は次のように変数名と値を＝でつないで行います。この＝は、「等しい」という意味ではなく、「左辺（変数）に右辺（値）を代入する」という意味です。これは変数利用時の決まりなので覚えてしまいましょう。

● 値の代入方法

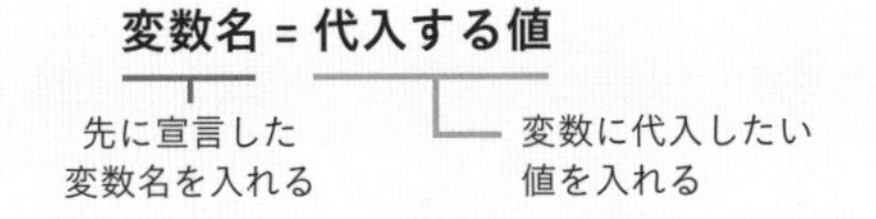

P.131で例にした「価格」変数（価格が1000の時点）であればこうなる

「価格」という変数に1000を代入する

価格 = 1000

③変数を利用する

こうして作成し、値を代入した変数は、マクロ内で利用できます。たとえば図の表のB3セルに価格を入れたい場合は、以下のようなマクロになります。

	A	B	C	D
1				
2	売上個数	価格	売上高	
3	150		0	
4				

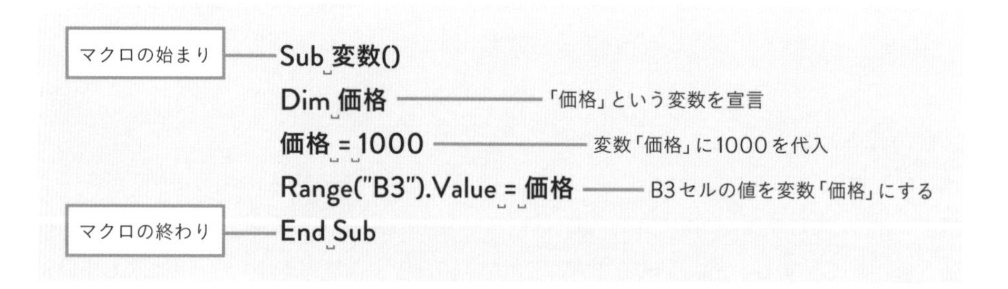

このマクロを実行すると、B3セルに1000が入力されます。「Range("B3").Value = 価格」のコードで、「価格」という文字が入力されるのではなく、「価格」という変数に代入した値（1000）が入力されることがわかります。

	A	B	C	D
1				
2	売上個数	価格	売上高	
3	150	1000	150000	
4				

変数の値が入力された

Column

変数の型を指定できる

変数は、宣言時に一緒にデータの型を指定できます。型は、変数のデータの種類を指定するものです。
データ型を指定しなくても変数は使えますが、型を指定しておくと、その種類以外の値が代入された場合はエラーが生じるため、不正に処理が進行してしまう心配がなくなります。また、データの種類がわかっていることで、処理速度が少し上がるというメリットもあります。
ここで紹介するようなシンプルなマクロでは利用しなくても不便はありませんが、データ型というものがあること、どういったものかは押さえておきましょう。

データ型の指定の仕方は、以下の通りです。

● 変数の宣言方法　＋　データ型の指定

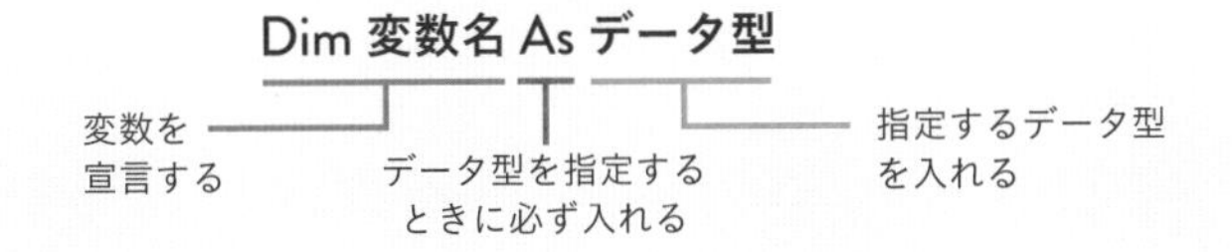

VBAのデータ型で利用頻度の高い型には、以下のようなものがあります。この他にも、少数を格納するデータ型や通貨を格納するデータ型などもあります。

データ型（名称）	説明（格納できるデータ）
Integer（整数型）	整数を格納する（-32,768～32,767の整数）
Long（長整数型）	整数を格納する（-2,147,483,648～2,147,483,647の整数）
Date（日付型）	日付を格納する（西暦100年1月1日～西暦9999年12月31日の日付と時刻
String（文字列型）	文字列を格納（文字列）
Variant（バリアント型）	すべてのデータを格納する（すべての値はオブジェクト）

たとえば、前のページで使った変数「価格」に、Long（長整数型）を指定する場合は以下のように記述します。

解説

決まった数の繰り返しができる For〜Nextステートメントとは

いよいよ処理を繰り返すためのFor〜Nextステートメントを利用していきましょう。まずは形と意味を理解します。

ForとNextで処理を挟む

決まった回数だけ処理を繰り返すには、「For〜Nextステートメント」と呼ばれる構文を使います。
まずはFor〜Nextステートメントの形と、読み取り方を確認しましょう。

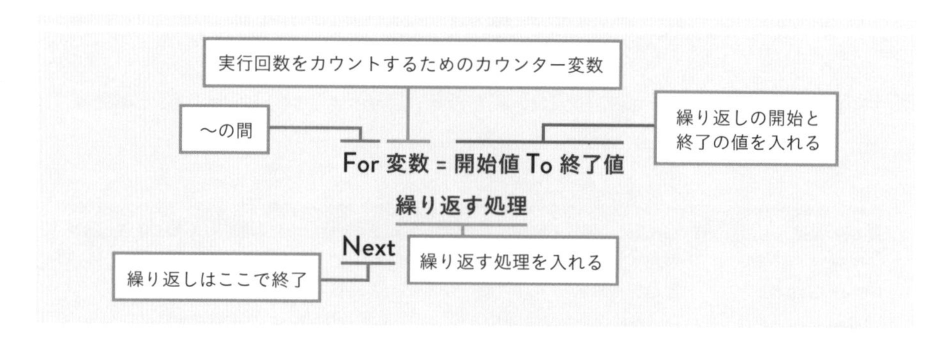

「〜の間」を意味する「For」から始まり、変数を使って開始値と終了値を指定することで、終了値に達するまで処理を繰り返し実行できます。
開始値と終了値を指定し、実行回数をカウントするためのこの変数は「カウンター変数」と呼ばれています。

今回の場合、作成したいのは下図の緑枠部分のセルに対し、上から順番に「設定した売り上げ目標（5,500,000円）に達していないセルは文字を赤にする」という処理を繰り返す、以下のようなマクロです。

	A	B	C	D	E	F
1	**営業第3部　○月　製品別売上資料**					
2						
3	A001/担当者	売　上		B002/担当者	売　上	
4	伊藤	6,440,000		伊藤	7,290,000	
5	松本	5,810,000		田中	6,660,000	
6	渡辺	5,740,000		松本	6,390,000	
7	田中	3,640,000		渡辺	4,680,000	
8						

この4つのセルに対して処理を繰り返したい

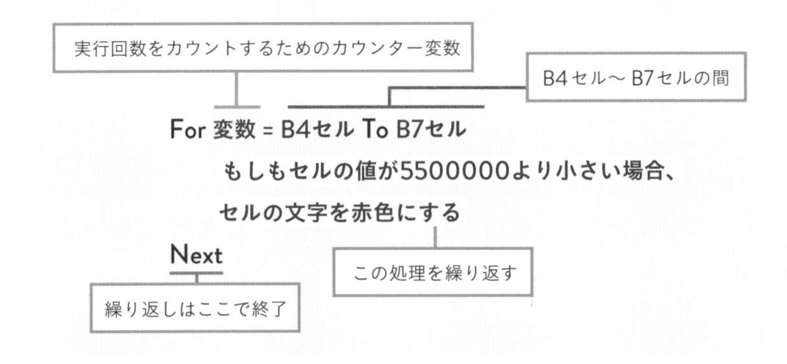

For～Nextステートメントを使うには、カウンター変数の利用が欠かせません。先にP.130で変数を学んだのはこのためです。同じく先に紹介したCellsを使ったセルの指定方法（P.124）の利用も必要です。これらを活用し、次ページからさっそく「繰り返す」マクロを作っていきましょう。

カウント用の変数を作る

使用ファイル「ch5-1.xlsm」

変数の宣言はここでも必要

P.130の変数の基本で紹介した通り、変数を利用するには、まず変数を作成（宣言）します。これはFor～Nextステートメントでカウント用の変数を使う場合も同じです。
変数の宣言は「Dim 変数名」で行うのも同じです。
ここではカウント用の変数の動きがよりわかりやすいよう、変数名は「行」にします。つまり、変数の宣言のためのコードは以下の通りです。

値の代入はForの後ろで行う

P.131の変数の解説で、「価格」という変数に「1000」という値を入れて計算に使ったように、作成した変数には「変数名 = 代入する値」という形で値を代入します。For～Nextステートメントで使うカウンター変数の場合、Forの後ろに「変数名 = 開始値 To 終了値」の形で変数に値を代入します。

Column

入力しやすさ重視なら変数名は英数字

ここでは分かりやすさを最優先して、「行」という漢字の変数名にしました。英字や数字の並ぶコードの中で、漢字は目立つうえ、見るだけですぐに意味が把握できる点もメリットです。
反面、入力時に入力モードを「半角→全角」など切り替える手間がかかるというデメリットもあるため、マクロに慣れた人は多くの場合、半角英数字モードのまま入力できる変数名を用いています。
たとえば、行を意味する「Row」とすることで、入力のしやすさを確保しつつ、意味の把握しやすさも確保するイメージです。

今回の場合、繰り返しで処理を実行したいのは、下図の４つのセルです。列の指定は同じまま、行数だけを４行目から7行目まで変化させたいので、開始値を4、終了値を7にします。

カウンター変数は、処理が終わるごとに自動で1ずつカウントが増えるので、これだけで「4→処理→5→処理→6→処理→7→処理」とカウントできます。

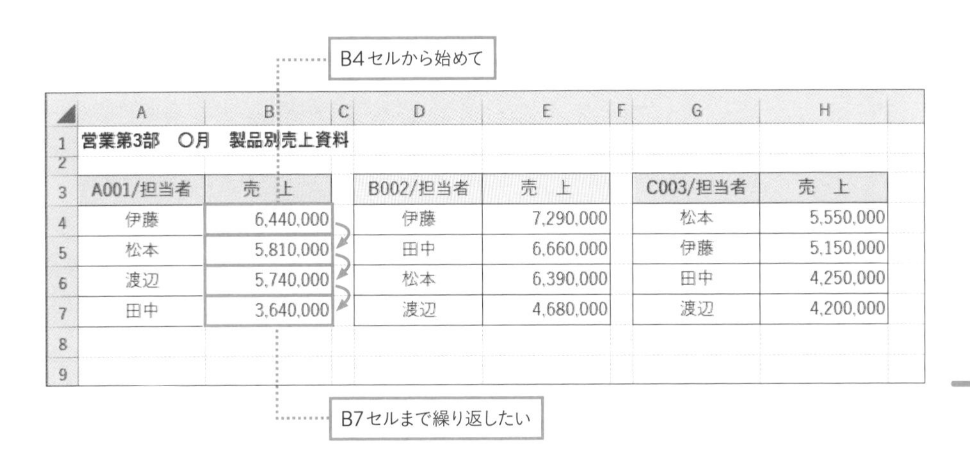

	A	B	C	D	E	F	G	H
1	営業第3部　○月　製品別売上資料							
2								
3	A001/担当者	売　上		B002/担当者	売　上		C003/担当者	売　上
4	伊藤	6,440,000		伊藤	7,290,000		松本	5,550,000
5	松本	5,810,000		田中	6,660,000		伊藤	5,150,000
6	渡辺	5,740,000		松本	6,390,000		田中	4,250,000
7	田中	3,640,000		渡辺	4,680,000		渡辺	4,200,000
8								
9								

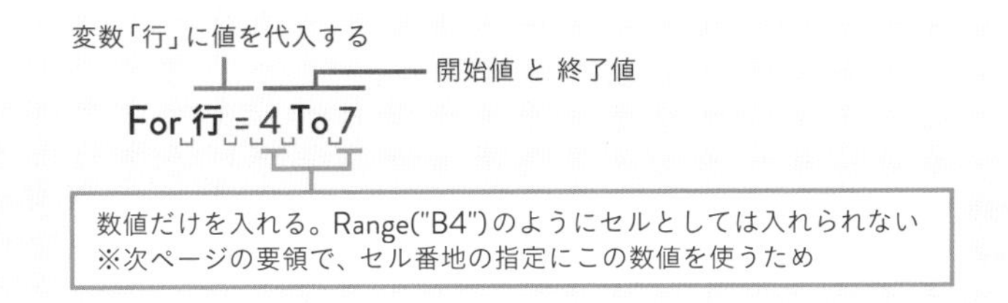

Column

複雑な指示も変数で簡単にできる

ここで作成している「B4セルからスタートし、処理が終わったら1つ下のセルに同じ処理を繰り返す操作をB7まで行う」という指示のためのコードを「For～Nextステートメント」と「カウンター変数」を使わずに書くのは大変な作業です。マクロを学び始めた人には、とっつきにくいと感じることも多い変数ですが、こうした複雑なコードが楽に書けるのは大きなメリットであり、実用的なマクロの利用には欠かせません。積極的に利用してぜひマスターしましょう。

繰り返す処理を指定する

使用ファイル「ch5-1.xlsm」

条件に合う場合は文字色を赤にする処理を入れる

前のページまでで、カウント用の変数部分のコードを作りました。ここでは続いて、繰り返す処理の部分を作っていきます。

● 作成中のFor〜Nextステートメント

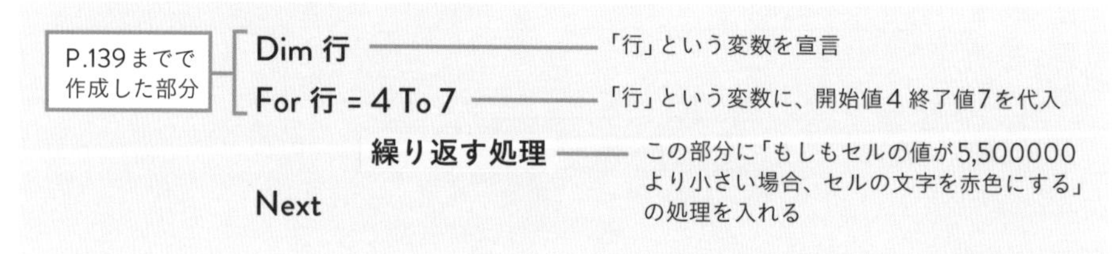

ここで指示したい「もしもセルの値が5,500,000より小さい場合、セルの文字を赤色にする」は、P.102〜P.111ですでに作っています。基本的にはそれを使えるのですが、1箇所問題となるのが対象セルの指定部分です。B4という文字列で対象セルを指定する「Range("B4")」という形では、セル番地が固定されていて、カウンター変数を使ってセル番地を動かすことができません。

● P.111で作成したコード

Cells(行, 列)なら変数が入れられる

ここで登場するのが、P.124で解説しておいた「Cells(行, 列)」の形でセルを表す方法です。A列を1、B列を2のように列も数値で示すことができ、たとえばB4セルであれば「Cells(4, 2)」のように行と列を別々に、さらに数値のみでセル番地を指定できるのが特徴でした。そのため(行, 列)部分に変数を入れて対象セルを指定できます。

ここで作りたいのは、「処理が済んだら1つ下のセルに移動し、処理を繰り返す」という具合に、図のように対象セルが変化するマクロです。

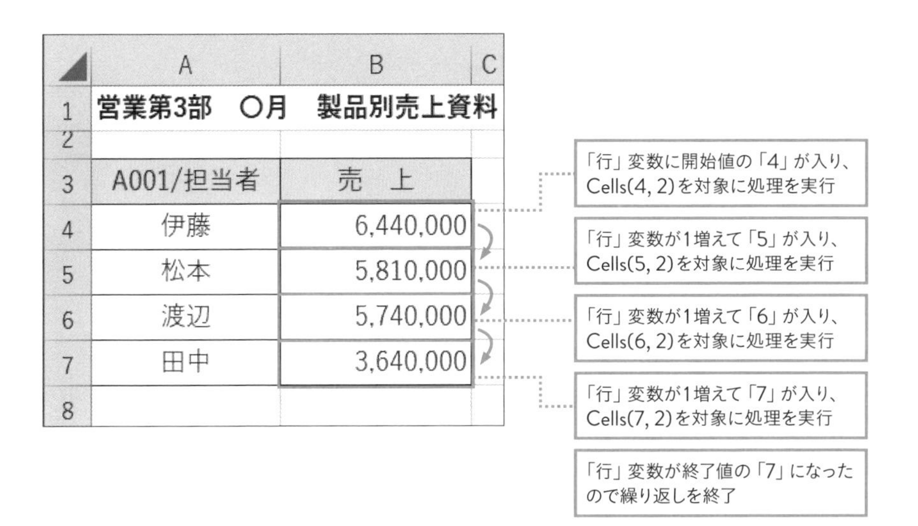

この動きを実現するため、カウンター変数で1ずつ数を増やしたいのは「行番号」です。そのため行番号部分にカウンター変数を入れ、固定値でよい列番号部分には数値をそのまま入れればOKです。
わかりやすさを重視して、前のセクションで作った変数の名前を「行」としたのはこのためです。「行」というカウンター変数を使ってセルを表すと、以下のようになります。

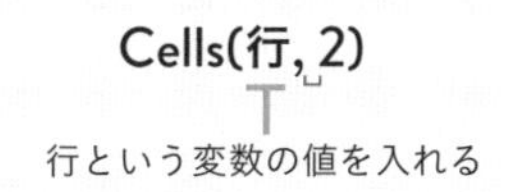

For～Nextステートメント部分を完成させる

繰り返す処理の対象セルの指定に「Cells」を使い、先に作っておいた変数部分と合わせて指示を完成させると以下の形になります。

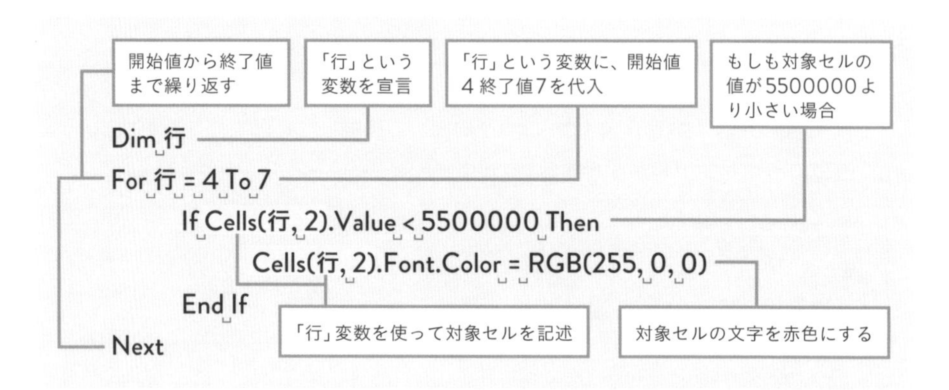

Column

カウンター変数には「i」などよく使われる変数名もある

変数には、一般的によく利用される名前というものがあります。カウンター変数でよく利用される「i」という変数名もその1つです。これは「必ずiを使う」という決まりではなく、「i」の利用に慣れているという理由などから、この名前を使っている人が多くいるということです。そのため「i」という変数名を見たら「カウンター変数だな」と連想できるようにしておくと便利です。

カウンター変数の利用時は、この「i」を使ってももちろんよいのですが、変数に慣れていないマクロ初心者にとって、単に「i」という名前は扱いやすいとは言えません。そのため本書では、「行番号を変化させる」カウンター変数の働きがわかりやすいよう「行」という変数名を使いました。マクロに慣れるまでは、どんな働きをする変数かわかりやすい名前をつけることをおすすめします。

変数によく利用される名前は他にも、数値を代入する変数によく使われ「num」、回数や個数を代入する変数名に使われる「Cnt」、文字列を代入する変数名に使われる「str」などたくさんあります。Numberに由来する「num」、Countに由来する「Cnt」、文字列を代入する型名「String型」に由来するstrは変数名の内容が想像しやすいので、機会があったら活用していきましょう。

カウンター変数の動きを確認する

このコードを1行ずつ実行してみると、カウンター変数の動きがよくわかります。黄色になっている行が実行されている行です。「cells(行, 2)」部分にカーソルを合わせると、実行時の変数の値が表示できます。

● マクロ内にカーソルを合わせ、F8キーを押すと1行ずつ実行できる

For〜Nextステートメントにより、❺の次は繰り返しを指示した処理を再度実行します。その際、カウンター変数が自動的に1増え、❸の時点では「Cells(4, 2)」だった対象セルが、❻の時点では「Cells(5, 2)」変わっていることがわかります。カウンター変数を使ったことで、こうして対象セルを1つずつ移動できます

「処理を実行」→「カウンター変数が増えて対象が移動」→「処理を実行」を繰り返し、カウンター変数が終了値になった状態で処理を実行すると繰り返しを終えます。

アレンジしたマクロを完成させる

使用フォルダ「Chapter5-2」

必要なコードをコピーして対象セルを変える

ここでの最終目的は、4章までで作ったマクロの条件分岐をより便利にすることでした。前ページまでで作ったFor～Nextステートメントを使ったコードをコピーし、必要なコードを追加しましょう。

	A	B	C	D	E	F	G	H
1	営業第3部　○月　製品別売上資料							
2								
3	A001/担当者	売　上		B002/担当者	売　上		C003/担当者	売　上
4	伊藤	6,440,000		伊藤	7,290,000		松本	5,550,000
5	松本	5,810,000		田中	6,660,000		伊藤	5,150,000
6	渡辺	5,740,000		松本	6,390,000		田中	4,250,000
7	田中	3,640,000		渡辺	4,680,000		渡辺	4,200,000
8								

❶ P.143でこの部分のコードが完成した

❷ この部分のコードも作る

変更が必要なのは列の番号部分だけです。E列は番号にすると5、H列は8なので、それぞれ5と8に変更します。

```
Dim 行
For 行 = 4 To 7
        If Cells(行, 2).Value < 5500000 Then
                Cells(行, 2).Font.Color = RGB(255, 0, 0)
        End If
Next
```

4章までで作ったマクロに、文字色の条件分岐のコードを追加します。P.116でいったん入れたFor〜Nextステートメント利用前のコードは消し、売上順に並べ替えるコードの後に入れました。

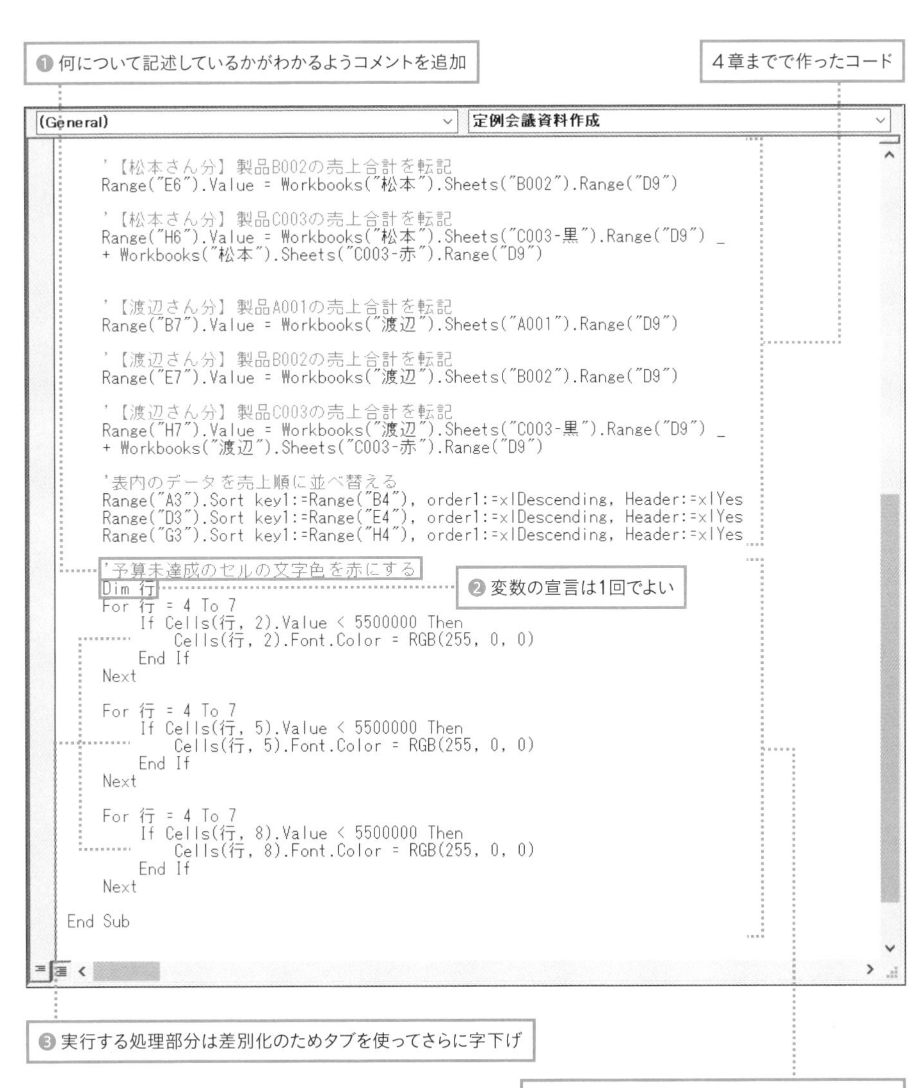

マクロを実行すると、3つの表すべてにデータの転記・並べ替え・条件分岐による文字色の変更が実行されました。

❶ 売上順に並び、予算に達しないセルの文字が赤い、見やすい資料がワンクリックでできた

	A	B	C	D	E	F	G	H
1	営業第3部　○月　製品別売上資料							
2								
3	A001/担当者	売　上		B002/担当者	売　上		C003/担当者	売　上
4	伊藤	6,440,000		伊藤	7,290,000		松本	5,550,000
5	松本	5,810,000		松本	6,660,000		伊藤	5,150,000
6	渡辺	5,740,000		田中	6,390,000		田中	4,250,000
7	田中	3,640,000		渡辺	4,680,000		渡辺	4,200,000
8								

繰り返しを使わない場合と比べて見ると?

P.116の時点の繰り返しを使わないコードと、For～Nextステートメントで繰り返したコードとで、上の3つの表すべての条件分岐を指定した場合のコードの量を比べてみると、以下のようにだいぶ違いがあります。繰り返しを使うことで、コードが見やすくなり、後からの扱いやすさもアップすることがわかります。

● 繰り返しを使わない場合

```
If Range("B4").Value < 5500000 Then
    Range("B4").Font.Color = RGB(255, 0, 0)
End If

If Range("B5").Value < 5500000 Then
    Range("B5").Font.Color = RGB(255, 0, 0)
End If

If Range("B6").Value < 5500000 Then
    Range("B6").Font.Color = RGB(255, 0, 0)
End If

If Range("B7").Value < 5500000 Then
    Range("B7").Font.Color = RGB(255, 0, 0)
End If

If Range("E4").Value < 5500000 Then
    Range("E4").Font.Color = RGB(255, 0, 0)
End If

If Range("E5").Value < 5500000 Then
    Range("E5").Font.Color = RGB(255, 0, 0)
End If

If Range("E6").Value < 5500000 Then
    Range("E6").Font.Color = RGB(255, 0, 0)
End If

If Range("E7").Value < 5500000 Then
    Range("E7").Font.Color = RGB(255, 0, 0)
End If

If Range("H4").Value < 5500000 Then
    Range("H4").Font.Color = RGB(255, 0, 0)
End If

If Range("H5").Value < 5500000 Then
    Range("H5").Font.Color = RGB(255, 0, 0)
End If

If Range("H6").Value < 5500000 Then
    Range("H6").Font.Color = RGB(255, 0, 0)
End If

If Range("H7").Value < 5500000 Then
    Range("H7").Font.Color = RGB(255, 0, 0)
End If
```

● 繰り返しを使った場合

```
Dim 行
For 行 = 4 To 7
    If Cells(行, 2).Value < 5500000 Then
        Cells(行, 2).Font.Color = RGB(255, 0, 0)
    End If
Next

For 行 = 4 To 7
    If Cells(行, 5).Value < 5500000 Then
        Cells(行, 5).Font.Color = RGB(255, 0, 0)
    End If
Next

For 行 = 4 To 7
    If Cells(行, 8).Value < 5500000 Then
        Cells(行, 8).Font.Color = RGB(255, 0, 0)
    End If
Next
```

第6章

[上級編]

実用的なデータ転記のマクロを作ろう

3章で作ったマクロの完成形、
実務で活躍する実用度の高いマクロ作成に挑戦しましょう。
コードを1つずつ見ていくと、
これまで学んできたことがベースになっていることがわかるはず。
ここまでくれば、本格的なマクロ作成も怖くありません。

解説

実用的なマクロの定番！より高度な自動転記のマクロを作る

ここからは、より実用的な自動転記のマクロを作ります。アレンジ次第でいろいろ活用できる便利なコードを複数使うので、ぜひマスターしましょう。

最初に作った転記用マクロは簡単だけど便利度は低め

本書では3章で、ブックから別のブックへデータを転記するマクロを作りました。このマクロでは、指定したセルに対して、指定したセルのデータを代入するものでした。とても単純なコードだけで作れる反面、操作対象のセル1つに対し、操作対象、転記元情報を個々に指定する手間がかかるなど、実用度という点ではいくつかの問題がありました。

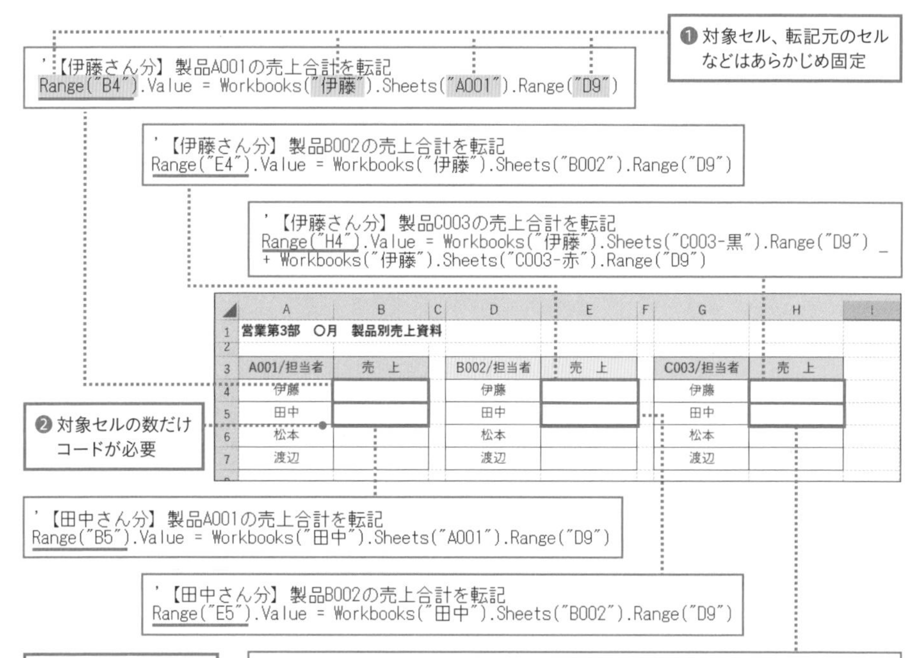

紙面で使っている例では、対象の表の行数、転記元のブック数ともに4つと少ないので対応できますが、たとえば転記元のブックが100個あるなど、数が多い場合は現実的な方法とはいえません。また、対象のブックの増減にも柔軟な対応ができませんでした。

この章で作るマクロの主な動き

そこでこの章では、以下のような動きで複数のブックのデータを1つのブックに転記してまとめるマクロを作っていきます。

● より実用的なデータの転記を実現する

①指定したフォルダ内のブックを1つ開く
②開いたブックのデータを集計用のブックに転記する
③転記が済んだらブックを閉じ、次のブックを開く
④指定したフォルダ内のブックをすべて転記するまで②〜③を繰り返す

②の集計用ブックへの転記時は、前のブックのデータを転記した次の行を取得して転記するよう指示するので、ブックの数が増減し、転記するデータの行数が変化しても問題ありません。実務においてマクロで自動化したいことの上位、「データを転記して別のブックにまとめる」作業を自動化でき、本章で作るような売り上げの集計はもちろん、アンケートの集計などにも使えます。

より便利、かつ実用的なこちらの方法を最初から紹介しなかった理由は、3章の時点でいきなり説明するには難易度が高かったからです。少し複雑なことは否めませんが、変数や繰り返しの構文を5章で理解したこの時点であれば、あと少しのプラスアルファで作成できます。本章では、以下の項目を説明しつつ、マクロを作成していきます。

● 本章で追加でマスターする要素

- VBA関数（主にDir関数）
- Do While Loopステートメント
- データの最終行を取得するコード

ここで使うファイルと準備の重要性

本書ではこれまで、3章で作ったマクロに手を加えてきましたが、ここではより分かりやすく説明するため、データの転記部分のみを新たに作ります。それに伴い、前までの章で使っていた転記元のブック、集計用のブックともに手を加えました。誌面には限りがあるため、転記するデータを1行にすることでわかりやすさを優先します。

● 転記元のブック

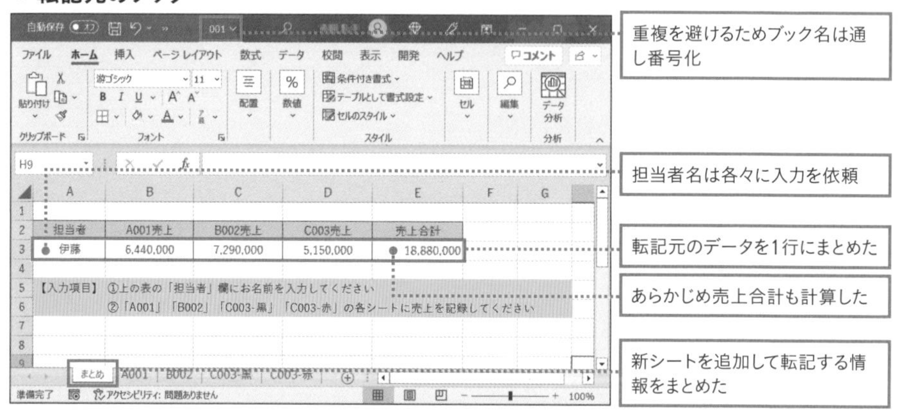

● 集計用のブック

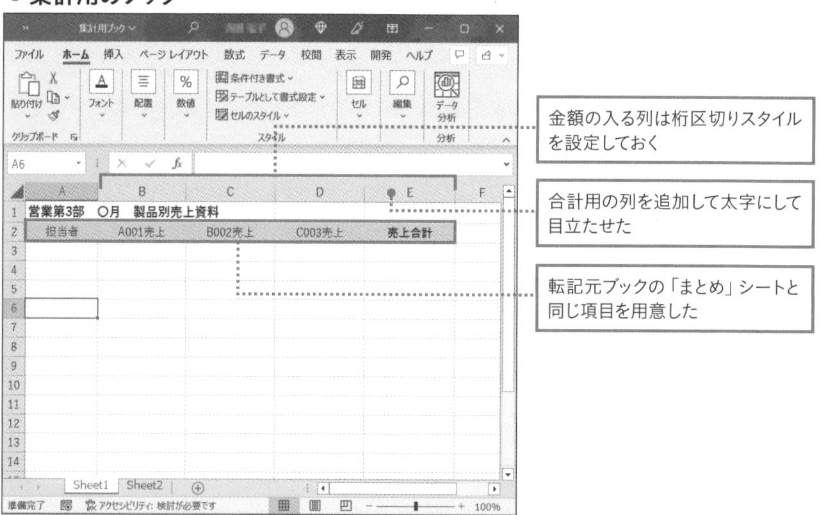

このようにマクロを作りやすいブックにすることも、マクロ初心者にとって重要なテクニックです。Excelでできる操作はExcelで済ませ、作業のマクロ化がしやすいようにしておきましょう。

解説

Excelでもおなじみ便利な関数はVBAにもある

VBAで使える専用の関数を利用することで、複雑な操作を簡単に実行できます。
VBA関数について基本を押さえましょう。

VBA関数の仕組みと値の名称

この章で作成するマクロでは、フォルダ内のブックを順番に自動で開くために利用したい関数があります。
そこでまずは、VBA関数の基本を理解しましょう。関数自体はExcelにもあるので、働きや便利さはイメージしやすいと思います。関数を使うと、定型の処理や計算を簡単に実行できる点はExcelの関数と同じです。VBAには、VBAのみで利用できる専用の関数があり、「VBA関数」などと呼ばれています。

VBA関数は、「関数名」と関数が処理を行うための材料である「引数」で記述します。すると関数による計算や処理の結果を返してきます。関数の処理によって戻ってくるこの値のことを「戻り値」と呼びます。

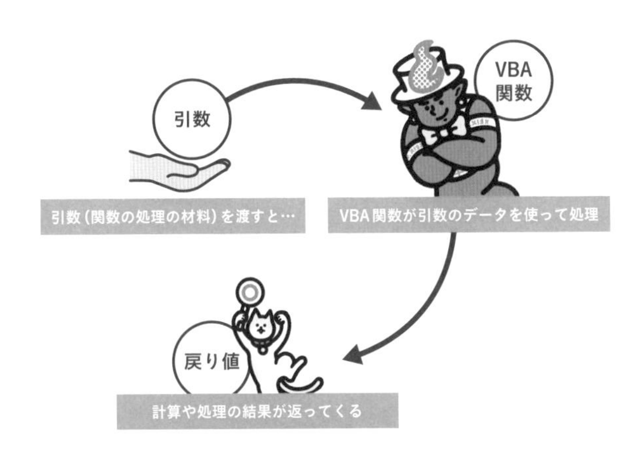

VBA関数の書式

VBA関数の書式を確認しておきましょう。次のように関数名の後ろに( )で囲って引数を入力します。引数が複数あるときは、カンマで区切って入れます。

● VBA関数の書式

関数名(引数1, 引数2, 引数3)

たとえば「StrConv関数」は、指定した文字列の文字の種類を変更して返す関数で、ひらがなをカタカナに、英文字の大文字を小文字にといった具合に文字種を変更できます。引数は文字列と文字種で、以下のように記述します。

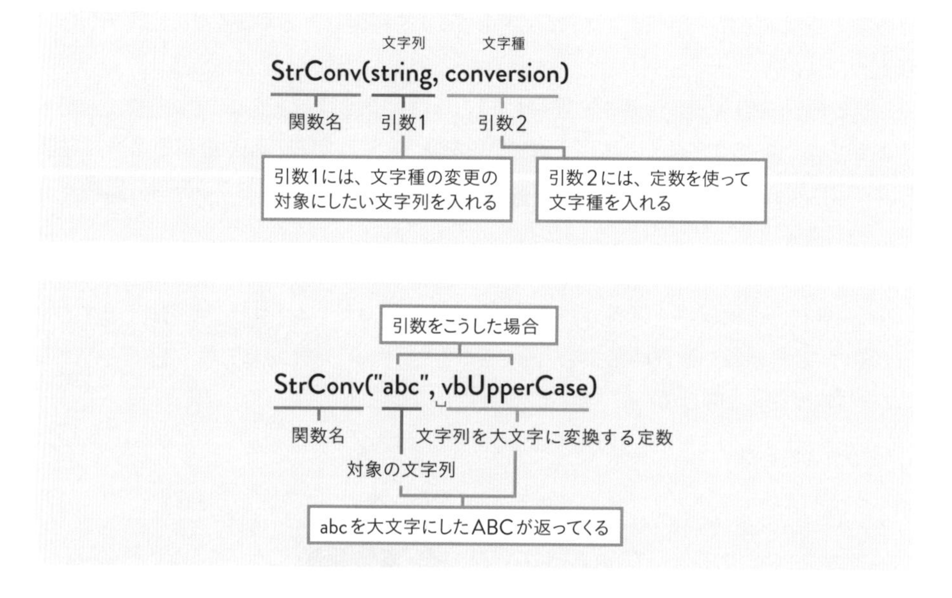

このように関数を使うと、複雑な処理を簡単に実行できます。VBA関数はこのほかにも数多くあり、そのすべてを覚える必要はありません。なんらかのコードを使う必要が生じた際にその関数を覚える、利用したい関数だけ調べるなどして徐々に覚えていけばよいでしょう。コードの暗記も必要なく、利用する際に書籍やネットで調べて書くことができれば、まずは十分です。

解説

Do While Loopステートメントと Dir関数を使ってブックを順番に処理する

**ここまでで繰り返しの構文、変数、関数は理解できました。
これらを使って目当てのマクロを作っていきましょう。**

まずは流れを確認する

作成するマクロの流れをまずは日本語で書いてみます。

- 指定したフォルダ内にある転記元のファイルを検索する
- 対象のファイルが見つかったら以下を繰り返す ── 繰り返しの条件
  - 見つかったファイルを開く ── 条件を満たしたときの指示
  - 開いたファイルで次の処理を行う
    - 集計用ブックの最後のデータの次の行に転記元ブックからデータを転記する
    - 転記を終えたらブックを閉じる
    - 次のファイルを検索する
- すべてのファイルを操作したら（＝対象のファイルが見つからない） ── 繰り返しの終了条件
  繰り返しを終える

繰り返しの指示が必要ですが、終了条件が「すべてのファイルを操作したら」となっている点がポイントです。P.136で利用した繰り返しの「For〜Nextステートメント」は、繰り返す回数を指定する必要があるため、ここでの利用には適しません。そこで使いたいのが、条件を満たす限り繰り返す「Do While Loopステートメント」です。

左図のように継続条件を指定して利用できます。こうして見ると3行だけですが、実際には継続条件や繰り返す操作の指定を関数や変数などを用いて行うので行数はもっと多くなります。次ページから、個々に作成していきます。

ファイルを順番に探す仕組みと繰り返しの条件を設定する

使用フォルダ「Chapter6-1」

繰り返し条件を構成する要素は大きく2つ

ここで設定したい継続条件は、以下のように大きく2つの要素に分解でき、「Dir関数」と「Do While Loopステートメント」を使うことで簡単に指示できます。

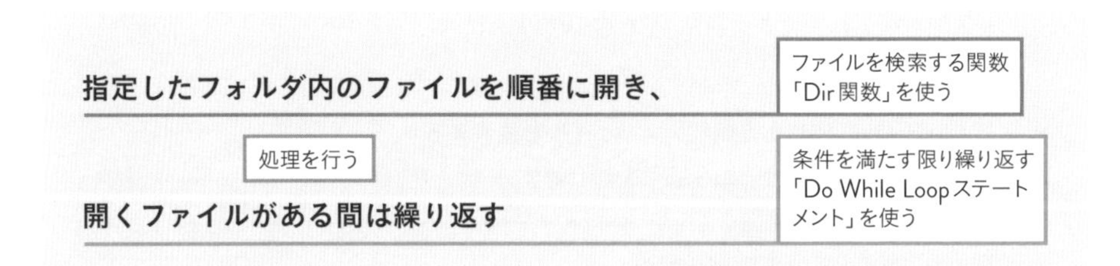

ここで繰り返しの条件に使う「指定したフォルダ」は、会議の参加者から集めた売上データ入りファイルをまとめた「転記元ブック」フォルダです。ファイルの所在や中身は以下のようになっています。

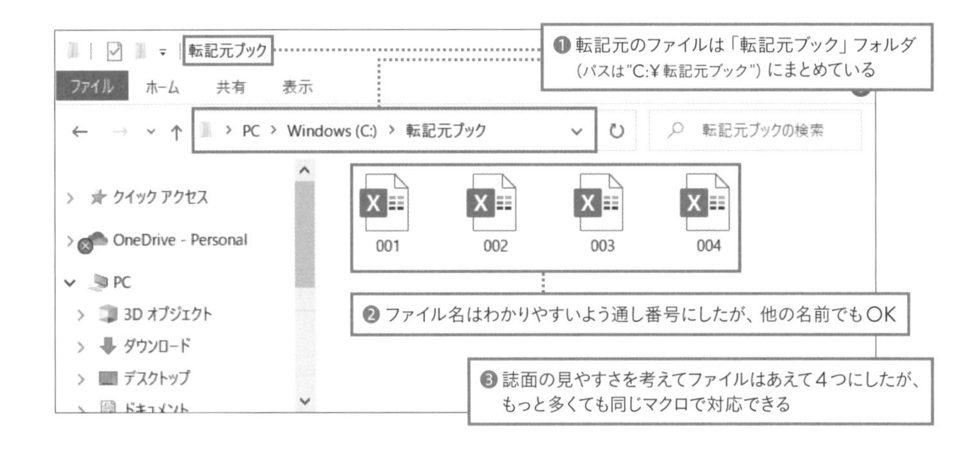

Dir関数の仕組みを理解する

まずは先に記述が必要なDir関数について見ていきます。Dir関数は、引数で指定した内容に一致するファイルやフォルダを検索できる関数です。

その特徴を使うと、フォルダ内にある複数のブックを連続で処理することができ、事務作業の効率アップに活用度の高い関数の1つです。指定する引数によってさまざまな処理ができますが、今回の目的を達成するには、以下の形で利用します。

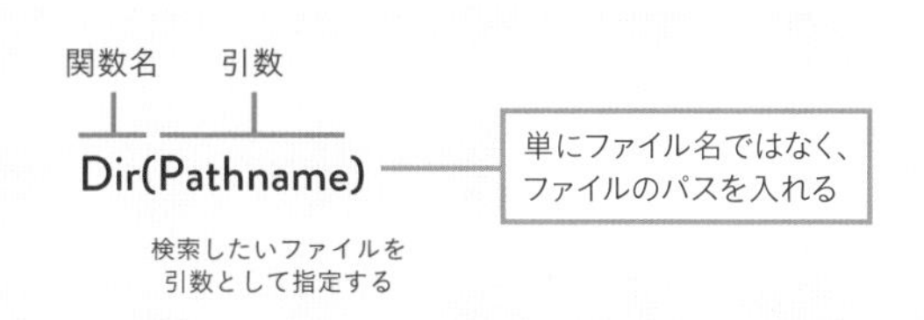

引数としてファイルのパスを入力すると、フォルダ内でファイルを検索できます。ファイルが見つかった場合は、そのファイル名を戻り値として返します。一方、見つからなかった場合は、""（0文字テキスト）を返します。

たとえば、Cドライブの「資料」というフォルダ内にある「価格表」というExcelファイルを探したい場合、以下のように指示します。

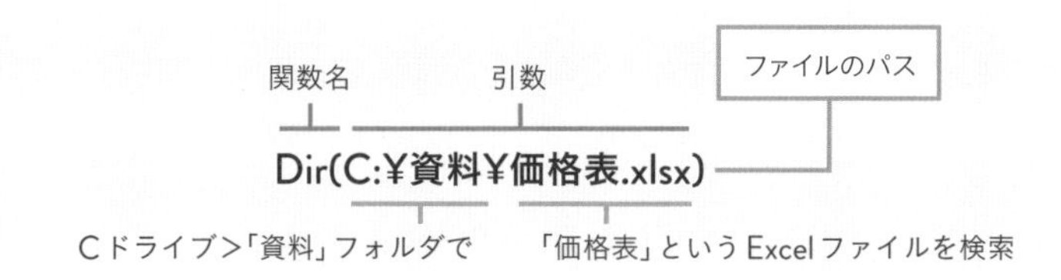

引数に指定した「C:¥資料¥価格表.xlsx」（Cドライブの「資料フォルダ」内の「価格表」というExcelファイル）がある場合は、「価格表.xlsx」のファイル名を返してきます。ない場合は「""」（0文字テキスト）を返してきます。
このように、dir関数で「ファイルを検索する」仕組み自体は単純です。

フォルダ内のファイルを順に開くには変数と繰り返しを使う

Dir関数でファイルパスを指定・検索するだけでは、フォルダ内のファイルを順番に開くことはもちろんできません。以下のように、変数や繰り返しの構文と組み合わせて使います。

```
Sub フォルダ内のブックを順に全部開いて処理をする()
    Dim フォルダパス, ファイル名
    フォルダパス = "C:¥転記元ブック¥"
    ファイル名 = Dir(フォルダパス & "*.xlsx")
    Do While ファイル名 <> ""
        Workbooks.Open フォルダパス & ファイル名
        繰り返す処理を入れる
        Workbooks(ファイル名).Close
        ファイル名 = Dir
    Loop
End Sub
```

Sub フォルダ内のブックを順に全部開いて処理をする()	マクロの始まり
Dim フォルダパス, ファイル名	フォルダパス用、ファイル名用の変数を作る
フォルダパス = "C:¥転記元ブック¥"	フォルダ部分のパスを変数に代入
ファイル名 = Dir(フォルダパス & "*.xlsx")	Dir関数で検索したファイル名を変数に代入
Do While ファイル名 <> ""	繰り返しの条件を指定
Workbooks.Open フォルダパス & ファイル名	見つかったファイルを開く
繰り返す処理を入れる	繰り返す処理の内容を入れる
Workbooks(ファイル名).Close	処理が終了したファイルを閉じる
ファイル名 = Dir	次のファイルを検索してファイル名を変数に代入
Loop	ここまでを繰り返す
End Sub	マクロの終わり

Dir関数の戻り値が変数に入る!

文字が緑色の部分が、Dir関数とその戻り値を活用する部分です。何回も登場し、Dir関数が重要なことがわかります。ここからは、各コードについて個々に紹介していきます。

Dir関数を使ってファイル名の入った変数を作る

ここで作るマクロは、ファイル名があれば繰り返す、ファイル名を指定して開く・閉じるなどの操作を含みます。ファイル名を固定した場合、そのファイルしか対象にできないため、「処理が終わったら次のファイル名」というようにファイル名が自動で切り替わる仕組みが必要です。そこで使うのが、変数とDir関数の組み合わせです。Dir関数の検索結果を「ファイル名」として使う変数に代入することで、ファイル名を自動で変化させられます。
そのために必要な変数は2つです。今回の場合、検索対象のフォルダは固定、その中のファイル名部分は変化するという形にしたいので、ファイルのパスを次のように2つの部品に分けて変数を作ります。

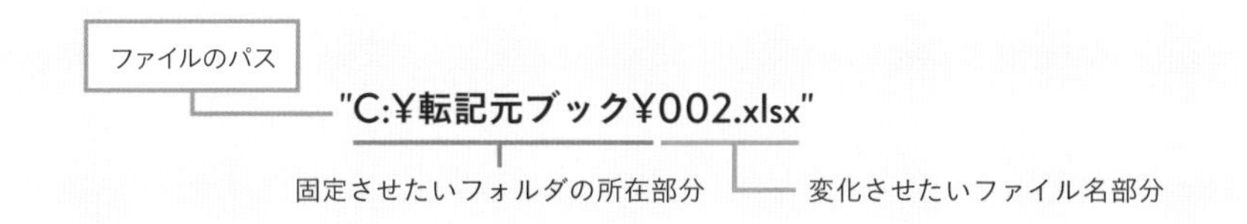

フォルダ用とファイル名用の2つの変数を作る

変数の宣言は、P.132などで行った通りです。複数の変数を同時に宣言するときは、以下のように「,」で区切って1行で宣言できます。

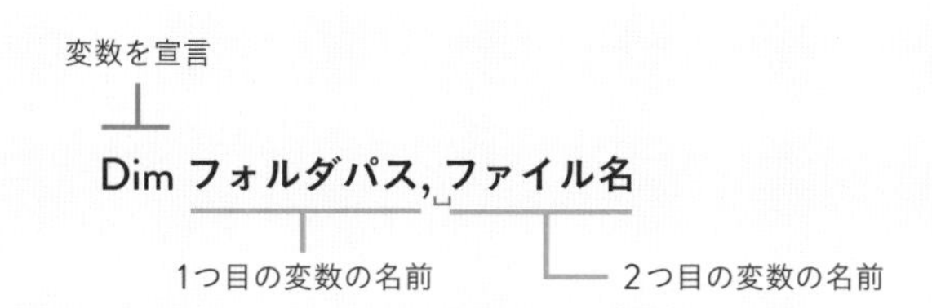

コードに組み込んだときに動きがわかりやすいよう、ここでは変数名を「フォルダパス」と「ファイル名」にしました。日本語にするなどの決まりはないので、入力しやすさを優先したいときはアルファベットにするなど、自分なりに使いやすいものでOKです。

フォルダパス用の変数に値を代入する

それぞれの変数に値を代入します。「フォルダパス」変数は、ファイルを検索したいフォルダのパスを代入します。今回の場合は、転記元のファイルをまとめてあるフォルダのパスとして、「"C:¥転記元ブック¥"」と入力しました。

ここでポイントとなるのが末尾の「¥」です。本来フォルダのパスには不要ですが、ここでは忘れずに付けてください。フォルダのパスはP.81で紹介した方法でコピーできますが、その場合も忘れずに末尾に「¥」を足してください。

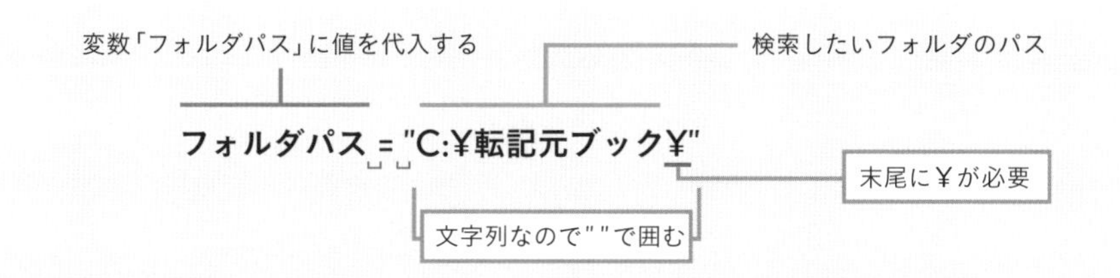

Column

末尾に¥が必要な理由

本来フォルダのパスには末尾の「¥」はありませんが、ファイルのパスの場合は図の赤字の位置に「¥」が必要です。

● **ファイルのパス**

今回の場合、変数に格納したフォルダのパスとファイル名を以下のように「&」でつなげてファイルのパスの指定に利用します。「フォルダパス」変数の末尾に「¥」がない場合、ファイルのパスが以下のようになり、エラーになってしまいます。

● **フォルダパスとファイル名を＆でつなげてファイルパスにする**

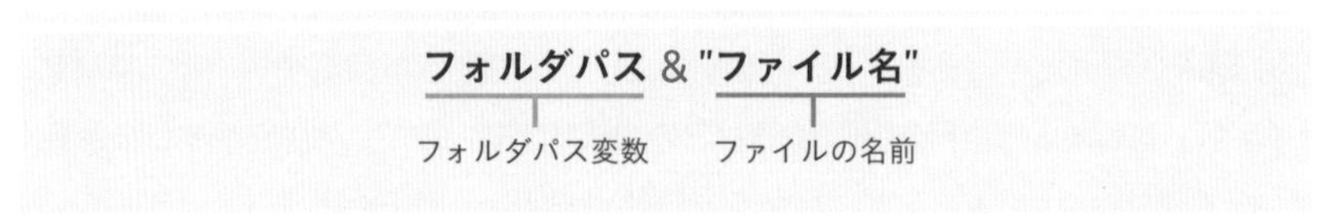

● **変数「フォルダパス」の末尾に¥がない場合**

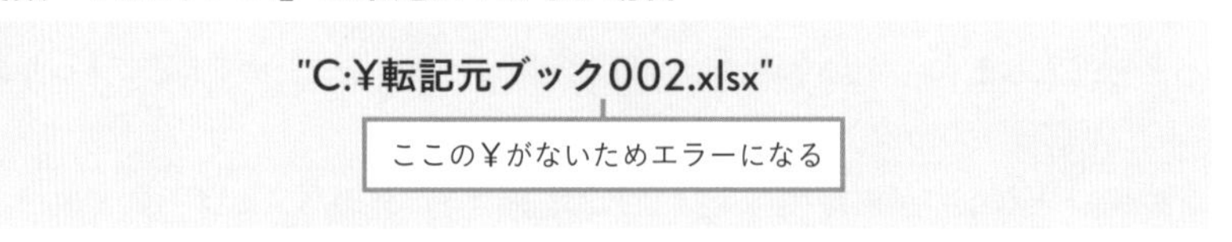

次ページのようにフォルダパスとファイル名を＆でつなげて使う時点で、「¥」が入るように記述してもよいのですが、本書では「フォルダパス」変数に「¥」を含めることで、ファイルパスの記述時点では「¥」を入れなくて済む方法を採用しました。そのため変数への値の代入時点で、フォルダのパスの末尾に忘れずに「¥」を入れてください。

ファイル名用の変数に値を代入する

「ファイル名」変数は、フォルダ内のファイルの名前を順に格納できるように、Dir関数を使って次のように指定します。

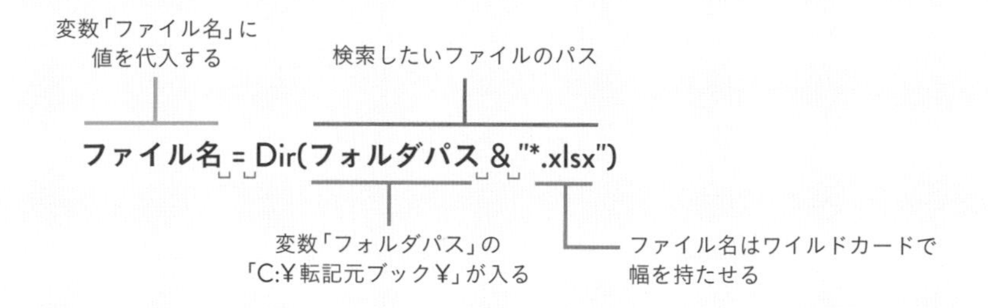

検索対象のファイルのパスを入れる引数部分は、以下の3つのポイントを押さえましょう。

① フォルダの所在部分は「フォルダパス」変数で入れる
② フォルダパス部分とファイル名部分は「&」でつなぐ
③ ファイル名は幅を持たせるためにワイルドカードを使って指定する

最大のポイントは③のファイル名の指定です。フォルダ内のすべてのファイルを順に検索するには、検索対象のファイル名を「どんなファイル名でもOK」とする必要があります。こんなときに使うのがワイルドカード（P.105）です。「*」は、任意の数、任意の文字を入れられるワイルドカードなので、「*.xlsx」とすることで「ブック名は文字数・文字ともに任意、拡張子が.xlsx」のファイル、つまり、ファイル名を問わずExcelファイルを検索の対象にできます。

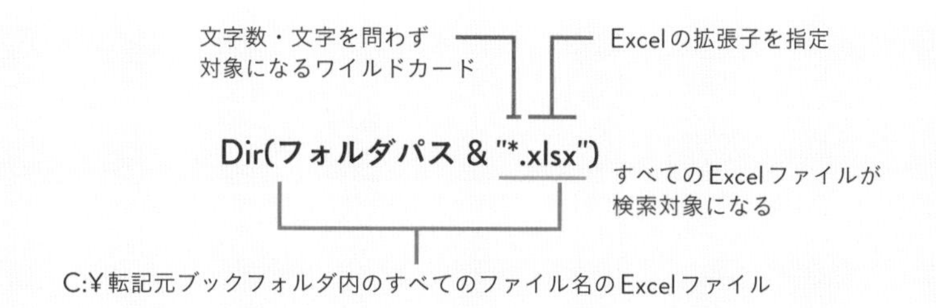

ここまでの「3行」で、C:¥転記元ブックフォルダでファイル名を問わずをExcelファイルを検索し、見つかった1つ目のファイルの名前（＝Dir関数の戻り値）が「ファイル名」変数に入る仕組みができました。

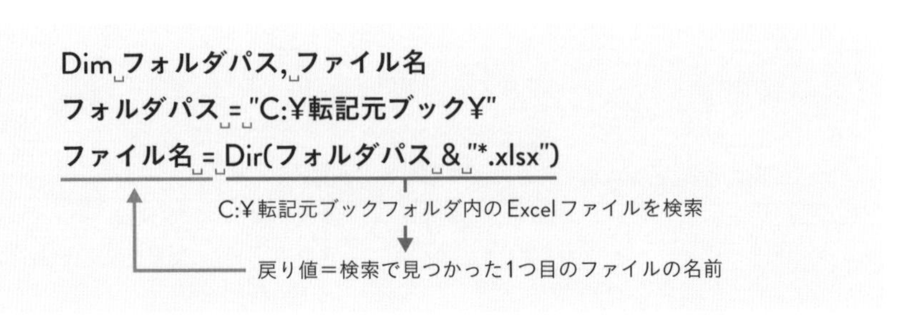

Do While Loopステートメントで繰り返しの条件を指定する

Do While Loopステートメントで繰り返しの条件を指定します。Do While Loopステートメントは、「条件を満たす限り繰り返す」ためのステートメントです。ここでは「フォルダ内のファイルを順番に全部処理したい」ので、以下のような繰り返し条件を設定します。

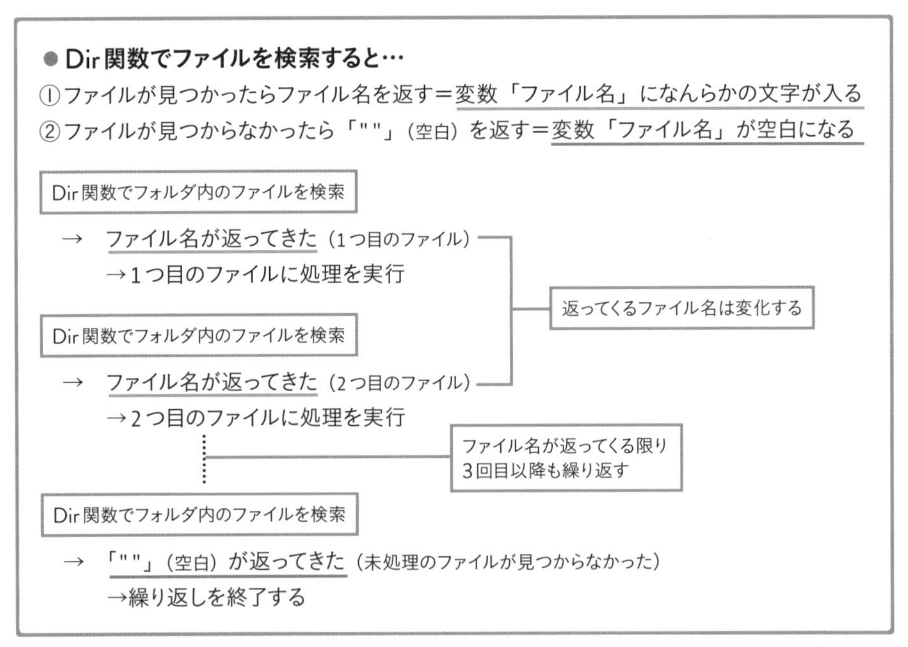

上記の動きを実現するには「なんらかのファイル名が返ってきた」＝変数「ファイル名」が「""」以外の「条件を満たす限り繰り返す」よう指示をする必要がある。

Do While Loopステートメントの書式に、継続条件として「変数『ファイル名』が『" "』以外」を入れると以下のようになります。

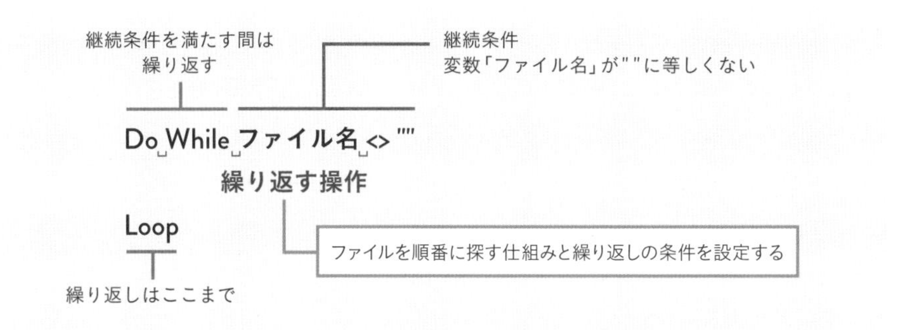

「<>」は、左辺が右辺に等しくないという意味の演算子でした（P.105）。上記のように使うことで、「変数『ファイル名』が『""』に等しくない」という指示になり、変数ファイル名が「""」（空白）ではない、つまりなんらかの文字（＝ファイル名）が格納されている間は条件を繰り返すという指示ができました。

Column

条件の設定を誤ると無限ループに

Do While Loopで作ったマクロは、条件を満たす限り繰り返すため、条件の設定を間違えると終わることなく繰り返されてしまう場合があります。「無限ループ」と言われるこの状態でマクロを実行すると、いつまで経っても繰り返しが続き、終わりがありません。
無限ループに陥ってしまった場合は、コードの実行の中断を知らせるダイアログボックスが表示されるまで、Escキーを何度も押しましょう。「コードの実行が中断されました」などと書かれたダイアログボックスが表示されたら、「終了」ボタンを押してマクロの実行を終了します。
Escキーを何度も押してもコードの実行を中断できない場合は、Excel自体を強制終了して止めることになりますが、この場合、保存前のデータが消えてしまう場合があります。
繰り返しのマクロを実行する前は一度保存をしておくなど自衛しましょう。
Excelの強制終了方法は、マクロの利用の有無に関係なく同じです。Ctrl＋Alt＋Deleteキーを同時に押し、表示されるタスクマネージャーでExcelを選び、[タスクの終了] ボタンをクリックすると強制終了できます。

2つ目以降のファイル名検索は「繰り返す操作」の最後に入れる

ここまでで作成したファイルを検索する仕組み、「ファイル名 = Dir(フォルダパス & "*.xlsx")」で検索できるのは、フォルダ内の1つ目のファイルです。では、2つ目、3つ目のファイルの検索はどうするかというと、見つかったファイルに対して繰り返す処理の最後に、次のファイルを検索するためのコードを入れます。場所は以下の位置です。

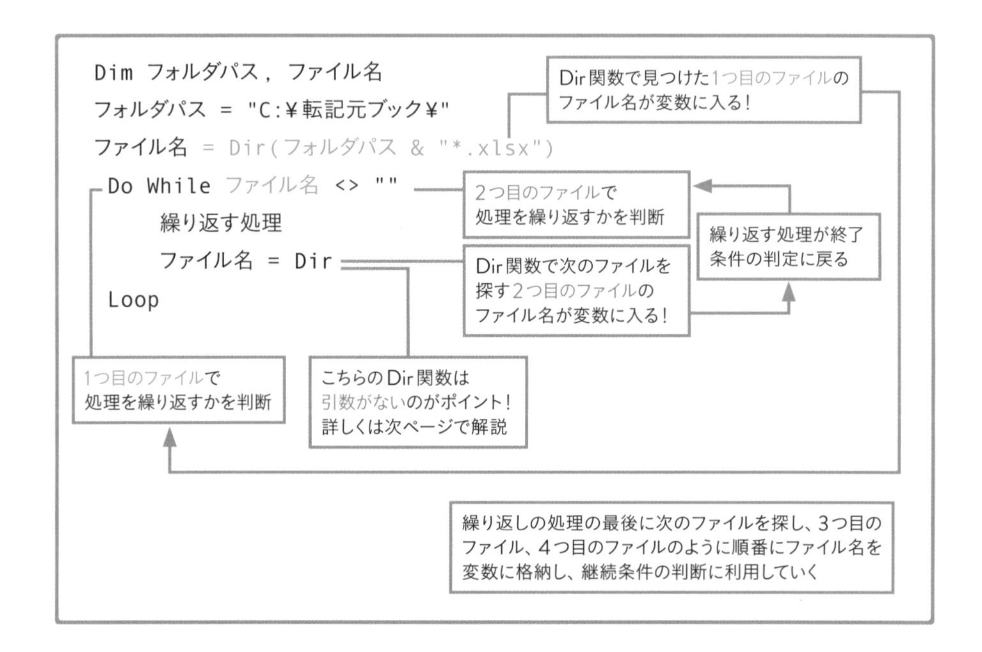

この位置でDir関数を使ってファイルを再検索することで、変数「ファイル名」に格納される値が変わります。この変化後の状態で再度「Do While ファイル名 <> ""」が実行され、繰り返しの処理を行うか・否かを判断することで、未処理のファイルがあれば処理を繰り返し、未処理のファイルがなければ繰り返しを終了することができます。

次のファイルの検索できる仕組みはDir関数の特徴にあり

Dir関数は、単に見つかったファイルを返すだけでなく、以下のような特徴があります。この特徴を利用することで、「順番にファイルを検索する」という操作を可能にしています。

● Dir関数の特徴

① 引数を指定せずに再度使うと、前回と同じ引数を引き継いで使用する
② 引数を引き継いだ場合は、1度返したファイル名と同じファイル名は返さない
　(次に見つけたファイル名を返す)
③ 返すファイル名がなくなれば「""」(0文字テキスト) を返す

前ページの繰り返しの最後に入れたDir関数に引数を入れなかったのは、①特徴を使って「前回の引数を引き継いで再検索」するためです。こうすることで、②の「1度返したファイル名と同じファイル名は返さない (次に見つけたファイル名を返す)」が適用され、すでに見つけたファイル名を除き、次に見つけたファイル名が返ってくる、つまり「フォルダ内のファイルを1つ目から順番に検索し、最後まで検索し終えたら""を返す」という設定が簡単にできます。

フォルダ内のファイルを検索し、対象がなくなるまで処理繰り返す指示はこれで完成しました。改めてコードをまとめて見てみましょう、今なら無理なく意味が理解できるはずです。

```
Sub フォルダ内のブックを順に全部開いて処理をする() ―― マクロの始まり

    Dim フォルダパス, ファイル名 ………… フォルダパス用、ファイル名用の変数を作る

    フォルダパス = "C:¥転記元ブック¥" ………… フォルダ部分のパスを変数に代入

    ファイル名 = Dir(フォルダパス & "*.xlsx") ………… Dir関数で検索したファイル名を変数に代入

    Do While ファイル名 <> "" ………… 繰り返しの条件を指定

        繰り返す処理を入れる ………… 繰り返す処理の内容を入れる

        ファイル名 = Dir ………… 次のファイルを検索してファイル名を変数に代入

    Loop ………… ここまでを繰り返す

End Sub ―― マクロの終わり
```

解説

ファイルの開閉と新しい行へのデータの転記を繰り返す

続いて、前ページまでで作った仕組みで見つけたファイルに行いたい処理の部分を作っていきます。

繰り返したい処理を日本語で書いてみる

繰り返しの処理部分で行いたい操作は、大きくファイルの開閉とデータの転記に分けられます。それを踏まえ、これまで作ったコードに処理部分の操作を日本語で入れてみます。

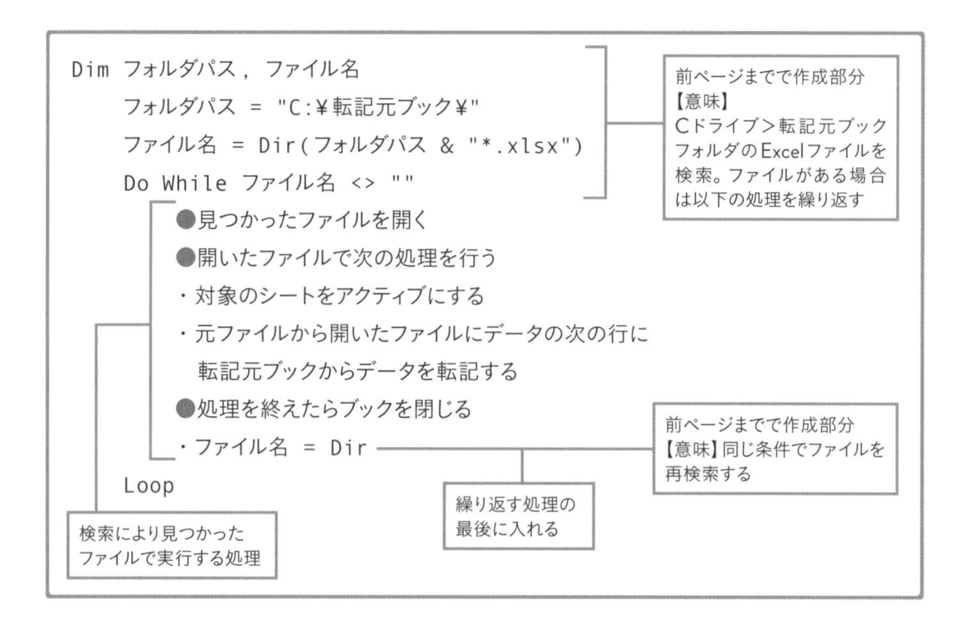

ここからはこの見つかったファイルで実行する処理部分を作成していきます。説明が多くあるので、各々別のセクションにして1つずつ見ていきましょう。

解説

開閉時のファイルの指定には作成済の変数を使う

**ファイルを開く、ファイルを閉じるのコードは単純なので
先にまとめて理解してしまいましょう。**

利用するファイルは2種類

ここで作成するマクロでは、2種類のファイルを利用します。それぞれの特徴は以下の通りで、マクロで開閉するファイルは「転記元」の方です。

● **利用するファイル　1種類目**

- ■ このファイルは1つのみ
- ■ このファイル内にマクロがある
- ■ あらかじめ開いた状態でマクロを実行
- ■ マクロの開始から終了まで閉じない

● **利用するファイル　2種類目**

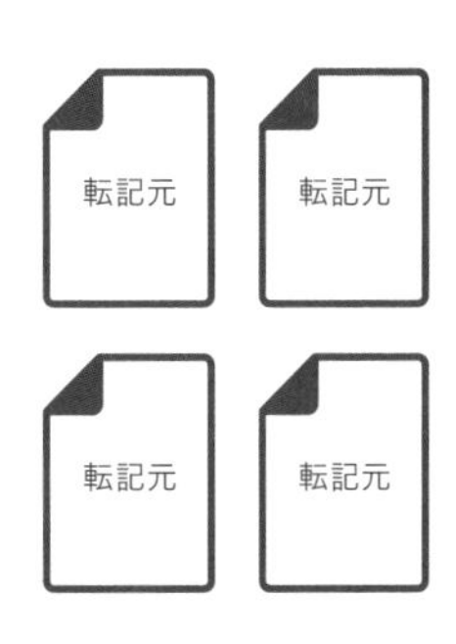

- ■ このファイルは複数ある
- ■ 最初はすべて閉じている
- ■ 検索結果により開いて処理をする
- ■ 処理が終わったら閉じる

ここで作っているマクロでは、繰り返しの処理の最初にDir関数で見つかったファイルを開きます。まずはこの部分を作成しましょう。ファイルを開くコードは、これまで何度も利用した通り紹介した通り、以下の書式です。

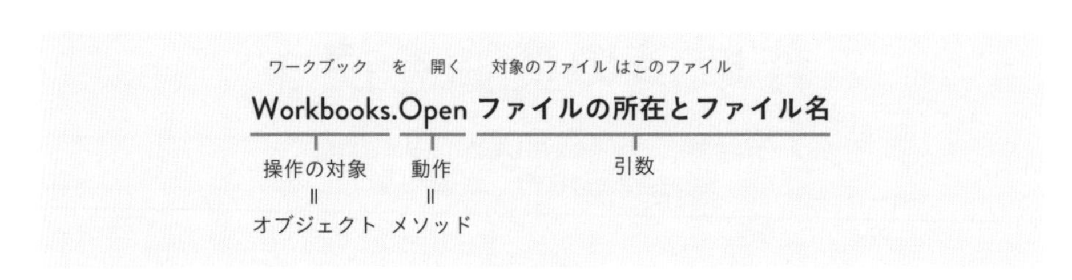

開閉時のファイルの指定には作成済の変数を使う

ここでのポイントは、開くファイルの指定に先に作成した変数「フォルダパス」と「ファイル名」を使うことです。これにより変数「ファイル名」に格納される名前のファイルを順番に開くことができます。変数を＆でつなげてファイルパスを作成する際の注意点は、P.157～P.158で紹介した通りです。

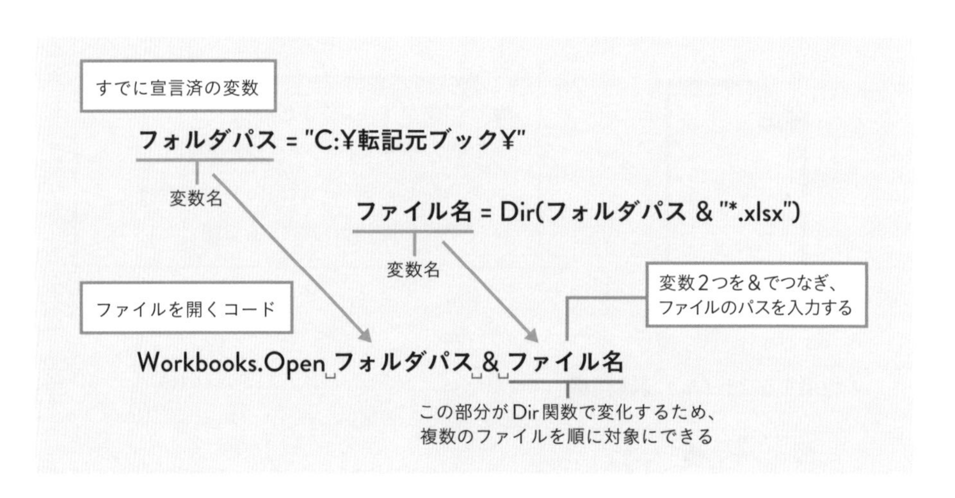

処理の終わったファイルを閉じるコード

開いたファイルを使ったデータの転記処理が終わったら、転記元のファイルを閉じるコードが必要です。複数のファイルを開いた状態で、特定のファイルだけ閉じる場合のコードの書式は以下になります。「Workbooks」のすぐ後ろに引数で、閉じるファイルの名前を入れます。

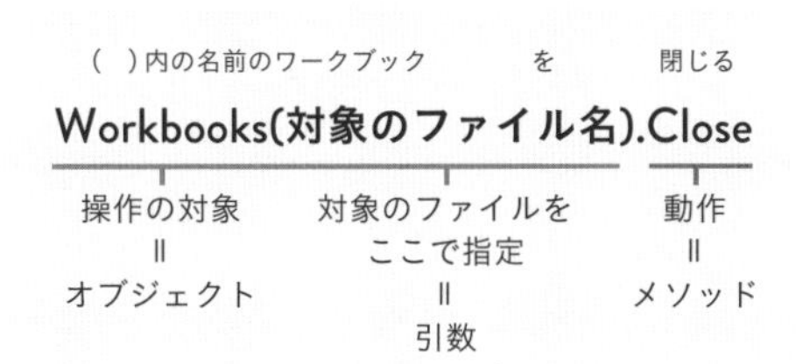

ここでもファイル名の指定には先に宣言した変数を使いますが、開いているファイルの中から閉じるファイルを指定するため、どのフォルダにあるかの部分は不要です。そのため以下のように「ファイル名」変数だけを使えばOKです。

● **ファイルを閉じるコード**

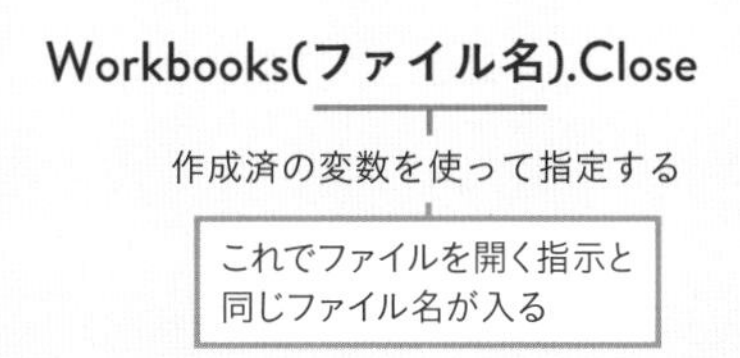

Column

ファイル名の指定位置に注意

ファイルを開くコードは「Workbooks.Open ファイルパス」だったのに対し、ファイルを閉じるコードは「Workbooks(ファイル名).Close」と、ファイルの名前を入れる位置が違う点に注意しましょう。

また、「Workbooks.Close」だけの場合、開いているすべてのファイルが閉じてしまうので、正しい位置に忘れずにファイル名を入れましょう。

解説

オブジェクト変数を活用する

**コードがどれだけ見やすいかは、マクロの重要なポイントの1つ。
シートを見やすく記述するために変数を使いましょう。**

オブジェクト変数とは

変数の説明（P.135）で紹介したように、変数には複数の型があります。その中には、ブックやシートなどのオブジェクトを格納できる型もあり、こうした変数を「オブジェクト変数」と言います。

オブジェクト変数には以下のようなものがあります。

オブジェクト変数のデータ型	説明（格納できるデータ）
Workbook型	Workbookオブジェクトを格納できる
Worksheet型	Worksheetオブジェクトを格納できる
Range型	Rangeオブジェクトを格納できる
Object型	すべてのタイプのオブジェクトをできる

本書でこれまで使ってきた文字列や整数を格納する変数との最大の違いは、オブジェクト変数を格納したオブジェクトそのものとして扱えるということです。
本書ではWorksheet型の変数を使って、その便利さや活用方法を紹介します。

これまで使っていた方の変数では値（図の場合は10）を格納

オブジェクト変数の「Range型」ではセル自体（図の場合はA1セル）を格納。セル自体として扱える

コードの見やすさ、記述しやすさがメリット

ブックやシートをまたいでデータを転記する場合、「○○ブックの××シートのA1セル」のように、どのブック、シートのセルかをその都度指定する必要があります。
この形でのセルの指定はコードが長くなりがちで、途中で改行を入れたとしてもコードが見にくいという問題があります。以下は、この章でこれから作成するセル範囲を指定する転記部分のコードですが、非常に長く分かりやすいとは言えません。

● **変数を使わずにセルを指定した場合**

```
Workbooks("集計用ブック").Sheets("Sheet1").Range(Cells(最終行の次, 1), 折り返し
Cells(最終行の次, 5)).Value = Workbooks(ファイル名).Sheets("まとめ"). 折り返し
Range("A3:E3").Value
```

転記先のセル

転記元データのあるセル

そこで使いたいのが、Worksheet型の変数にシートを格納し、シンプルに記述する方法です。わざわざ変数を作るのは面倒に感じるかもしれませんが、コードの見やすさ、記述のしやすさがアップする、実際のマクロ利用では欠かせないテクニックです。

上のコードにWorksheet型の変数を用いると、以下のように書くことができます。

● **変数を使ってセルを指定した場合**

シートを格納した変数

```
集計用シート.Range(Cells(最終行の次, 1), Cells(最終行の次, 5)).Value = 折り返し
転記元シート.Range("A3:E3").Value
```

転記先のセル

シートを格納した変数

転記元データのあるセル

「Workbooks("ブック名").Sheets("シート名").」のシート部分が変数名になることで、コードが短くなりました。わかりやすい変数名にすることで、どのシートが対象なのかもグッとわかりやすくなります。

利用したいシートを変数に格納して使う

使用ファイル「集計用ブック2.xlsm」

オブジェクト変数利用の2つのポイント

作成するマクロで使う、WorkSheet型の変数を2つ作成します。オブジェクト変数の利用も、本書でこれまで使ってきた文字列や整数を格納する変数と大きな違いはありませんが、以下の2点に注意が必要です。

① データ型を指定する
② 値の代入時に「Set」を使う

①データ型を指定する

P.132で紹介した通り、変数を宣言するコードは次の通りです。

● 変数の宣言方法 ＋ データ型の指定

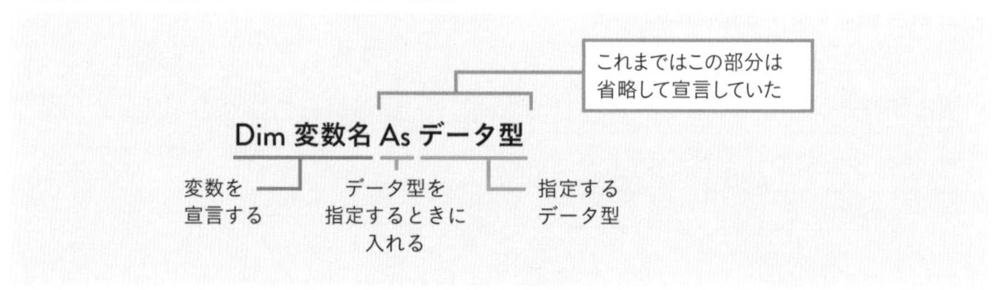

これまで使ってきた文字列や整数型の変数の宣言では、データ型を省略して、シンプルに宣言していました。データ型を省略した場合、何でも入れられるデータ型の「Variant（バリアント）型」が自動的に設定されています。

「Variant（バリアント）型」にはオブジェクトも入れられるので、オブジェクト型の変数でもデータ型を省略してもよいのですが、オブジェクト変数であることが後からもわかりやすいよう、またデータ型の指定の練習のため、データ型を指定してみましょう。ここで利用する「集計用シート」というWorksheet型の変数であれは、以下のように宣言します。

Dim 集計用シート As Worksheet

変数名　　指定するデータ型（ワークシート型）

②値の代入時に「Set」を使う

作成した変数には値を代入します。これまで使ってきた文字列や整数型の変数と、オブジェクト変数の値の最大の違いはこの代入方法です。オブジェクト変数の代入時には、冒頭に「Set」が必要です。以下のように忘れずに記述しましょう。

● 文字列や整数型の変数値の代入方法

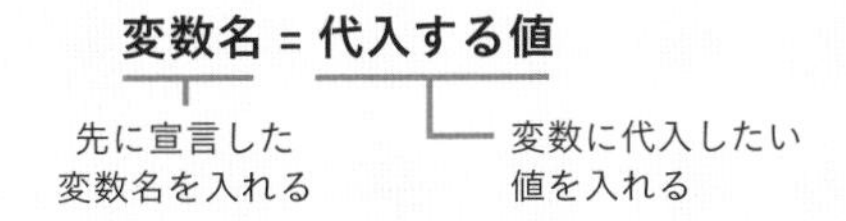

● オブジェクト型の変数値の代入方法

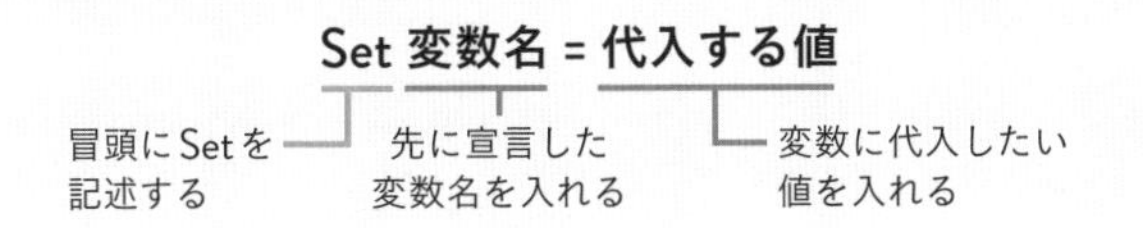

利用するシートの変数を2つ作る

ポイント①②を踏まえ、今回のマクロで転記部分に利用する2つのシートを変数に入れます。

● 集計用のシート

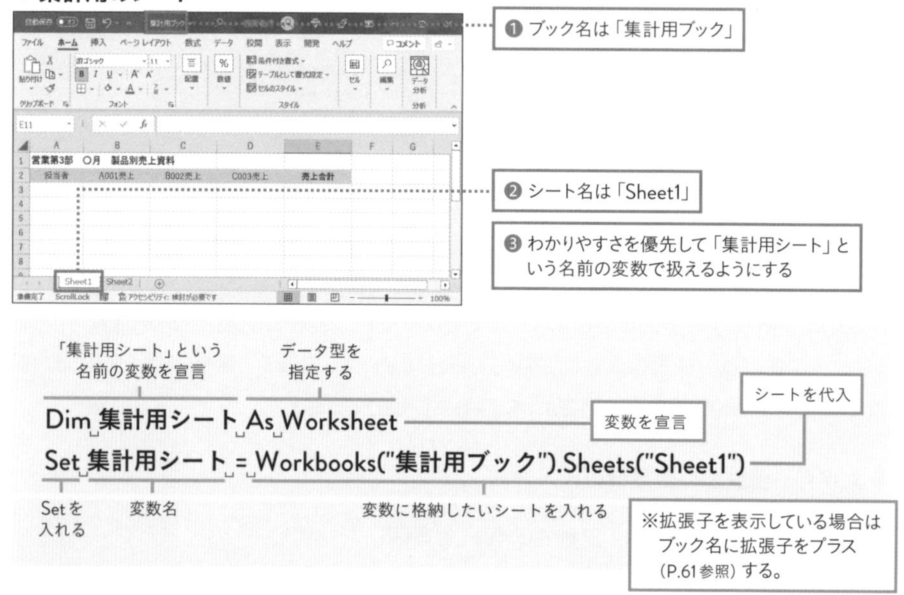

● 転記のシート

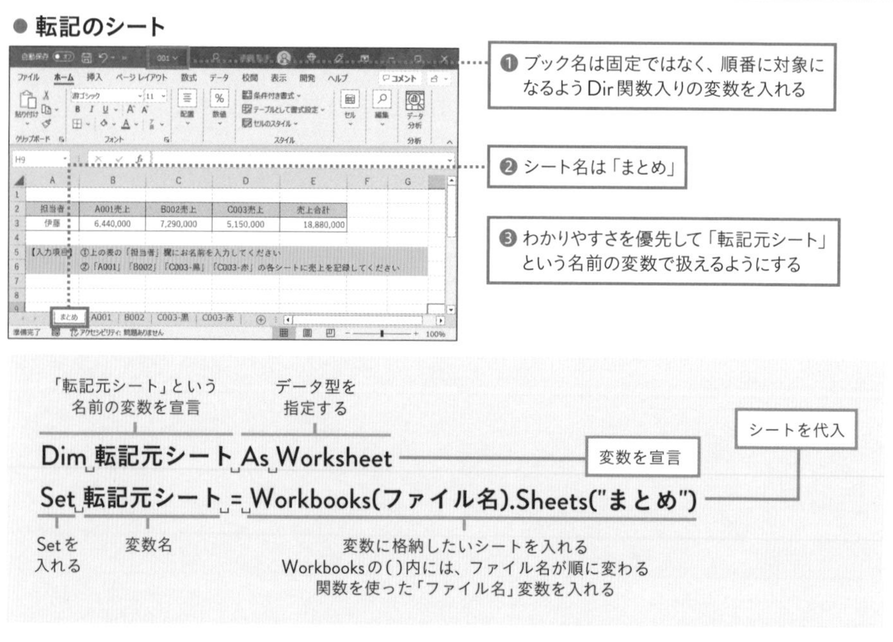

変数の宣言は分けてでもまとめてでもOK

VBAの変数は、宣言したところから利用可能になります。
本書では、順番に説明を進める関係上、その都度変数を宣言したかったので、以下のように「変数が必要になったところで宣言する」という形を取りました。この方法は、宣言した変数をすぐ使うので「何のための変数かが把握しやすい」というメリットがあります。

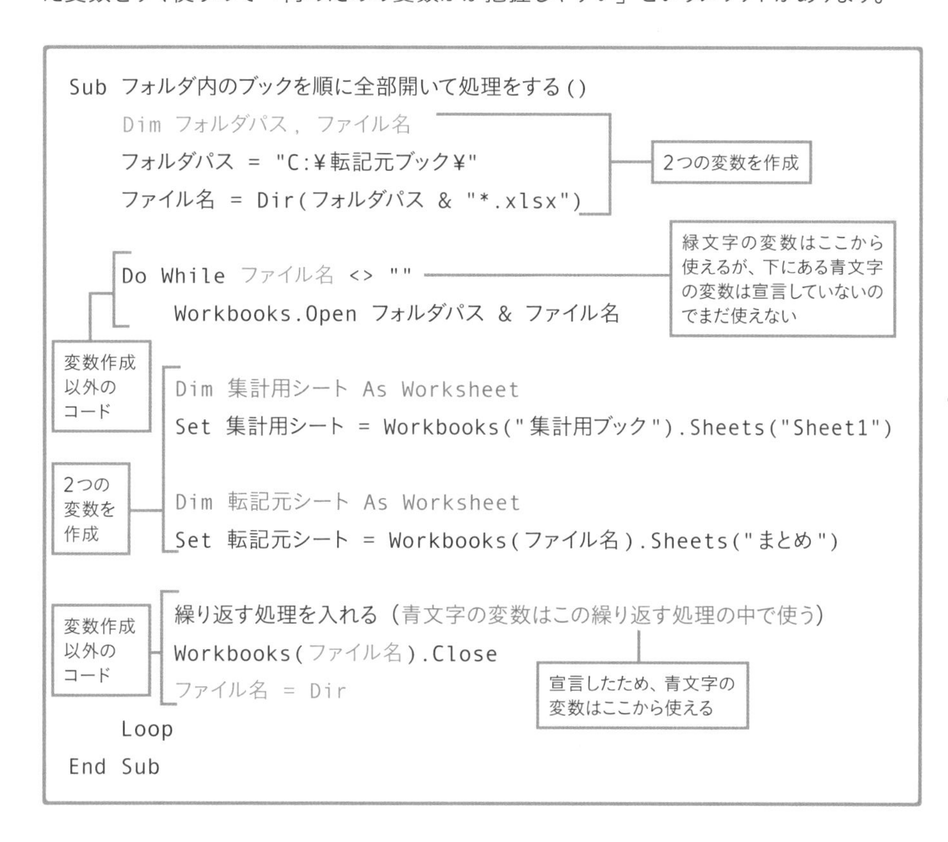

一方、マクロの冒頭に変数をまとめて宣言してもかまいません。図の例であれば、緑文字「2つの変数を作成」部分のすぐ下に、青文字の「2つの変数を作成」を入れる形です。この方法は、マクロ内の変数をまとめて確認できる、後からでも変数の宣言箇所がすぐにわかるという点がメリットです。
どちらの方法でもよいので、自分の使いやすい方を利用しましょう。

解説

新しい行を対象にするため最終行を取得するコードを活用する

開いたファイルで行う処理部分のコードを作っていきましょう。対象の行を固定せず、変化させるのがポイントです。

「入力が済んだら次の行」をマクロで実行したい

ここで作りたいのは、転記元のシートから、集計用のシートの新しい行にデータを転記するマクロです。

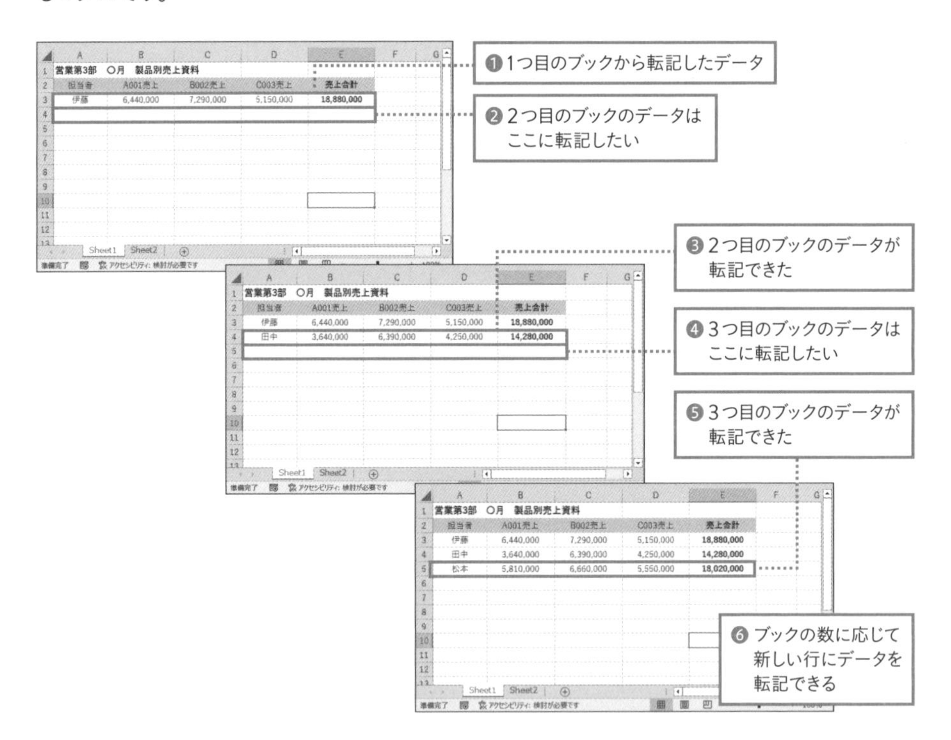

新しい行に転記する仕組みを作ることで、転記元ブックの数が増減しても問題なく転記できます。これを流用すれば、アンケートの集計なども自動化できます。

集計用のシートを変数名を使ってアクティブにする

使用ファイル「集計用ブック3.xlsm」

シートの指定は変数名でOK

新しい行へデータの転記を指示するマクロを作っていきます。転記先（=データを入力する）セルは「集計用シート」にありますが、マクロの中で別のブックを開いたため、この時点ではアクティブシートではありません。VBAでは、操作するセルのあるシートがアクティブになっている必要があるのでまずはこれを指定します。

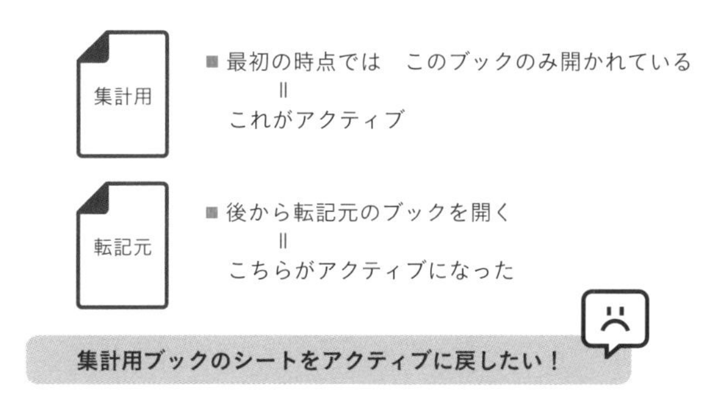

シートをアクティブにするためのコードは、P.83でブックをアクティブにしたときと同じ、以下の形です。P.172で変数「集計用シート」にセットしたシートをアクティブにしたいので、変数名を使って指示できます。

ステップ 4

利用度の高い定番コード「最終行の取得」をマスターする

使用ファイル「集計用ブック4.xlsm」

常に新しい行を対象にしたいなら最終行の取得が必須

転記元ブックから集計用ブックのように、ブックをまたいだデータの転記は、P.68ですでに行っています。その時点と今回の違いは、転記先のセル番地を固定で指定できないという点です。このように一番下に新しい行を追加する形でデータを転記したい場合、「最終行」を取得して利用します。

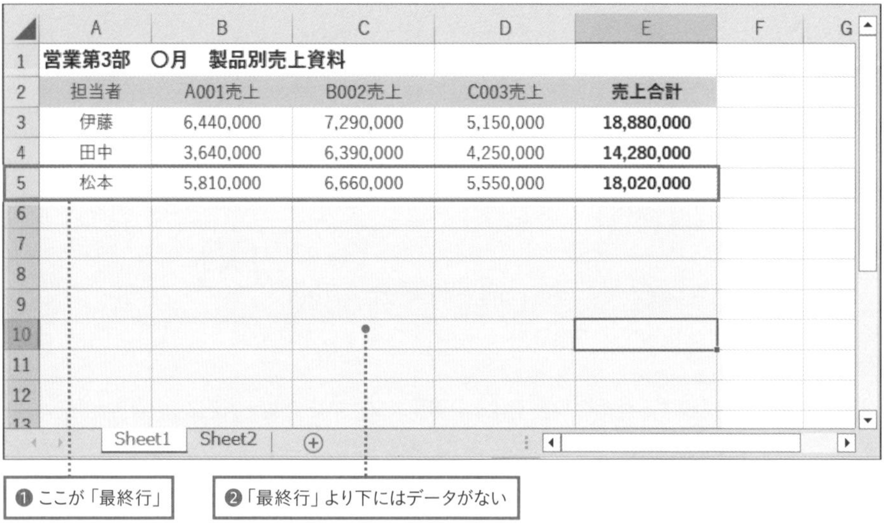

	A	B	C	D	E	F	G
1	営業第3部　○月　製品別売上資料						
2	担当者	A001売上	B002売上	C003売上	売上合計		
3	伊藤	6,440,000	7,290,000	5,150,000	18,880,000		
4	田中	3,640,000	6,390,000	4,250,000	14,280,000		
5	松本	5,810,000	6,660,000	5,550,000	18,020,000		
6							
7							
8							
9							
10							
11							
12							

Sheet1　Sheet2

❶ここが「最終行」

❷「最終行」より下にはデータがない

行と列で位置を指定する「セル」を扱うExcelにおいて、「最終行を取得する」コードは非常に活用度が高く、VBAの定番コードの1つとなっています。
暗記までは必要はなく、コピーして使ってもちろんかまいませんが、最終行を取得できるコードがあることと、その仕組みはしっかり押さえておきましょう。

今回紹介する「最終行を取得する」コードは、以下のような仕組みで最終行を取得します。

●最終行取得の仕組み

- シートの一番下のセルからスタート
- 上に向かって移動
- 最初にデータがあったセルの行番号を取得

ここでポイントなのが、上からセルをチェックしてデータがなくなる行を探すのではなく、下からセルをチェックしてデータがあるセルを探すという点です。上から探さない理由は、図のようにデータが抜けているセルがあった場合、最終行を間違えて認識する可能性があるためです。

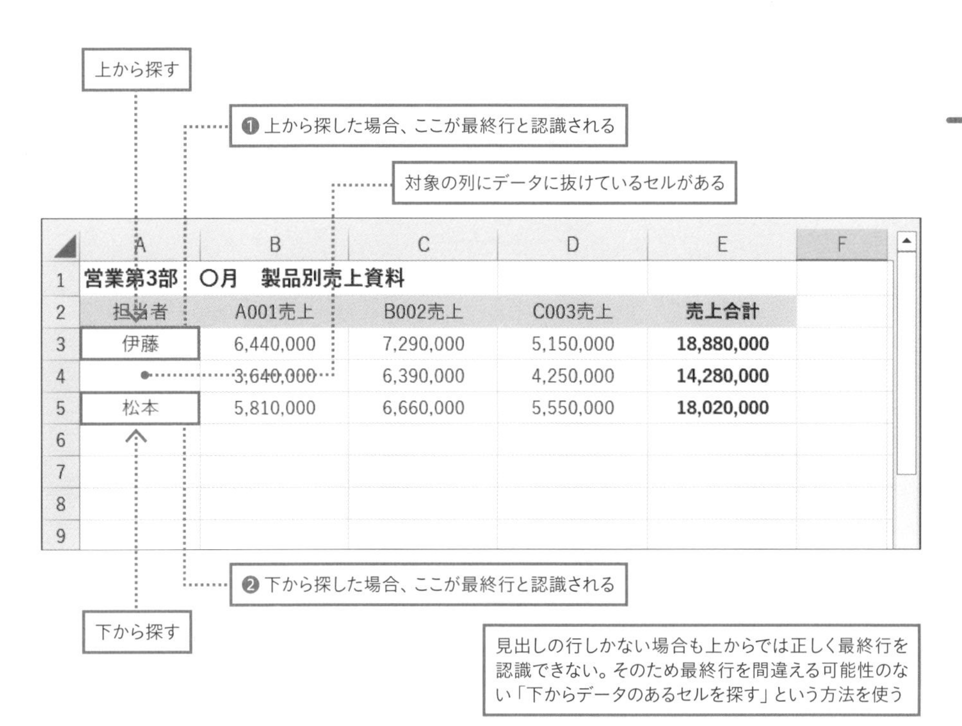

データの端を探す機能はExcelにもある

先の図のように、最初、または最後のデータがあるセルに飛ぶという操作は、VBA以外でも重要なため、Excelでは Ctrl ＋方向キーで簡単に行えるようになっています。表の終わりやデータベースの最後など、データの端の選択はExcelで頻繁に生じる操作です。これが効率的に行えるこのキーは、利用している人も多いのではないでしょうか。

● 空白のセルで Ctrl ＋方向キーを押すと最初にデータのあるセルに飛ぶ

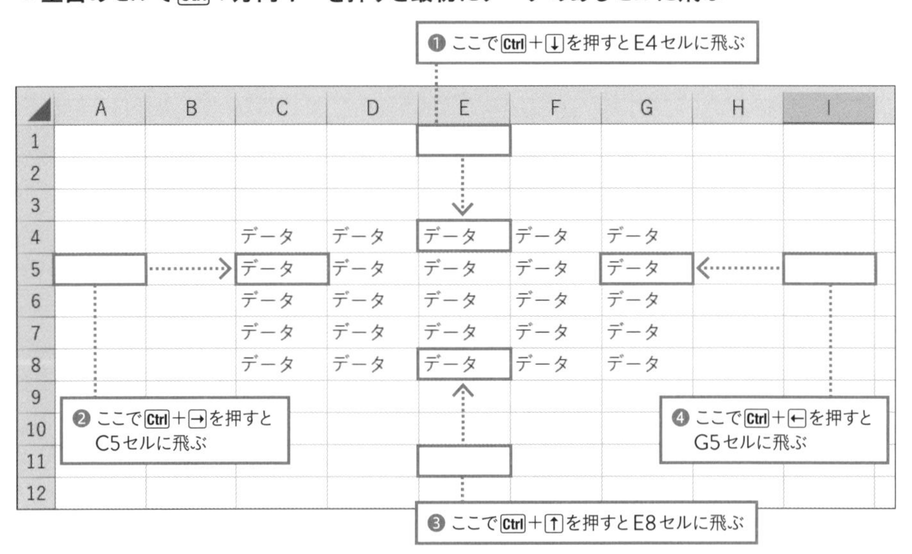

● データのあるセルで Ctrl ＋方向キーを押すと最後にデータのあるセルに飛ぶ

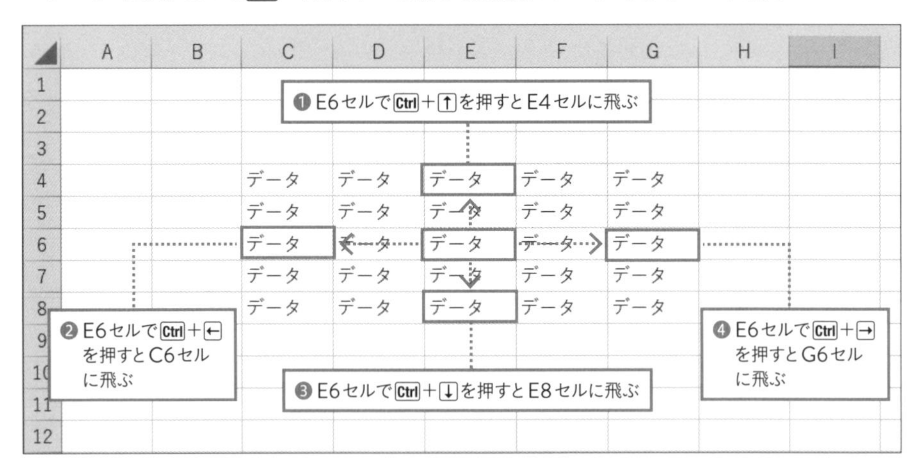

このように、選択しているセルにデータがあるか、ないかで動きが変わります。VBAでの最終行の取得でもこの動きを利用します。

Ctrl＋方向キーの動きをVBAで行うには、「Endプロパティ」と呼ばれるプロパティを使います。Endプロパティには、上方向に移動する「xlUp」、右方向に移動する「xlToRight」などの引数があり、「End(xlUp)」のように使うことで、それぞれの方向に飛んでデータの端を選択できます。

● **方向別Endプロパティの書き方**

- **上方向に移動**　End(xlUp)
- **下方向に移動**　End(xlDown)
- **右方向に移動**　End(xlToRight)
- **左方向に移動**　End(xlToLeft)

最終行を取得するコードで使うのは、上方向に移動する「End(xlUp)」ですが、その他の方向への移動もVBAではよく利用するので、こういう書き方ができることを覚えておきましょう。

最大行数の取得とデータの端のセルを取得するプロパティを組み合わせる

最終行の取得に必要な基本を押さえたところで、最終行の取得のコードを見てみましょう。以下のように3つの要素があります。活用度の高いコードなので、それぞれをさらに詳しく確認しておきましょう。

シートの最後の行、A列のセルから上に飛び、データがあった行の番号を取得する

```
Cells(Rows.Count, 1).End(xlUp).Row
```

- Cells(Rows.Count, 1)：ここでシートの最後の行のA列のセルを指定
- End(xlUp)：上に向かってデータの端まで飛ぶ
- Row：行番号を取得する

シートの最後の行のセルの指定

最初に紹介した通り、この最終行を取得するコードは、「Excelのシートの一番下のセルから、上に向かって移動する」点がポイントです。シートの一番の行は普段あまり意識しないかもしれませんが、Excel2007以降では1,048,576行です。つまり今回の場合、「A1048576セルから上に向かって移動する」ことになります。

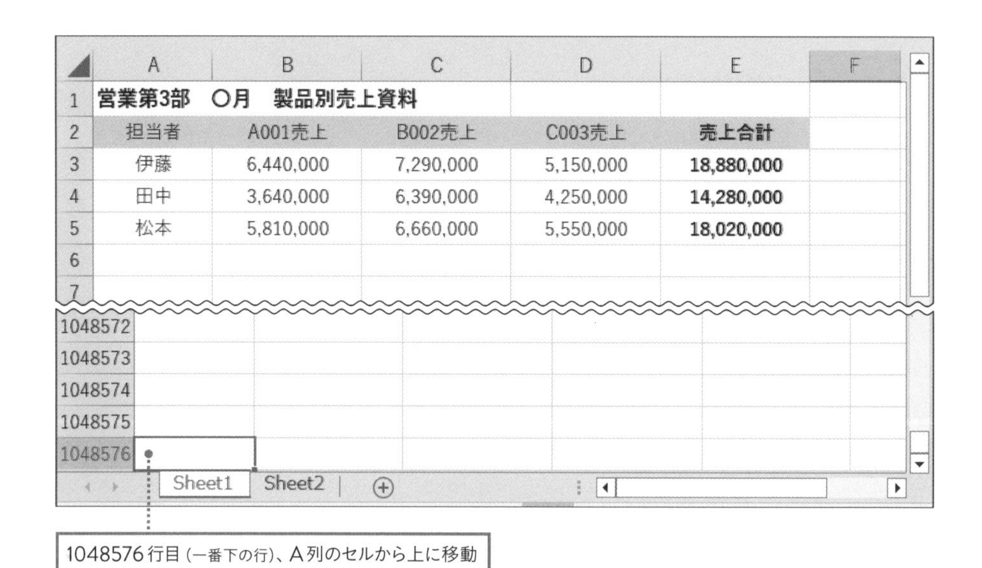

そのため最初のセルの指定を「Cells(1048576, 1)」としてもいいのですが、セルの位置がわかりにくいうえ、Excelのバージョンが古い場合はシートの一番下の行数が違うという問題もあります。そこでシートの最大行数を取得できるプロパティ「Rows.Count」を使い、起点とするセルを指定します。

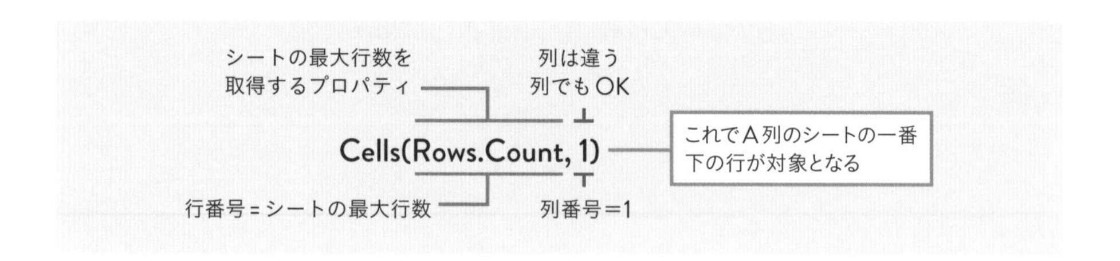

Column

列は自由に指定できる

「Cells(Rows.Count, 1)」のコードで指定した列の部分は、A列にするという決まりはありません。好きな行を選んでかまいませんが、最終行が正しく取得できる列であることが条件です。他の列よりデータが少ない列や、下の方に独立して余計なデータが入っている列を選ぶと最終行が正しく取得できませんので注意しましょう。

上に向かってデータの端まで飛ぶ

「End(xlUp)」部分は、P.178で紹介したCtrl+↑キーの動きです。これにより、シートの一番下の行から、最後のデータの入っている行まで一気に飛ぶことができます。

セルではなく行番号を取得する

ここで取得したいのは行番号ですが、コードが「Cells(Rows.Count, 1).End(xlUp)」だけだと、見つかったセルの値が取得されてしまいます。そこで行番号を取得する「.Row」を最後に付けることで、「Cells(Rows.Count, 1).End(xlUp)」で見つけたセルの行番号、つまり最終行を得ることができるというわけです。

	A	B	C	D	E
1	営業第3部　〇月　製品別売上資料				
2	担当者	A001売上	B002売上	C003売上	売上合計
3	伊藤	6,440,000	7,290,000	5,150,000	18,880,000
4	田中	3,640,000	6,390,000	4,250,000	14,280,000
5	松本	5,810,000	6,660,000	5,550,000	18,020,000
6					
7					
8					
9					
10					

❶「Cells(Rows.Count, 1).End(xlUp)」で、セル（A5）の値（松本）が取得される

❷最後の「.Row」によりA5セルの行番号「5」が取得できる

取得した最終行を使って新しい行に転記するコードを作る

使用ファイル「集計用ブック5.xlsm」

最終行の次の行を取得する変数を作る

いよいよ転記部分のコードを作っていきます。前ページまでで最終行を取得するコードを作りましたが、実際にコードを転記したいのは最終行の下の新しい行です。

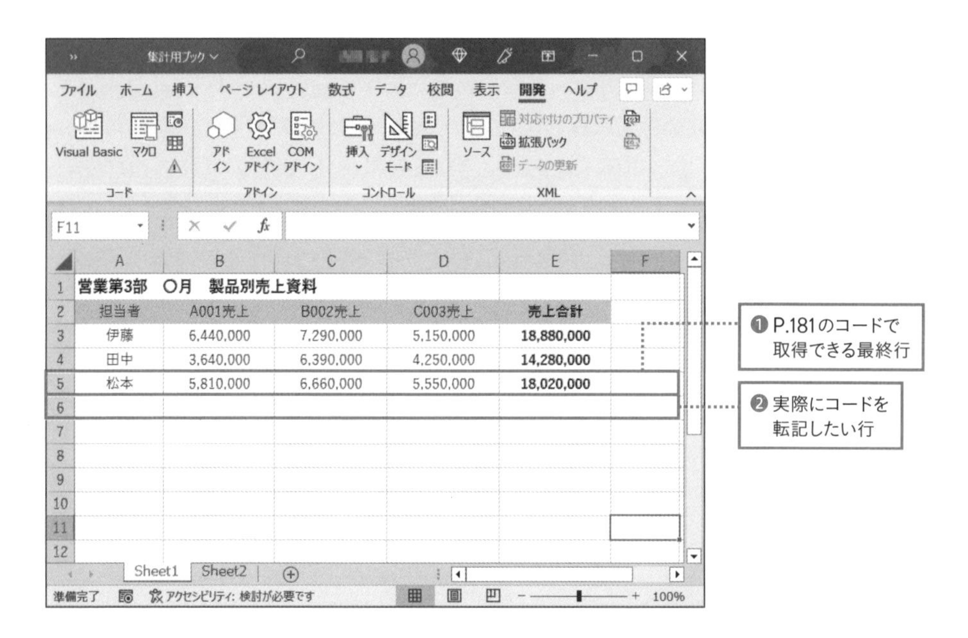

	A	B	C	D	E
1	営業第3部　〇月　製品別売上資料				
2	担当者	A001売上	B002売上	C003売上	売上合計
3	伊藤	6,440,000	7,290,000	5,150,000	18,880,000
4	田中	3,640,000	6,390,000	4,250,000	14,280,000
5	松本	5,810,000	6,660,000	5,550,000	18,020,000

この指示は簡単で、最終行を取得するコードに「+1」をして、「最終行プラス1」の行番号を取得すればOKです。

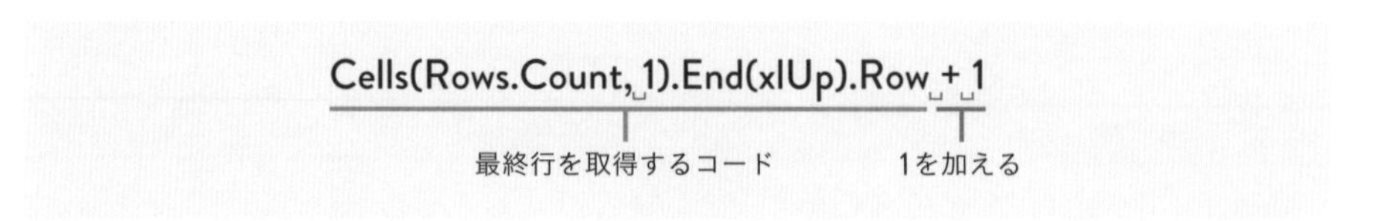

この「最終行の次の行」を取得するコードの変数に入れ、転記先の範囲の指定に使いたいので、以下のように「最終行の次」という名前の変数を作ります。

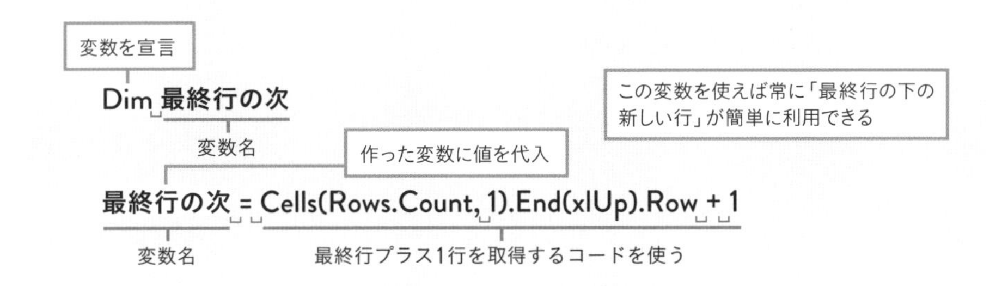

範囲を指定して転記を指示するコードを作る

転記部分のコードを作っていきましょう。転記先、転記元、それぞれの範囲の指定には、これまで作った変数を活用します。転記先のセル、転記元のセル、利用できる変数をまずは確認しましょう。

● 転記先のシート

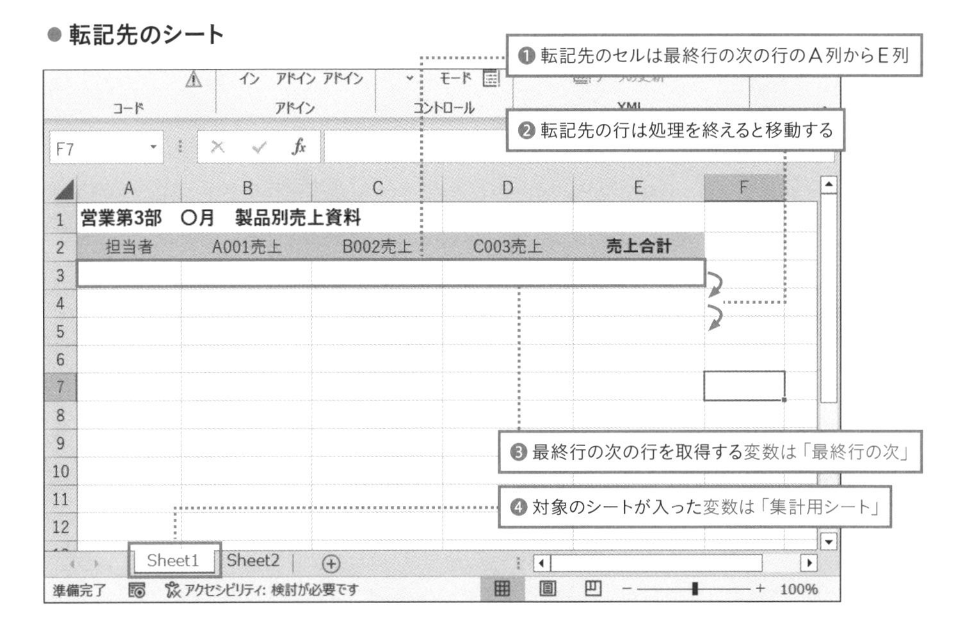

● 転記元のシート

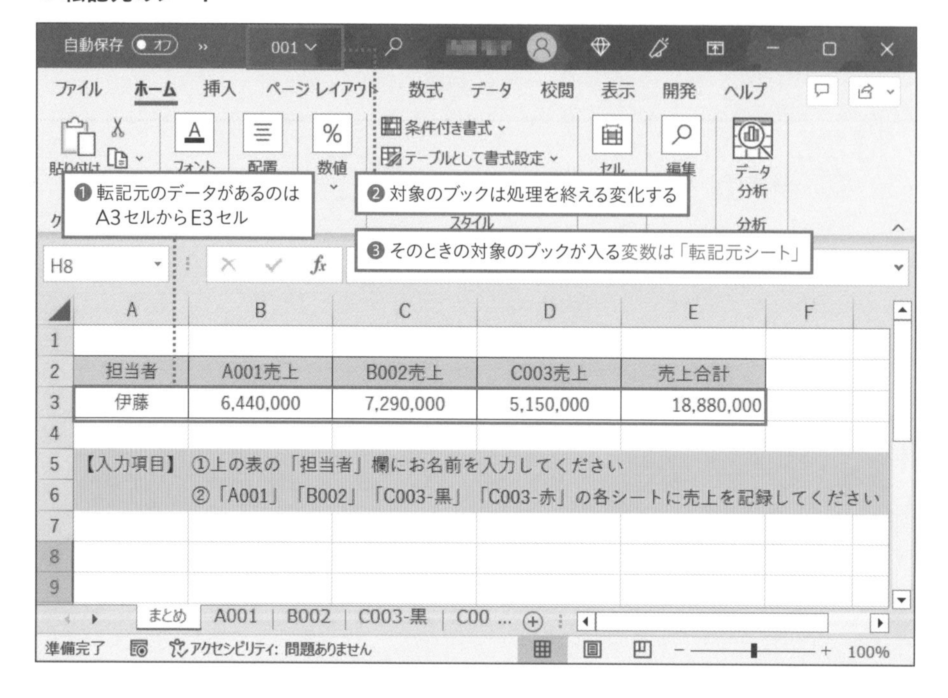

転記先のセル範囲

転記先のセルは、セル範囲部分をどのように指定するかがポイントです。先に紹介した「Range」と「Cells」の使い分けでは、以下の2点に言及しました。

> **①セルの指定に変数を使うときは「Cells」を使った方がよい**
> **②「Cells」では単体のセルしか指定できないため、セル範囲の指定は「Range」を使う**

今回の転記先の記述には「最終行の次」の変数の利用が不可欠ですが、対象のセルは単体ではなくセル範囲です。つまり、上の①②どちらにも該当しています。
そこでここでは、「Range」と「Cells」を組み合わせ、以下のように範囲を指定しました。全体としては、Rangeを使ったセル範囲の指定方法を使っています。一方で、Rangeの引数部分のセルの指定に変数を使いたいため、この部分はCellsを使ってセルを指定しています。

Rangeを使ったセル範囲指定の基本形

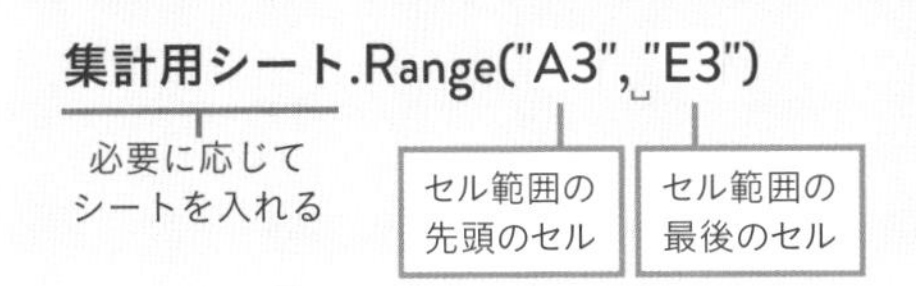

基本形の場合
転記するA3セルからE3セルの
範囲はこの形で記述できる

今回利用する転記先のセル範囲の指定

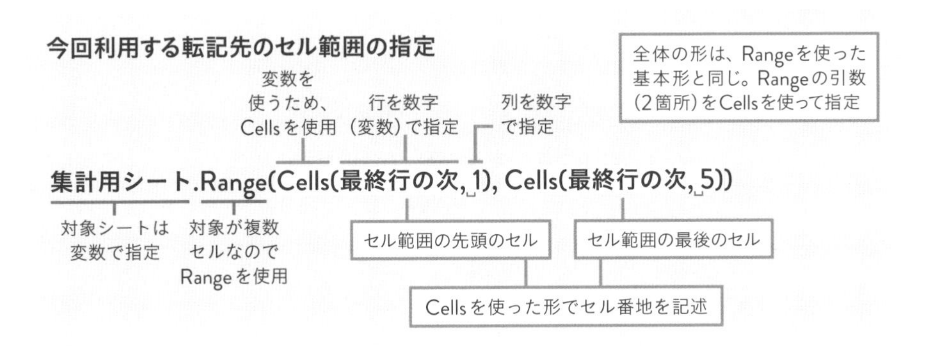

● 変数「最終行の次」が「3」の場合

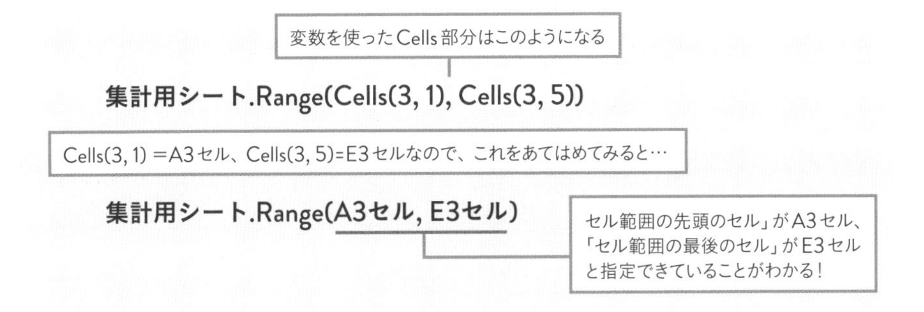

転記元のセル範囲

転記元のセルは、上部の「Rangeを使ったセル範囲指定の基本形」で、以下のように指定できます。

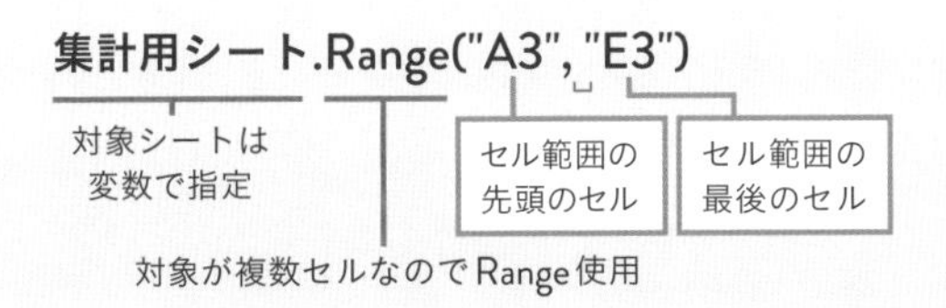

第6章 実用的なデータ転記のマクロを作ろう

転記のコードを作る

上記の転記先、転記元を使って、転記部分のコードを作ります。セルの値だけを転記したい場合は、コピー＆ペーストではなく、値の代入が適しているのは先にP.67で紹介した通りです。

3章で利用した基本的なコードと、ここで利用するコードを並べて見てみましょう。

● データ転記の基本形

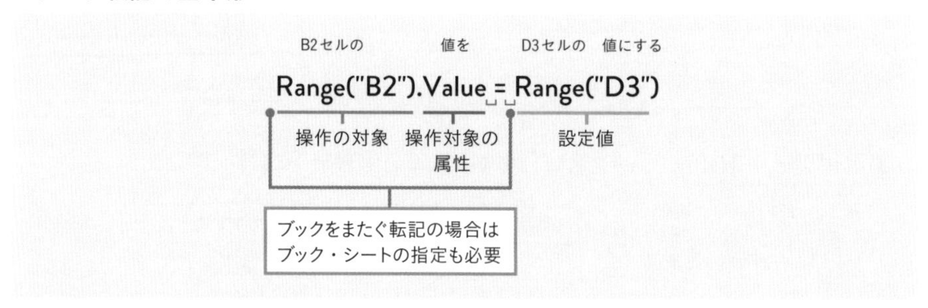

● 今回使用するデータ転記のコード

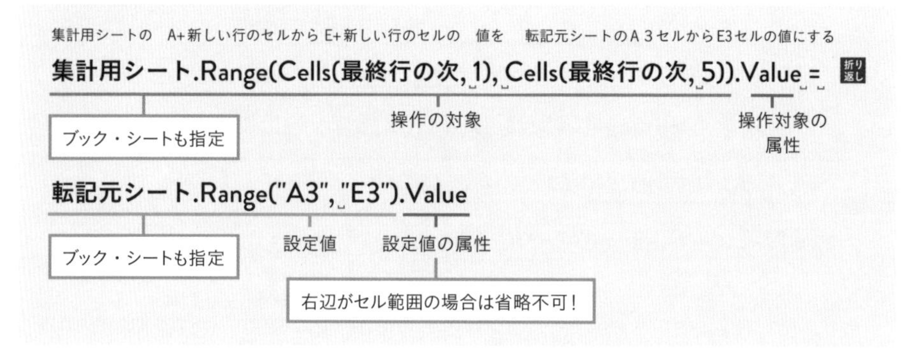

形はほぼ同じですが、今回使用する方は末尾に「.Value」が付いています。転記のコードは「〇〇セルの値を××セルの値にする」という意味なので、「値」を示す「.Value」は、操作の対象・設定値のどちらにも入れるのが実は本来の形ですが、基本的に省略が可能なため、より簡潔に紹介するため設定値ではこれまでは省略していました。

ただし、今回のように「=」の右辺がセル範囲の場合、右辺の「.Value」を省略することはできません。これを省略するとエラーになってしまうので必ず入れましょう。

すべてをつなげて コードを完成させる

使用フォルダ「Chapter6-2」

VBEへの入力時はコメントを活用してわかりやすく

ここまでで作成したコードをつなげてVBEに入力します。コメントを活用し、後からでもわかりやすくしておきましょう。図ではコメントの冒頭に●を入れ、コードとコメントをよりわかりやすくしました。


```
Sub フォルダ内のブックを順に全部開いて処理をする()

    '●●変数を2種類宣言
    Dim フォルダパス, ファイル名
    '●●変数に値を代入
    フォルダパス = "C:¥転記元ブック¥"    '●「転記元ブック」フォルダのパスを入れる
    ファイル名 = Dir(フォルダパス & "*.xlsx")    '●Dir関数を使ってファイル名を取得

    '●●繰り返しの条件を指定
    Do While ファイル名 <> ""    '●Dir関数がファイル名を返さなくなるまで繰り返す

        '●●見つかったファイルを開く
        Workbooks.Open フォルダパス & ファイル名

        '●●ブック処理内容の記述　開いたブックで以下の処理をする
        '●●集計用シートを入れる変数を宣言
        Dim 集計用シート As Worksheet
        '●●変数に集計用ブック.xlsxのSheet1を入れる
        Set 集計用シート = Workbooks("集計用ブック").Sheets("Sheet1")

        '●●転記元シートを入れる変数を宣言
        Dim 転記元シート As Worksheet
        '●●変数に転記用に開いているブックの「まとめ」シートを入れる
        Set 転記元シート = Workbooks(ファイル名).Sheets("まとめ")

        '●●集計用シートをアクティブにする
        集計用シート.Activate

        '●●最終行の次の行を入れる変数を宣言
        Dim 最終行の次
        '●●変数に最終行の次の行を取得するコードを入れる
        最終行の次 = Cells(Rows.Count, 1).End(xlUp).Row + 1
        '●●値の転記を指示
        集計用シート.Range(Cells(最終行の次, 1), Cells(最終行の次, 5)).Value = _
        転記元シート.Range("A3", "E3").Value

        '●●処理が終わったブックを閉じる
        Workbooks(ファイル名).Close
        '●●引数なしのDir関数を実行する
        ファイル名 = Dir   '●次のファイルを開くかをここで判断
    Loop   '●繰り返しここまで

End Sub
```

コードが長いので改行している

コードを実行してみる

作成したコードを実行すると、集計用に指定したシートに「転記元」フォルダ内にあったすべてのファイル（4つ）のデータが転記されました。ファイルの開閉も自動で行われ、データ数が増えても手間いらずで転記できます。

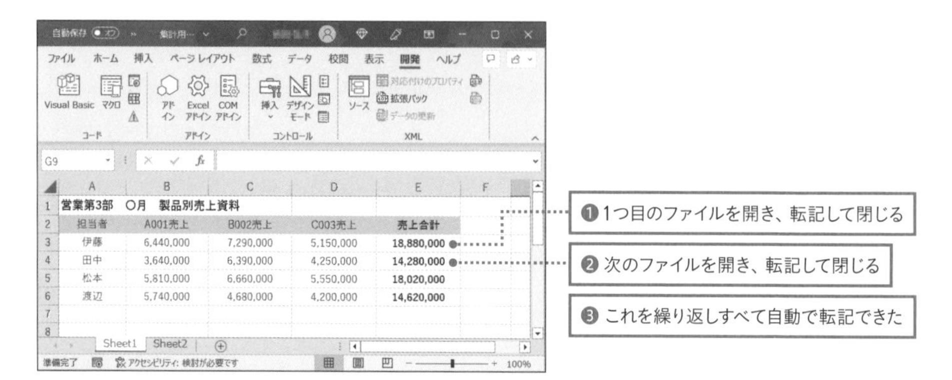

Column

エラー時の対処と確認のコツ

ここで利用したDo While Loopステートメントは、条件を満たす間は繰り返しが続くため、コードにミスがあると、永遠に繰り返しが終わらない場合があります。無限ループに陥ってしまった場合は、慌てずにP.161の方法で終了させましょう。

エラーが生じてうまく進まないときは、転記元のブックや転記先のセル範囲など、繰り返しにより対象が変化する部分がうまく記述できているかも確認しましょう。マクロ内にカーソルを合わせてF8を押すと、1行ずつコードを実行できます。マクロ内のテキストにカーソルを合わせると、そのとき代入されている値が図のように表示され、正しく選択できているかが確認できます。

なお、F8を使って実行した場合、繰り返しの終了がうまく認識されない場合があります。代入される値の確認が完了したら、VBEの「リセット」ボタン（■）を押して実行を終了しましょう。

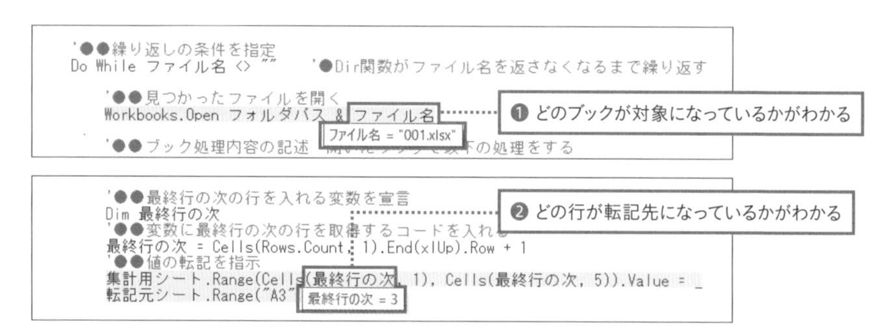

第7章

[応用編]

覚えておきたい便利なコード・機能のまとめ

ここでは応用として、活用度の高いコードを紹介していきます。
6章までで作ったマクロに組み合わせて、さらに使いやすくアレンジしてみましょう。
「マクロの記録」の使い方も紹介しています。

大きさの変化にも対応可能 表全体のセル範囲を自動選択

使用ファイル「ch7-1.xlsm」

利用頻度大！表を簡単に選択できるプロパティを使う

罫線を引く、グラフの対象範囲にするなど、表全体を選択したい機会は多くあります。表の範囲があらかじめ決まっている場合は、A2セルからD6セルのように指定すれば問題ありませんが、マクロの作成時点では表の範囲が定まっていない場合もあります。
6章で作った表がまさにこのケースで、対象のフォルダ内にある転記元のファイルの数によって表の行数が増減します。こうしたケースで便利なのが、指定したセルを含む表全体のセル範囲を自動で取得できる方法です。

アクティブセル領域とは

表の自動取得の利用にあたり理解しておきたいのが「アクティブセル領域」です。Excelでは、空白列と空白行で囲まれたセル範囲を「アクティブセル領域」と言います。以下のようなセル範囲、つまり一般的な表は「アクティブセル領域」ということです。

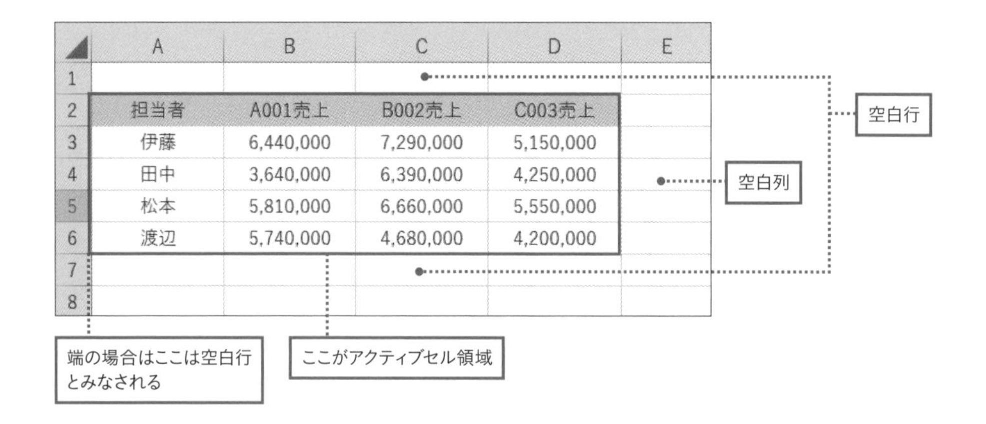

Column

ニーズの高い機能はまず検索

表の範囲を取得したいと思ったとき、P.176で学んだ「Endプロパティを使えそうだ」と思った人もいるかと思います。たしかにデータの端まで飛べる「Endプロパティ」を組み合わせれば、表の範囲を選択することも無理ではありませんが、ここで紹介する方法の方が断然簡単です。
Excelでは、「こんなことができればいいな…」と感じる操作の多くに、簡単に実行できる機能が備わっています。そしてその機能を実行するマクロもほとんどが用意されているか、定型句のようなコードになっています。「こんなことをマクロで実行したい」と思ったら、自身で試行錯誤する前に一度ネットで検索してみるのがおすすめです。複雑な処理もシンプルなコードで実行できることも多々あります。

アクティブセル領域を選択できるCurrentRegionプロパティ

VBAには、アクティブセル領域を取得できる「CurrentRegion」プロパティがあります。指定したセルを含むアクティブセル領域を取得できるこのプロパティを使えば、以下のようにごくシンプルなコードで表全体を簡単に取得できます。

Column

選択中のセルを対象セルにもできる

次ページでは対象セルとして「A2」のようにセル番号を指定していますが、「Selection.CurrentRegion」とすると選択中のセル範囲のアクティブセル領域も取得できます。実用的なマクロにおいては、マクロ作成時点ではセル番地が定まらないことは多くあります。マクロを実行してきた中で、その時選択されているセルを対象に操作できるコードも使いこなしましょう。

たとえば、図の表を選択する場合、対象のセル部分は表内のいずれかのセル（例ではA2セル）を対象セルにし、CurrentRegionプロパティを使います。選択用の「Select」メソッドを使えば、以下のように簡単に表全体を選択できます。

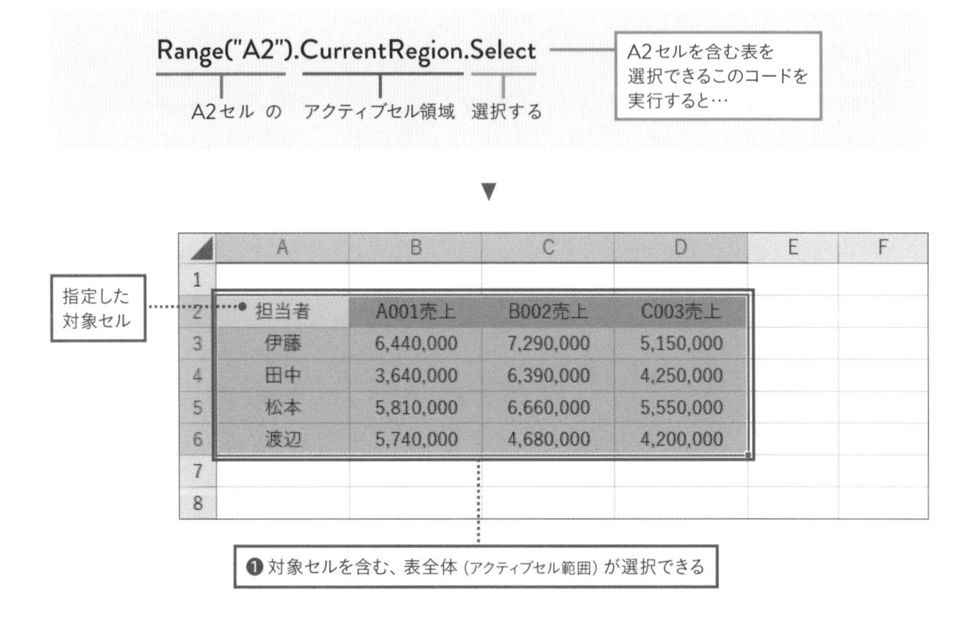

	A	B	C	D	E	F
1						
2	担当者	A001売上	B002売上	C003売上		
3	伊藤	6,440,000	7,290,000	5,150,000		
4	田中	3,640,000	6,390,000	4,250,000		
5	松本	5,810,000	6,660,000	5,550,000		
6	渡辺	5,740,000	4,680,000	4,200,000		
7						
8						

Column

空白セルも含んで選択する

図の表に上と同じマクロを実行した場合、D7セルにデータがあることから選択範囲は以下のようになります。E列に何らかのデータを入れた場合も同様で、行や列に空白のセルがあってもそこも含めてアクティブセル範囲として選択されます。後でCurrentRegionプロパティを使って表を選択したいと考えているときは、表外のデータの入力位置に配慮しておきましょう。

	A	B	C	D	E
1					
2	担当者	A001売上	B002売上	C003売上	
3	伊藤	6,440,000	7,290,000	5,150,000	
4	田中	3,640,000	6,390,000	4,250,000	
5	松本	5,810,000	6,660,000	5,550,000	
6	渡辺	5,740,000	4,680,000	4,200,000	
7				（単位：円）	
8					

この行も一緒に選択される

ステップ 2

Offsetプロパティで基準のセル+○行目・○列目の指定が可能

使用ファイル「ch7-2.xlsm」

基準を自由に決められるのでより自在なセル指定が可能

「A1」のようにセル番地を固定する方法以外にも、最終行、データの端、表全体などを選択する方法を紹介してきましたが、いずれも基準（データの端、最終行など）となる場所は決まっていました。

ここで紹介するOffsetプロパティを使うと、基準とするセルも自身で指定し、そこから何行目、何列目といった書き方でセルを表せます。より自由なセルの指定に役立つ便利なプロパティです。

● Offsetプロパティの考え方

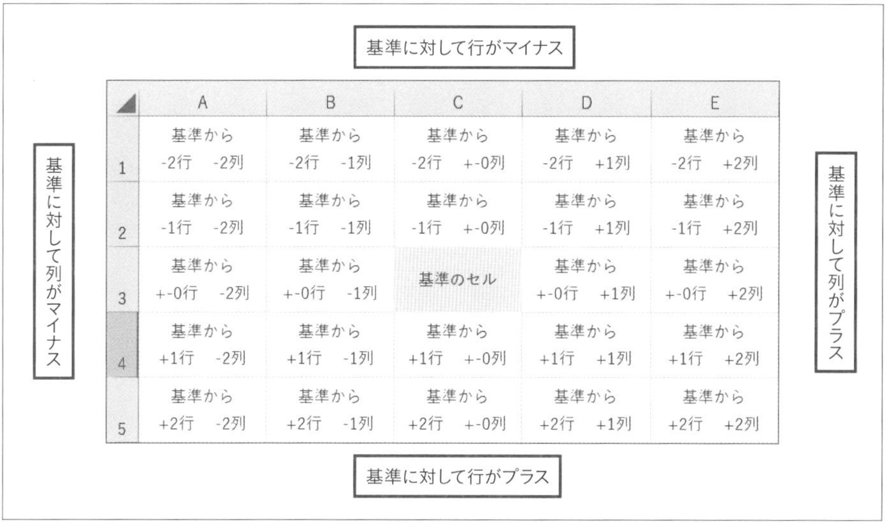

基準に対して行がマイナス

基準に対して列がマイナス

	A	B	C	D	E
1	基準から -2行 -2列	基準から -2行 -1列	基準から -2行 +-0列	基準から -2行 +1列	基準から -2行 +2列
2	基準から -1行 -2列	基準から -1行 -1列	基準から -1行 +-0列	基準から -1行 +1列	基準から -1行 +2列
3	基準から +-0行 -2列	基準から +-0行 -1列	基準のセル	基準から +-0行 +1列	基準から +-0行 +2列
4	基準から +1行 -2列	基準から +1行 -1列	基準から +1行 +-0列	基準から +1行 +1列	基準から +1行 +2列
5	基準から +2行 -2列	基準から +2行 -1列	基準から +2行 +-0列	基準から +2行 +1列	基準から +2行 +2列

基準に対して列がプラス

基準に対して行がプラス

Offsetプロパティの書式は次の通りです。Rangeオブジェクトには、基準にしたいセルを自由に指定できます。Offsetプロパティの引数は、基準のセルから何行・何列移動するかを指定できます。行・列の移動数の表し方は、上の図を参考にしてください。

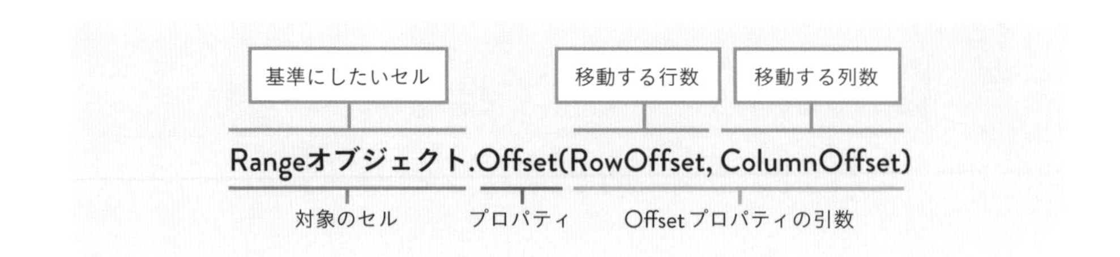

たとえば以下の表で、合計を入れるためD6セルのすぐ下のセルを選択したい場合、行が「+1」、列は「+-0」なので、以下のように記述します。なお、引数のRowOffsetとColumnOffsetは、省略可能です。省略した場合は0とみなされます。引数の省略の決まりは、P.47の通りです。

	A	B	C	D	E
1					
2	担当者	A001売上	B002売上	C003売上	
3	伊藤	6,440,000	7,290,000	5,150,000	
4	田中	3,640,000	6,390,000	4,250,000	
5	松本	5,810,000	6,660,000	5,550,000	
6	渡辺	5,740,000	4,680,000	4,200,000	
7					
8					

❶ このセルを基準にして
❷ このセルを選択したい

シンプルな例を用いるため、ここでは基準のセルを「D6」と固定したので、その便利さが少し伝わりにくいかもしれません。実際には、マクロ作成時点では基準のセルを固定できない場合などに、より重宝します。たとえば6章で作った表は、その時により行数が増減します。このようなケースで、転記を実行して行数を確定→表の下端のセルを基準に指定してOffsetプロパティを使うとイメージすると便利さが実感できるはずです。

Resizeプロパティを使うと表の一部を簡単に選択可能

使用ファイル「ch7-3.xlsm」

表の見出し以外、SUMの対象セルなどの選択に便利

前のページで紹介したOffsetプロパティと合わせて覚えておきたいのが、Resizeプロパティです。こちらは最初に指定したRangeオブジェクト（基準のセル）のサイズを変更できるプロパティです。基準として設定するRangeオブジェクトは、単体のセルでも、複数（セル範囲）でもOKで、左上端のセルを基準として行数と列数を変更します。

実際に結果を見た方がわかりやすいので、プロパティの動きの確認は後に回し、まず書式を紹介します。

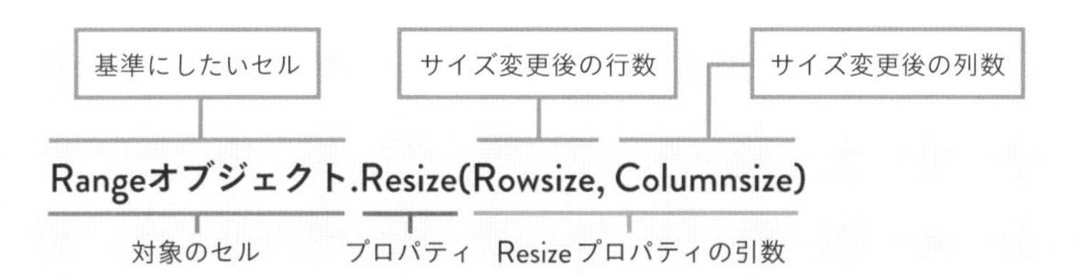

Column

引数を省略した場合

Resizeプロパティの引数、RowsizeとColumnsizeは省略可能です。省略した場合は、変更前の行数・列数と同じと判断されます。引数の省略の決まりは、P.47の通りです。

例えば以下は、Rangeオブジェクト単体（B2）を基準にして、変更後のセル範囲を3行・3列を選択するコードです。実行すると図の範囲が選択できます。

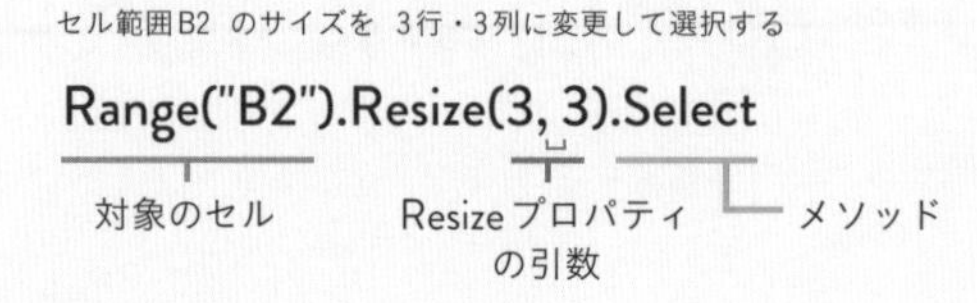

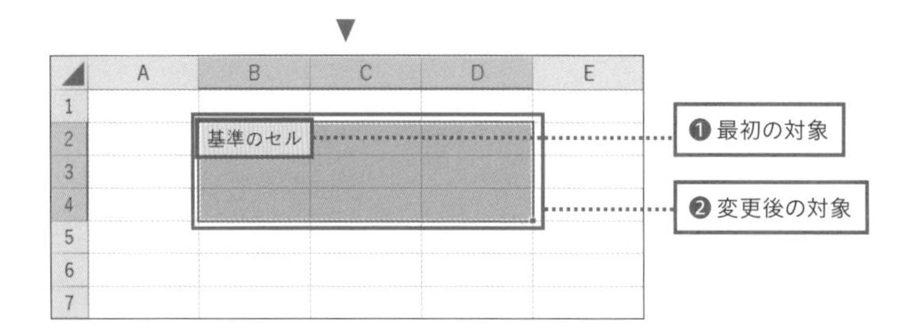

先のOffsetプロパティと違い、引数に-の数を使うことはできませんが、最初にセル範囲を指定し、変更後の行と列をそれより小さくして対象範囲を狭めることはできます。代表的な使用例の1つが、表の見出し部分のみの選択です。

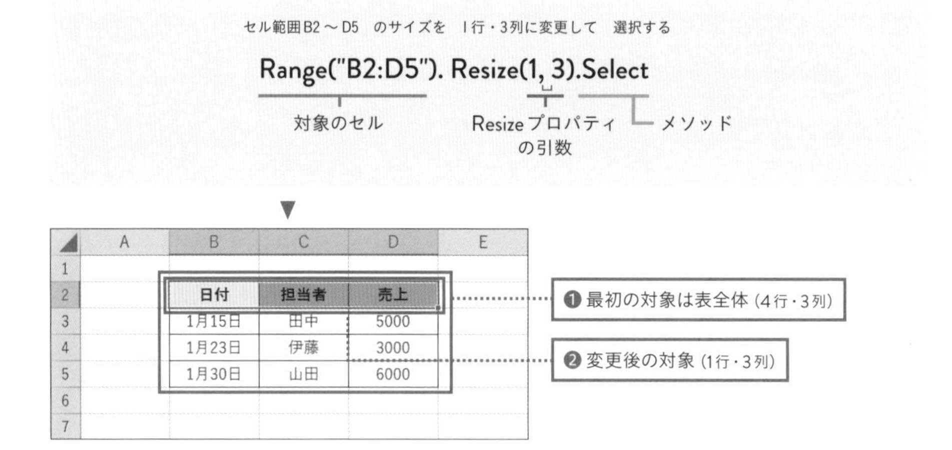

ここではわかりやすいよう、Resizeプロパティの引数「(1, 3)」にしましたが、サイズに変更がない場合は引数は省略可能です。例の場合、列数は3列から3列と変更がないので省略でき、「Range("B2:D5").Resize(1).Select」としても同じように表の見出し部分だけ選択できます。

Column

表の自動選択などと組み合わせるとより便利

対象のセル範囲や行数・列数を固定せずにResizeプロパティを使えると、便利さがよりアップします。活用度の高いいくつかの方法をチェックしておきましょう。

● 表の範囲を自動選択して見出し行を選択する

表の範囲を自動取得できるCurrentRegion（P.190）と組み合わせ、以下のようにしても同じようにセルの見出し部分を選択できます。表の大きさが流動的な場合も、この方法であれば問題ありません。

● 見出し行以外を選択したい場合

大きさが流動的な表で、見出し行以外を選択したい場合はどうすればよいかも考えてみましょう。CurrentRegionを使って取得できる表全体の行数と変数を組み合わせ、以下のようにすると選択できます。変数に代入した「Range("B2").CurrentRegion.Rows.Count」により、B2セルを含む表全体を自動取得し、その行数を取得できます。

Resizeプロパティでは、見出しの行を除いた「B3」セルを基準にします。サイズ変更後の行数を指定する引数「Rowsize」を「表全体の行数 -1」とすることで、表から見出しを除いた分と同じ行数を指定できる仕組みです。

「表全体の行数」という変数を作成
```
Dim 表全体の行数
```
変数に　Range2を含む表の行数を入れる
```
表全体の行数 = Range("B2").CurrentRegion.Rows.Count
```
表の範囲を自動取得　表の範囲を自動取得

セル範囲B3のサイズを　表全体の行数-1・3列に変更して　選択する
```
Range("B3").Resize(表全体の行数 - 1, 3).Select
```

表の見出しを除いた行が選択できた

	A	B	C	D	E
1					
2		日付	担当者	売上	
3		1月15日	田中	5000	
4		1月23日	伊藤	3000	
5		1月30日	山田	6000	
6					
7					

B3セルを基準に「表全体の行数 -1＝3」行と、3列の範囲を選択できた

● 合計する範囲だけを選択したい場合

合計の対象の範囲を指定したいなど、特定の列の見出し以外を選択にしたいケースもよくあります。1つ前にも使った変数を利用し、次のように指定すれば簡単に選択できます。

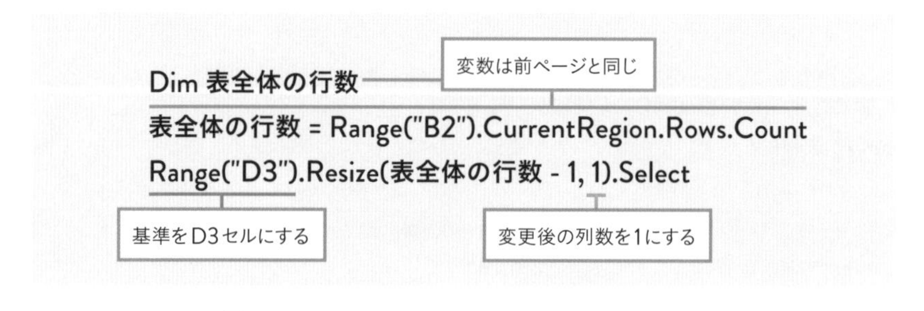

▼

表の最後の1列を見出し部分なしで選択できた

	A	B	C	D	E
1					
2		日付	担当者	売上	
3		1月15日	田中	5000	
4		1月23日	伊藤	3000	
5		1月30日	山田	6000	
6					
7					

D3セルを基準に「表全体の行数 -1＝3」行と、1列の範囲を選択できた

見やすい表に欠かせない罫線もマクロで引ける

使用ファイル「ch7-4.xlsm」

セルの罫線は、位置とプロパティを指定できる

ここではセルに罫線を引くマクロを紹介します。作成する文書のレイアウトが定まっているときは、Excelの機能で先に罫線を設定しておくことができますが、6章で作ったマクロのように、実行してみないと罫線を引く範囲がわからない場合もあります。罫線の設定もマクロに含めることで、作業の効率をアップできます。早速例となるコードを見てみましょう。もっとも活用度の高い、格子状の罫線を引くコードは以下の通りです。

B2～D5セルの　罫線の　種類を　実線に設定する

```
Range("B2:D5").Borders.LineStyle = xlContinuous
```

Rangeオブジェクト（操作対象）　Bordersオブジェクト（操作対象）　プロパティ（線の種類）　設定値（実線）

Column

「セルの罫線」までが操作対象になる

ここで思い出してほしいのが、P.110～P.111で扱った「オブジェクト」の階層構造についてです。たとえば、文字の色を変更するときは、「セル」と「フォント」のどちらもオブジェクトで、「色」がプロパティでした。これは罫線の場合も同じで、「Borders」はBordersオブジェクトです。
厳密には、P.112の通りRangeオブジェクトのBordersプロパティであり、ColorプロパティのBordersオブジェクトですが、現時点ではあまり難しく考えず、Bordersオブジェクトの後にプロパティが入るということを意識できればOKです。

セルに罫線を引くBordersオブジェクトのLineStyleプロパティは、線の種類を指定できるプロパティです。ここで利用したxlContinuousは実線の設定値なので、図のように実線の罫線を設定できます。LineStyleプロパティには実線のほかにも、表の設定値があります。

● LineStyleプロパティの設定値

設定値	説明（線の種類）
xlContinuous	実線
xlDash	破線
xlDashDot	一点鎖線
xlDashDotDot	二点鎖線
xlDot	点線
xlDouble	2本線
xlSlantDashDot	斜破線
xlNone	線なし

	A	B	C	D	E
1					
2		日付	担当者	売上	
3		1月15日	田中	5000	
4		1月23日	伊藤	3000	
5		1月30日	山田	6000	
6					
7					

❶ 格子状に実線の罫線が引けた

Column

罫線を消したい場合

すでに引いてある罫線を消したい場合、LineStyleプロパティの設定値をxlNone（線なし）にします。上の図の罫線を消したい場合のコードは、次のようになります。

B2～D5セルの　罫線の　種類を　なしに設定する

```
Range("B2:D5").Borders.LineStyle = xlNone
```

設定値を「線なし」にする

任意の位置のみ罫線を引く場合

Bordersオブジェクトは、「Borders(引きたい位置)」とすると、罫線を引く位置の指定が可能です。たとえば、下側の罫線を引く「xlEdgeBottom」を使った以下のコードを実行すると、図のようにセルの下側だけ罫線が引かれます。

● Bordersオブジェクトの引数

引数	説明（線の位置）
xlDiagonalDown	範囲内の各セルの左上隅から右下への罫線
xlDiagonalUp	範囲内の各セルの左下隅から右上への罫線
xlEdgeBottom	範囲内の下側の罫線
xlEdgeLeft	範囲内の左端の罫線
xlEdgeRight	範囲内の右端の罫線
xlEdgeTop	範囲内の上側の罫線
xlInsideHorizontal	範囲内のすべてのセルの水平罫線
xlInsideVertical	範囲内のすべてのセルの垂直罫線

前ページのコードに線の位置を指示するこの部分だけ追加

```
Range("B2:D5").Borders(xlEdgeBottom).LineStyle = xlContinuous
```

下側の罫線を引く

	A	B	C	D	E
1					
2		日付	担当者	売上	
3		1月15日	田中	5000	
4		1月23日	伊藤	3000	
5		1月30日	山田	6000	
6					
7					

下側の部分だけ実線の罫線が引けた

Column

線の位置を省略すると格子状に引ける

罫線を引く位置は、先に紹介したP.199のコードのように省略もできます。省略した場合は、前ページの図のように格子状に罫線が引かれる仕組みになっています。

線の太さを指定する場合

罫線の太さを設定するには、Weightプロパティを使います。以下のようにプロパティを「Weight」に変え、表のWeightプロパティの設定値を使って太さを指定します。つまり、格子状に太線の罫線を設定したい場合のコードは以下の通りです。なお、標準の線の太さは細線の「xlThin」です。太さを指定せず、種類や色だけを指定して罫線を引いた場合、太さは「xlThin」が適用されます。

● Weightプロパティの設定値

設定値	説明（線の太さ）
xlHairline	極細
xlThin	細
xlMedium	中
xlThick	太

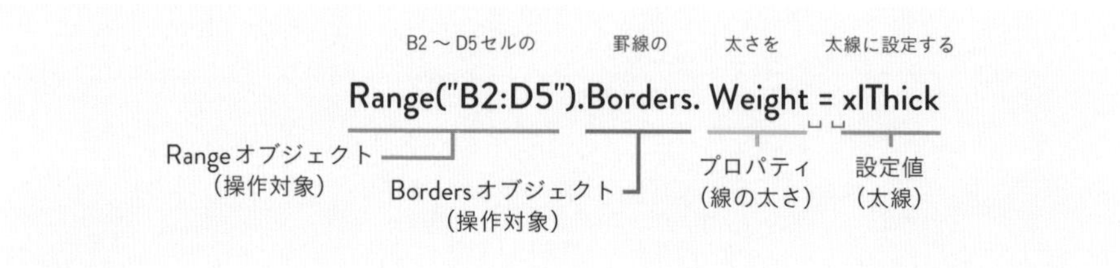

Column

線の色を変えたい場合

罫線の色を設定するには、Colorプロパティを使います。色の指定方法は、P.108で紹介したフォントの色と同じく、RGBを利用できます。つまり、格子状に赤い罫線にしたい場合のコードは「Range("B2:D5").Borders.Color = RGB(255, 0, 0)」です。

Column

表の外枠だけ罫線を引くには

ここまでで紹介した方法でセル範囲の周辺だけに罫線を引く場合、左右上下の線を別々に引くため、罫線を引く位置を変えた4行分のコードが必要です。これを1行で指定できるのが、RangeオブジェクトのBorderAroundメソッドです。こちらはプロパティではなくメソッドなので、引数部分で線の太さやスタイルを指定します。先に紹介したプロパティ名が引数名になり、設定値は先に紹介したものと同じです。たとえば、線の種類が実線、太さが太線の外枠線を引く場合は以下のようになります。

セルの塗りつぶしはInteriorオブジェクトを使う

使用ファイル「ch7-5.xlsm」

RGBで色を設定するにはColorプロパティを使う

セルを塗りつぶすマクロは、基本的な構造は1つ前に紹介した罫線の設定と同じです。Rangeオブジェクトの後ろに、もう1つオブジェクトの役割を果たすInteriorオブジェクトが入るパターンです。

たとえば、D5セルを赤色で塗りつぶす場合のコードは以下の通りです。Colorプロパティは、フォントの色や罫線の色で紹介した、RGBで色を指定できるプロパティです。

D5セルの　塗りつぶしの　色を　RGB(255, 0, 0)＝赤色に設定する

```
Range("D5").Interior.Color = RGB(255, 0, 0)
```

Range オブジェクト（操作対象）　Interior オブジェクト（操作対象）　プロパティ（色）　設定値

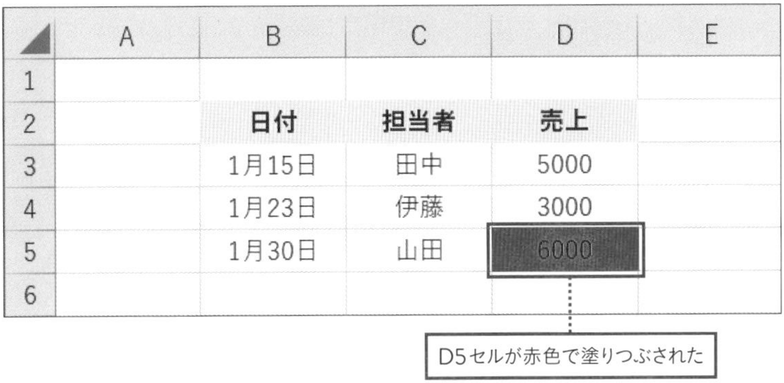

	A	B	C	D	E
1					
2		日付	担当者	売上	
3		1月15日	田中	5000	
4		1月23日	伊藤	3000	
5		1月30日	山田	6000	
6					

D5セルが赤色で塗りつぶされた

「テーマの色」を設定するにはThemeColorプロパティを使う

Excel（2007以降）には、「テーマの色」が備わっています。挿入したグラフや図にも利用される色が簡単に選べるので、Excelでセルを塗りつぶす際には使っている人も多いでしょう。この「テーマの色」をマクロで利用するには、色を指定するThemeColorプロパティと明るさを指定するTintAndShadeプロパティを利用します。

ThemeColorプロパティの設定値は、以下の定数で指定します。表の「説明」部分は、「テーマの色」にポインタを合わせると表示される色の名前です。

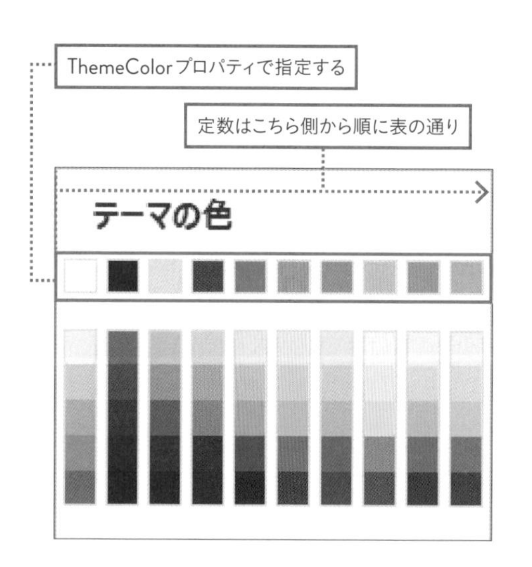

● ThemeColorプロパティの設定値

定数	説明（色の名前）
xlThemeColorDark1	背景1
xlThemeColorLight1	テキスト1
xlThemeColorDark2	背景2
xlThemeColorLight2	テキスト2
xlThemeColorAccent1	アクセント1
xlThemeColorAccent2	アクセント2
xlThemeColorAccent3	アクセント3
xlThemeColorAccent4	アクセント4
xlThemeColorAccent5	アクセント5
xlThemeColorAccent6	アクセント6

TintAndShadeプロパティは、以下の数値で指定します。

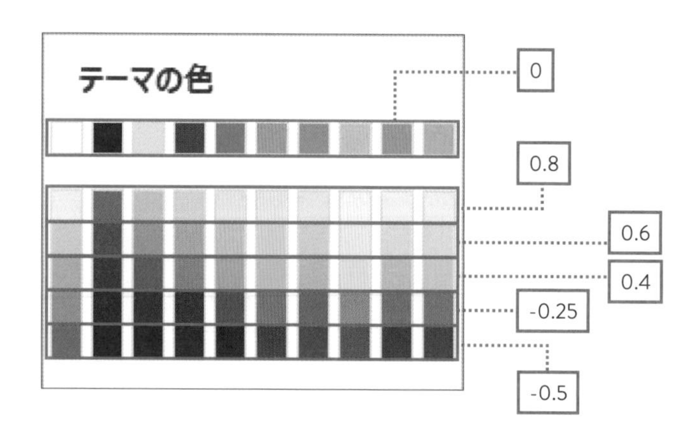

TintAndShadeプロパティが0の場合は記述不要です。0以外にしたい場合は、次の行で指定します。つまり、図の色を指定する場合、それぞれ以下のコードになります。

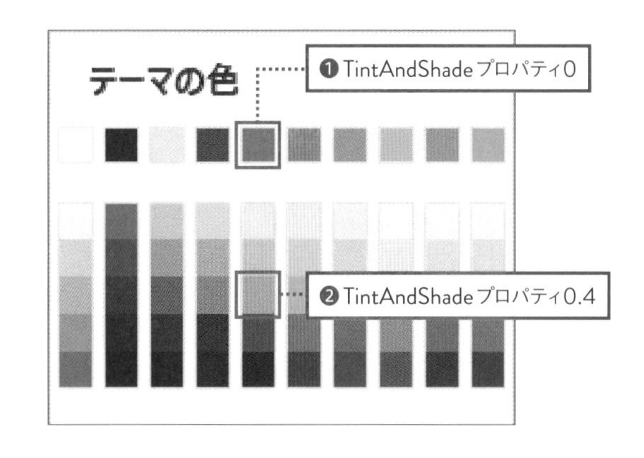

❶の色を指定する場合

B2セルの　塗りつぶしの　テーマの色を　アクセント1に設定する

```
Range("B2").Interior.ThemeColor = xlThemeColorAccent1
```

- Range("B2")：Rangeオブジェクト（操作対象）
- Interior：Interiorオブジェクト（操作対象）
- ThemeColor：プロパティ（テーマの色）
- xlThemeColorAccent1：設定値

❷の色を指定する場合

D2セルの　塗りつぶしのテーマの色を　アクセント1に設定する

```
Range("D2").Interior.ThemeColor = xlThemeColorAccent1
```

D2セルの　塗りつぶしの色の明るさを　0.4に設定する

```
Range("D2").Interior.TintAndShade = 0.4
```

- Range("D2")：Rangeオブジェクト（操作対象）
- Interior：Interiorオブジェクト（操作対象）
- TintAndShade：プロパティ（色の明るさ）
- 0.4：設定値

Column

塗りつぶしなしに戻すには

塗りつぶしの色をなしに戻すには、ColorIndexプロパティを使います。D2セルを塗りつぶしなしにするコードは以下の通りです。

```
Range("D2").Interior.ColorIndex = xlNone
```

文字サイズはFontオブジェクトのSizeプロパティで指定する

使用ファイル「ch7-6.xlsm」

設定値はExcelのフォントサイズの数値でOK

フォントのサイズを指定するマクロも、Rangeオブジェクトの後ろに、もう1つオブジェクトの役割を果たすFontオブジェクトが入るパターンです。FontオブジェクトのSizeプロパティの設定値として文字の大きさを指定します。Fontオブジェクトを使うのは、P.108の文字の色の指定と同じです。
設定値は数値だけで指定できます。この数値は、Excelの［フォントサイズ］で使うものと同じなので、大きさ選びの参考にしましょう。

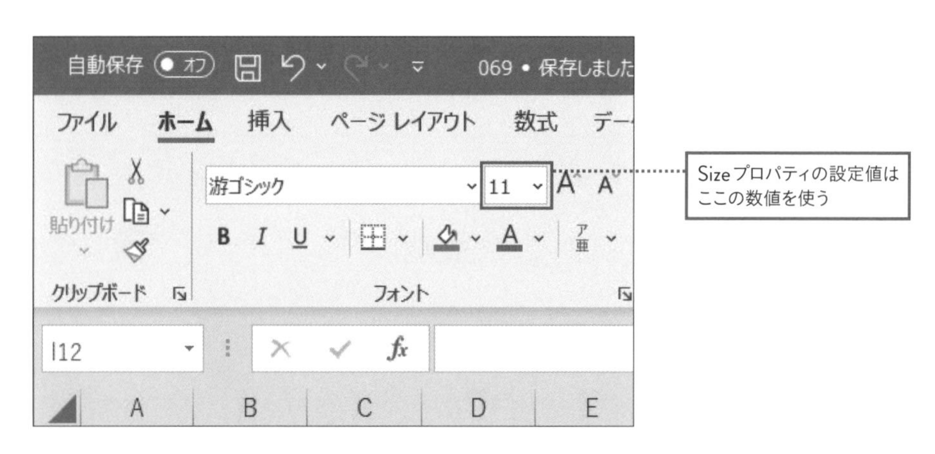

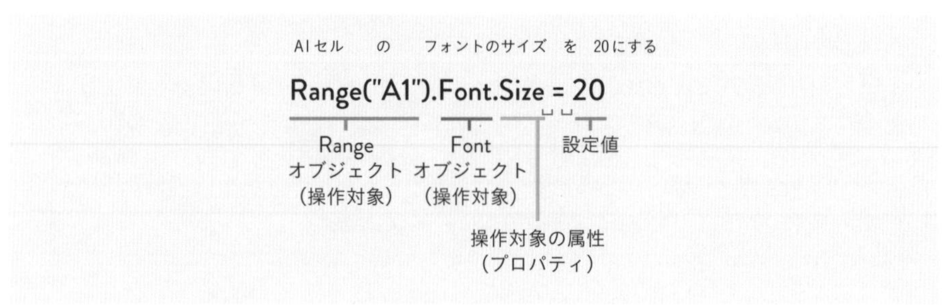

太字はFontオブジェクトのBoldプロパティで指定する

使用ファイル「ch7-7.xlsm」

設定値はTrueかFaleseで指定する

フォントの太字も、文字色や文字サイズと同じく「Rangeオブジェクト.Fontオブジェクト.プロパティ」の形です。設定値は、TrueかFalseで指定するのがポイントです。先に説明した通り、Trueは「Yes」、Falseは「No」という意味なので、太字にしたいときはTrue、設定した太字や下線を削除したいときはFalseを使います。文字の斜体、下線も同じ要領で設定でき、斜体のプロパティは「Italic」、下線のプロパティは「Underline」です。
それぞれの例文を確認しておきましょう。

● A1セルのフォントに太字を設定する

```
Range("A1").Font.Bold = True
```

● A1セルのフォントの太字を解除する

```
Range("A1").Font.Bold = False
```

● A1セルのフォントに斜体を設定する

```
Range("A1").Font.Italic = True
```

● A1セルのフォントに下線を設定する

```
Range("A1").Font.Underline = True
```

NumberFormatLocalで表示形式を設定する

使用ファイル「ch7-8.xlsm」

設定値はExcelを使って確認しよう

マクロを使って表示形式を変更するには、NumberFormatLocalプロパティを使います。書式はシンプルで以下の通りです。

```
Rangeオブジェクト.NumberFormatLocal = 設定値
```

ここでポイントとなるのが設定値です。NumberFormatLocalプロパティの設定値は書式記号を組み合わせた文字列を使いますが、これを自分で組み合わせるのは大変です。Excelの「セルの書式設定」ダイアログボックスの「表示形式」タブで、図の要領で確認・コピーできるので活用しましょう。なお、このとき表示形式を変更したいデータが入力されたセルを選択していると、[サンプル] が確認できるのでおすすめです。

日付	担当者	売上
1月15日	田中	5000
1月23日	伊藤	3000
1月30日	山田	6000

❶ サンプルにしたいセルを選択

❷ ここをクリックする

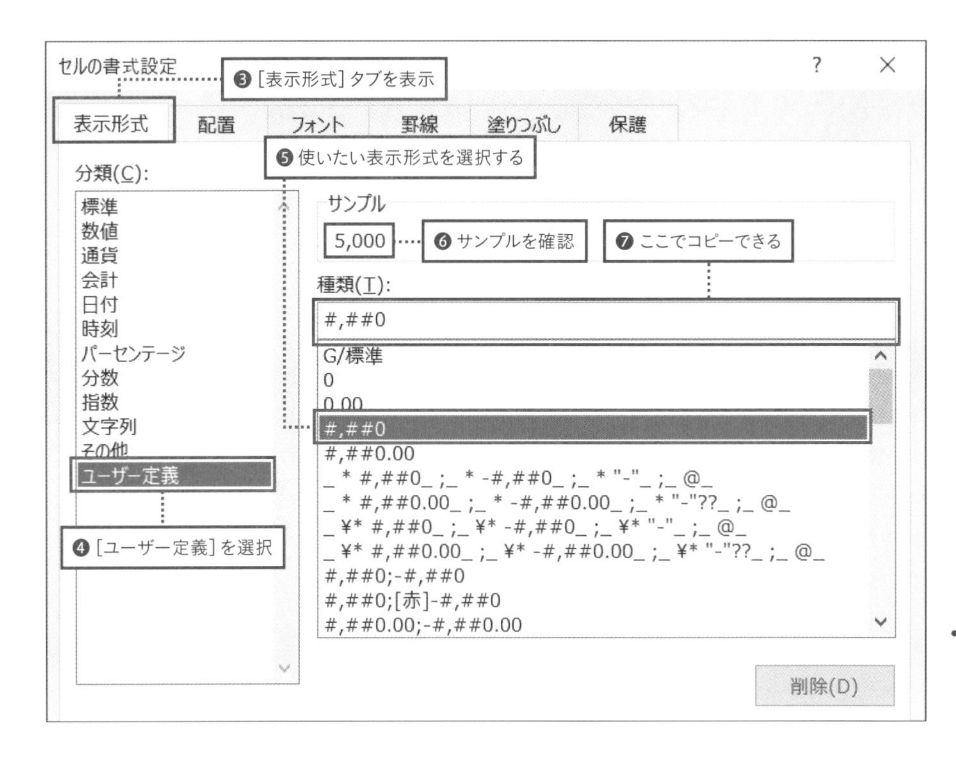

D3セルに上図で選択した「#,##0」の表示形式を使う場合のコードは次のようになります。設定値は「"#,##0"」のように""で囲って入れます。

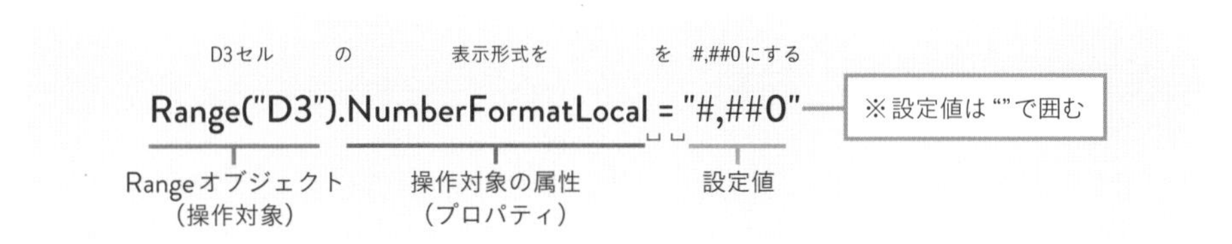

Column

マクロの記録でも確認できる

表示形式の設定値を確認するのにもう1つ便利なのが、P.246で紹介する「マクロの記録」機能です。マクロの記録中に、Excelを操作して表示形式を設定すると、「Rangeオブジェクト.NumberFormatLocal = 設定値」の形のマクロが作られ、コピーして利用できます。

中央揃えや右寄せは HorizontalAlignmentで設定

使用ファイル「ch7-9.xlsm」

設定値に位置の組み込み定数を入れる

マクロを使ってセル内の文字の横位置を変更するには、RangeオブジェクトのHorizontal Alignmentプロパティを使います。プロパティ名が長く複雑な印象もありますが、書式は自体は「Rangeオブジェクト.HorizontalAlignment = 設定値」とシンプルです。

利用頻度の高い設定値は、下の表の通りです。たとえば中央揃えにしたいときは、以下のようにxlCenterを使います。

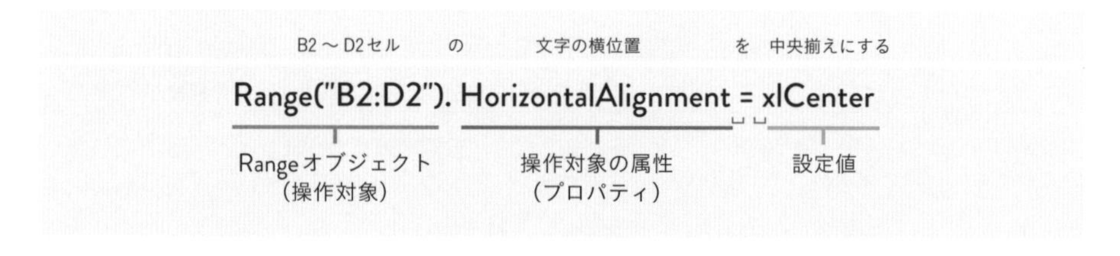

▼

設定値	説明（横位置）
xlCenter	中央揃え
xlLeft	左揃え
xlRight	右揃え
xlGeneral	標準

	A	B	C	D	E
1					
2		日付	担当者	売上	
3		1月15日	田中	5000	
4		1月23日	伊藤	3000	
5		1月30日	山田	6000	
6					

文字が中央揃えになった

ステップ 10

列の幅はColumnWidth 行の高さはRowHeightで設定

使用ファイル「ch7-10.xlsm」

列の幅を変更する

マクロを使って列の幅を設定するには、RangeオブジェクトのColumnWidthプロパティを使います。Rangeオブジェクトでセルを指定すると、そのセルを含む列全体の幅が変更になります。指定したセルだけではない点に注意しましょう。
書式はシンプルで以下の通りです。

Rangeオブジェクト.ColumnWidth = 設定値

設定値は数値で指定できますが、単位がやや複雑で、標準フォントでの半角英数字の文字数になります。わかりにくいときは、Excelで列の幅をチェックしてみましょう。この数値もColumnWidthで利用するのと同じ単位が使われています。

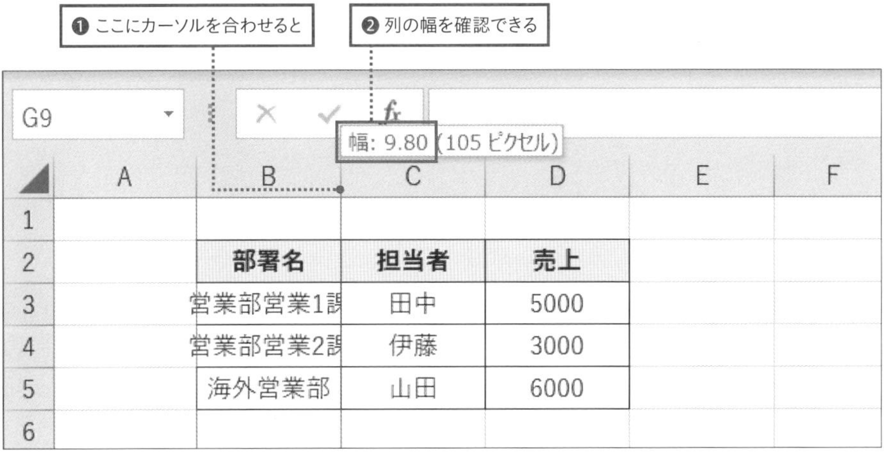

❶ ここにカーソルを合わせると

❷ 列の幅を確認できる

G9

幅: 9.80 (105 ピクセル)

	A	B	C	D	E	F
1						
2		部署名	担当者	売上		
3		営業部営業1課	田中	5000		
4		営業部営業2課	伊藤	3000		
5		海外営業部	山田	6000		
6						

例えば、B2セルを含む列の幅を16.3、C2セルを含む列と、D2セルを含む列の幅を7.5にするコードは次のようになります。

▼

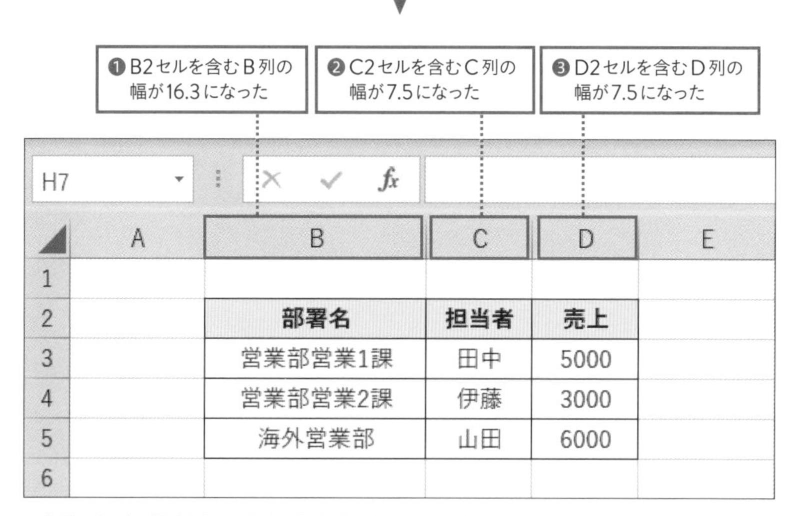

	A	B	C	D	E
1					
2		部署名	担当者	売上	
3		営業部営業1課	田中	5000	
4		営業部営業2課	伊藤	3000	
5		海外営業部	山田	6000	
6					

※C列＋D列の幅が7.5ではなく、C列、D列それぞれの幅が7.5になる点に注意

Column

ColumnとRowは覚えておきたい単語

P.128で紹介した通り、VBAでは列をColumn、行をRowで表します。ここで紹介した列幅や行の高さの指定を含め、さまざまなところで利用する機会の多い単語です。しっかり覚えておきましょう。

行の高さを変更する

マクロを使って行の高さを設定するには、RangeオブジェクトのRowHeightプロパティを使います。前ページの列幅と同じく、Rangeオブジェクトに設定したセルを含む行全体の高さが変更になります。書式は以下の通りです。

```
Rangeオブジェクト.RowHeight = 設定値
```

設定値は数値で指定します。使用する単位はポイントです。高さが想像しにくいときは、P.211の列幅の要領で、行と行の間にポインタを合わせて行の高さを確認しましょう。ここで表示される数値はポイント単位です。
例えば、B2セルを含む行の高さを36、B3セル、B4セル、B5セルを含む行の高さを24にするコードは次のようになります。

B2セルを含む　行の高さを　36に設定する

```
Range("B2").RowHeight = 36
```

Rangeオブジェクト（操作対象）　プロパティ（行の高さ）　設定値

B3～B5セルを含む　行の高さを　24に設定する

```
Range("B3:B5").RowHeight = 24
```

▼

❶ B2セルを含む2列目の高さが36になった
❷ B3セルを含む3列目の高さが24になった
❸ B4セルを含む4列目の高さが24になった
❹ B5セルを含む5列目の高さが24になった

	A	B	C	D	E
1					
2		部署名	担当者	売上	
3		営業部営業1課	田中	5000	
4		営業部営業2課	伊藤	3000	
5		海外営業部	山田	6000	
6					

※3行＋4行＋5行の高さが24ではなく、それぞれの行の高さが24になる

列の幅を自動調整する

文字の量に応じた列の幅の自動調整もマクロで設定できます。自動調整は、数値を指定した先のプロパティを利用したマクロとは違い、AutoFitメソッドを使います。
書式は以下の2つです。

```
Rangeオブジェクト.Columns.AutoFit
Rangeオブジェクト.EntireColumn.AutoFit
```

注意したいのは、列幅を判定する基準をColumns（指定範囲内のセル）、EntireColumn（列内の全セル）のどちらにするかによって、列幅の判定基準が違う点です。
それぞれコードを実行し、結果を見比べてみましょう。

● **基準がColumnsの場合**

A2～A5セルを含む列の幅を　A2～C5セルのデータに合わせて　自動調整する

```
Range("A2:C5").Columns.AutoFit
```

Rangeオブジェクト（操作対象）　判定基準　メソッド

▼

	A	B	C	D	E
1	2023年○月度担当別売上				
2	部署名	担当者	売上		
3	営業部営業1課	田中	5000		
4	営業部営業2課	伊藤	3000		
5	海外営業部	山田	6000		
6					

このセルは列幅の判断材料になっていない

A2～C5セルのデータを判断材料にして列幅が自動調整された

● 基準がEntireColumnの場合

A2～C5セルを含む列の幅を　列内のデータに合わせて　自動調整する

	A	B	C	D
1	2023年〇月度担当別売上			
2	部署名	担当者	売上	
3	営業部営業1課	田中	5000	
4	営業部営業2課	伊藤	3000	
5	海外営業部	山田	6000	
6				

このセルも判断材料に含まれる

A～C列の全セルを判断材料にして列幅が自動調整された

ここではわかりやすいよう、どちらもRangeオブジェクトを「A2:C5」に揃えましたが、EntireColumnを使う場合は列内のすべてのセルが対象になるので、「A2:C2」でも結果は同じです。

Column

行の高さを自動調整する

列の高さの自動調整もAutoFitメソッドで可能です。判断基準の部分を以下のように「Rows」にしましょう。なお、列幅の場合と違い、行の高さは「Rows」「EntireRow」のどちらを使っても、行内のすべてのセルを判断材料にして行の高さが調整されます。そのため下の例のセル範囲は「A2:A5」とA列だけにしています。

A2～A5セルを含む行の高さを　行内のデータに合わせて　自動調整する

Range("A2:A5"). Rows.AutoFit

Rangeオブジェクト（操作対象）　判定基準　メソッド

マクロでも活用度大
コピー&貼り付けを使う

使用ファイル「ch7-11.xlsm」

セルをコピーして貼り付ける

本書では、値のみを転記する方法を主に利用したため、Excelでよく利用するいわゆる「コピー&ペースト」については、メソッドと引数の関係を紹介したP.44で軽く触れただけでした。詳しい解説が遅くなりましたが、コピー&貼り付けは、マクロにおいても覚えておきたい基本的な操作の1つです。ここでしっかりマスターしましょう。

まずは、コピーしたセルを別のセルに貼り付ける、いわゆる「コピー&ペースト」のマクロを見ていきます。図のA2〜C5セルの表をコピーして、E2〜G5セルに貼り付けるコードは以下のようになります。

	A	B	C	D	E	F	G	H
1								
2	部署名	担当者	売上					
3	営業部営業1課	田中	5000					
4	営業部営業2課	伊藤	3000					
5	海外営業部	山田	6000					
6								

❶ このセル範囲をコピーして

❷ この部分に貼り付ける

A2〜C5セルを　コピーして　E2セルから始まるセルに貼り付ける

```
Range("A2:C5").Copy Destination:=Range("E2")
```

Rangeオブジェクト（操作対象）　メソッド　引数（引数名:=貼り付ける場所）

セルのコピー&貼り付けは、Rangeオブジェクトの Copyメソッドと、貼り付ける場所を指定する引数「Destination」を使って、上のように1行で指定できます。いくつかポイントがあるので、順に確認しておきましょう。

貼り付け場所は先頭のセルのみ指定すればOK

コピー元のセルは、「Range("A2:C5")」とセル範囲で指定しますが、Destination引数で指定する貼り付け場所は、対象のセル範囲の先頭(左上端)のセルのみでOKです。そのため上のように「Destination:=Range("E2")」とすると、下図の位置に貼り付けできます。

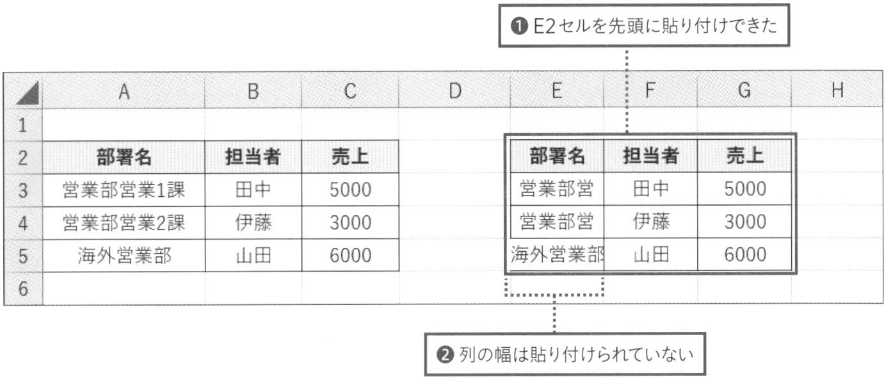

❶ E2セルを先頭に貼り付けできた

	A	B	C	D	E	F	G	H
1								
2	部署名	担当者	売上		部署名	担当者	売上	
3	営業部営業1課	田中	5000		営業部営	田中	5000	
4	営業部営業2課	伊藤	3000		営業部営	伊藤	3000	
5	海外営業部	山田	6000		海外営業部	山田	6000	
6								

❷ 列の幅は貼り付けられていない

列幅・行の高さはコピーされない

上の図でわかるように、セル範囲をコピー&貼り付けた場合、列幅と行の高さは貼り付けられません。列幅を貼り付けたいときは、P.219で紹介する形式を選択して貼り付ける方法を利用します。

引数名は省略OK

引数名はP.45で紹介したように省略可能です。そのため「Destination:=」を省略し、「Range("A2:C5").Copy Range("E2")」と書いても同じようにコピー&貼り付けができます。

書式のみ、列幅などの形式も貼り付け可能

使用ファイル「ch7-12.xlsm」

コピーの書式は同じだが2行に分けて書く

前のページで紹介した通常のコピー&ペーストは、引数で貼り付け場所を指定して1行で完結しました。一方、形式を選択して貼り付ける場合、まずはデータのコピーを指示、次の行で形式を選択しての貼り付けを指示というように、複数行のコードが必要です。
最初に行うデータのコピーのコードは、前ページで紹介したコピー&ペーストの場合と同じですが、引数部分を省略します。これを実行すると、コピーしたデータを繰り返し貼り付けできるコピーモードになります。コピーモードとは、Excelでコピーをしたときに、対象が点線で囲まれた状態のことです。

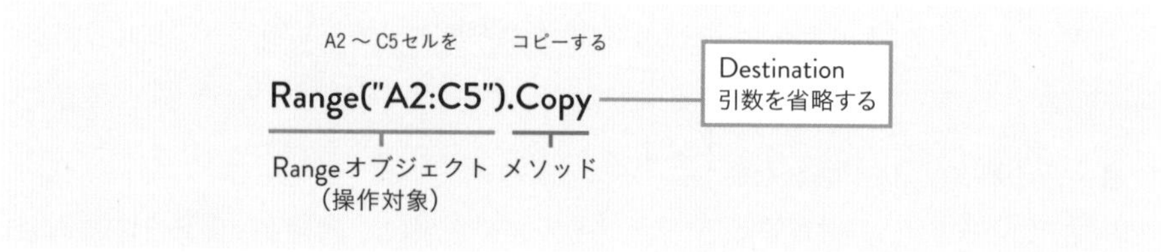

A2～C5セルを　コピーする

```
Range("A2:C5").Copy
```

Rangeオブジェクト（操作対象）　メソッド

Destination引数を省略する

▼

	A	B	C	D
1				
2	部署名	担当者	売上	
3	営業部営業1課	田中	5000	
4	営業部営業2課	伊藤	3000	
5	海外営業部	山田	6000	
6				

コピーモードになり、コピー元のセルが点線で囲まれる

形式を選択して貼り付けるにはPasteSpecialを使う

形式を選択して貼り付けるには、RangeオブジェクトのPasteSpecialメソッドを使います。書式と、Paste引数の主な設定値を確認しましょう。
最初のRangeオブジェクトで、貼り付け先のセルを指定します。この場合も、セル範囲すべてを指定する必要はなく、セルの先頭（左上端）のセルのみ指定すればOKです。

設定値	説明（貼り付ける対象）
xlPasteAll	すべて
xlPasteFormulas	数式
xlPasteValues	値
xlPasteFormats	書式
xlPasteAllExceptBorders	罫線を除くすべて
xlPasteColumnWidths	列幅
xlPasteFormulasAndNumberFormats	数式と数値の書式
xlPasteValuesAndNumberFormats	値と数値の書式

Column

利用できる形式はほかにもある

Excelで貼り付け時にセルを右クリックし、「形式を選択して貼り付け」を選ぶと表示される「形式を選択して貼り付け」ダイアログボックスでは、上の表よりさらに多くの形式を選択できます。
このようにあまり利用しない機能・設定値などを知るには、マクロの記録機能（P.246）が便利です。マクロの記録の実行中にこれらの形式を選択して貼り付け、記録されたマクロを参考にしましょう。

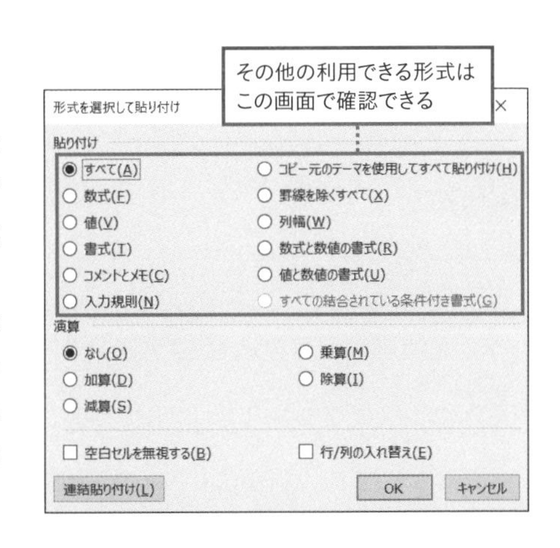

指定した対象だけが貼り付けられる

形式を選択した貼り付けは、指定した対象のみが貼り付けられる点がポイントです。たとえば以下のように貼り付け対象を「列の幅」とした場合、貼り付けられるのは「列の幅」のみです。値やセルの色、罫線などは貼り付けられません。コピー＆ペーストの例でも使った図の表の場合、以下のようになります。

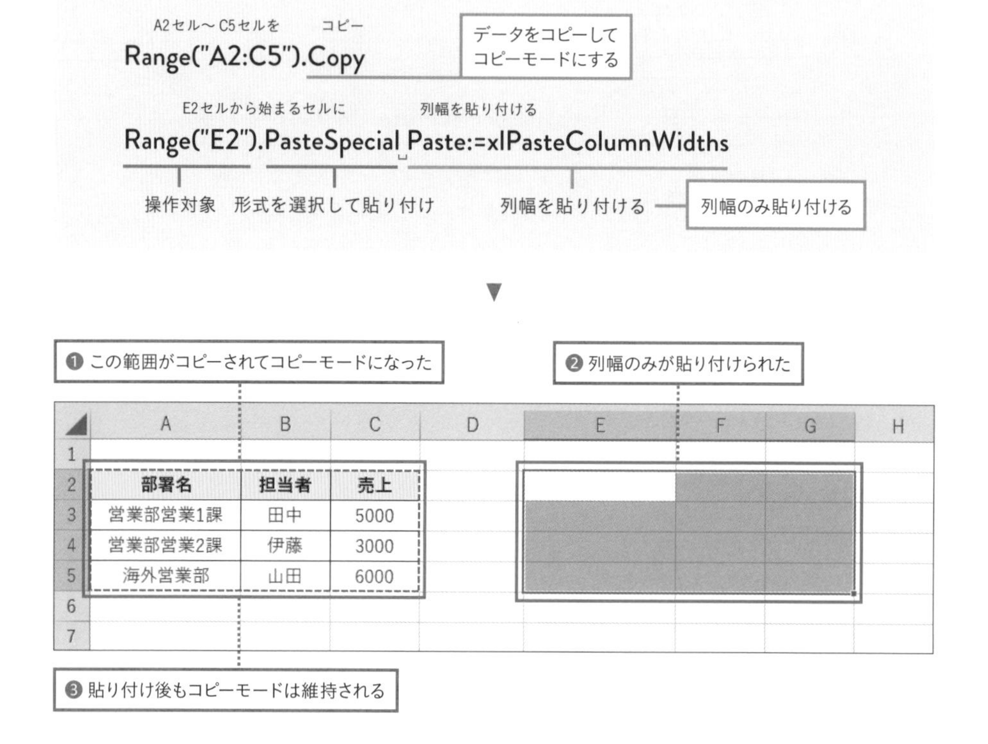

Column

繰り返し貼り付けできる

図のように、コピーモードは貼り付け後も維持され、次ページのように複数回貼り付けできます。必要な貼り付けがすべて終了したら、P.222の要領でコピーモードを解除しましょう。

値や書式、列幅も同じ表にするには

コピーした表と同じ内容、列幅を貼り付けたいときは、以下のように貼り付けのコードを2行書きます。ここで注意したいのが、最初の「すべてを貼り付ける」部分もPasteSpecialメソッドを使うという点です。

Copyメソッドの「Destination」引数（P.216）を使って貼り付けても同じように「すべてを貼り付ける」ことはできますが、コピーモードにならないため、2行目で列幅を貼り付けることができません。複数回貼り付けたいときは、PasteSpecialメソッドを使ってコピーモードを維持しましょう。

```
Range("A2:C5").Copy
Range("E2").PasteSpecial Paste:=xlPasteAll
Range("E2").PasteSpecial Paste:=xlPasteColumnWidths
```

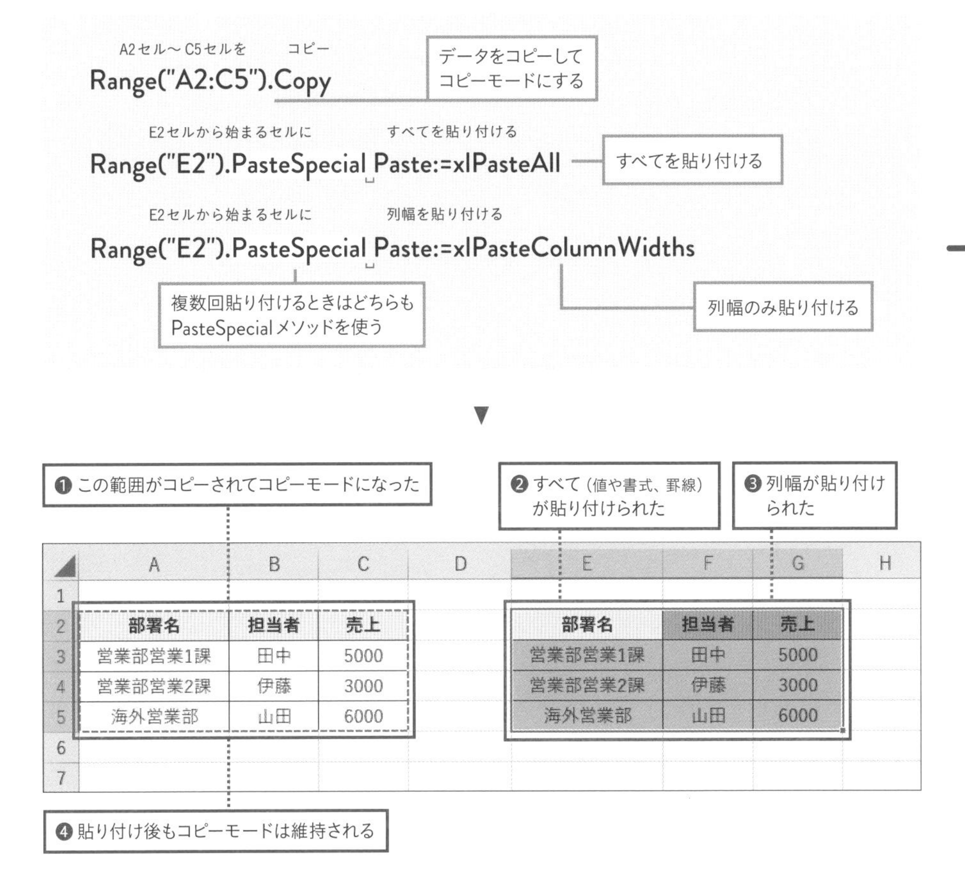

	A	B	C	D	E	F	G	H
1								
2	部署名	担当者	売上		部署名	担当者	売上	
3	営業部営業1課	田中	5000		営業部営業1課	田中	5000	
4	営業部営業2課	伊藤	3000		営業部営業2課	伊藤	3000	
5	海外営業部	山田	6000		海外営業部	山田	6000	
6								
7								

Column

省略できる項目を確認

PasteSpecialメソッドで引数を省略すると、xlPasteAllが適用されます。また、Paste引数の引数名も省略可能です。これらを反映させると、前ページのPasteSpecialメソッドを使った2行は、以下のように記述できます。

```
Range("E2").PasteSpecial
Range("E2").PasteSpecial xlPasteColumnWidths
```

引数自体を省略

引数名を省略

Column

コピーモードを解除する

前ページで紹介したように、PasteSpecialメソッドで貼り付けている間はコピーモードが維持されます。コピーモードは、以下のコードで解除できます。PasteSpecialメソッドでの貼り付けがすべて終了したら、以下のコードを追加してコピーモードを解除しましょう。

Excelのコピーモードを解除する

```
Application.CutCopyMode = False
```

MsgBox関数を使うと自由なメッセージを表示できる

使用ファイル「ch7-13.xlsm」

押さえておきたい定番関数の1つ

本書では3〜6章で触れる機会がありませんでしたが、ダイアログボックスでメッセージを表示できる「MsgBox関数」は、マクロを学ぶうえでぜひ触れておきたいコードの1つです。どのようなコードで、どのようなことができるのか、基本を紹介します。

たとえば以下のように記述すると、OKボタンが1つある小さなメッセージを表示できます。

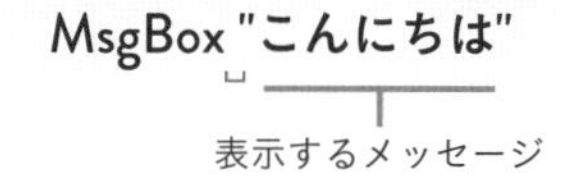

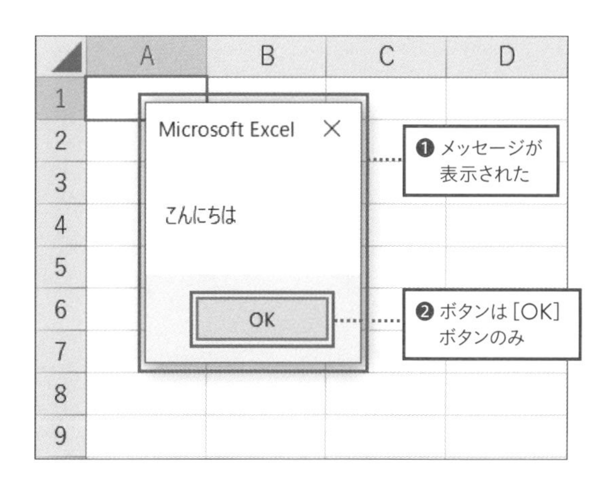

Column 数値の場合は" "不要

文字列は" "で囲む、数値は" "不要の決まりは、ここでも同じです。たとえば50という数値をメッセージボックス表示する場合のコードは、「MsgBox 50」になります。

MsgBox関数の引数

MsgBox関数には複数の引数があります。そのうち利用頻度が高いのが、以下の最初の3つの引数です。

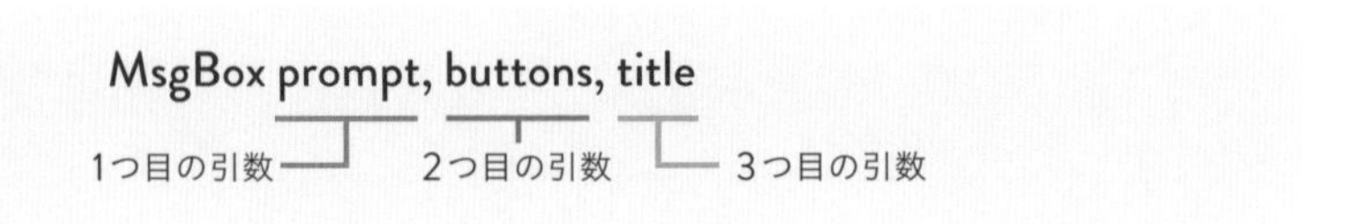

prompt ---- **表示するメッセージを指定する引数。省略はできない**
buttons ---- **表示するボタンの種類やタイプなどを指定する引数。省略可**
title ------- **ダイアログボックスのタイトルバーに表示する文字列を指定する引数。省略可**

つまり、最初に紹介した「MsgBox "こんにちは"」は、引数promptが「"こんにちは"」で、引数buttonsと引数titleが省略された形ということです。

Column

引数を省略した場合

引数buttonsを省略した場合、[OK] ボタンのみを表示の指定をしたと見なされます。引数titleを省略した場合は、ダイアログボックスのタイトルバーにはアプリケーション名が表示されます。

Column

組み込み定数とは

P.130で紹介した変数のように、長い式などを代入して利用できる「定数」という仕組みがあります。変数との違いは、変数は宣言後に代入した値を何度でも変更できるのに対し、定数は宣言時に代入した値は後から変更できないという点です。
さらにVBAには、あらかじめ用意された「組み込み定数」があります。以下の引数buttonsのように、引数の指定にこの組み込み定数を利用するものが多くあります。

表示するボタンとタイトルを指定する

ボタンとタイトルの設定方法を見ていきましょう。引数buttonsは、次の表の定数で指定します。

定数	説明（表示されるボタンの種類）
vbOKOnly	[OK] ボタンのみを表示
vbOKCancel	[OK] ボタンと [キャンセル] ボタンを表示
vbAbortRetryIgnore	[中止] [再試行] [無視] の3のボタンを表示
vbYesNoCancel	[はい] [いいえ] [キャンセル] の3つのボタンを表示
vbYesNo	[はい] ボタンと [いいえ] ボタンを表示
vbRetryCancel	[再試行] ボタンと [キャンセル] ボタンを表示

引数titleは、表示したい文字列を入力します。つまり、[はい] と [いいえ] の2つのボタンがあり、タイトルが「確認」というダイアログボックスに「内容に誤りはないですか？」というメッセージを表示するには、次のように指示します。

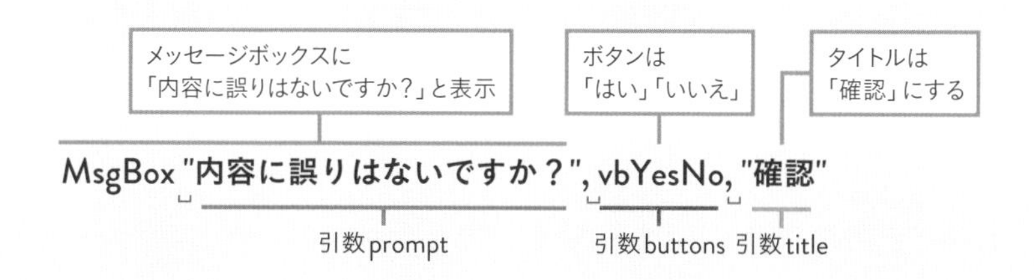

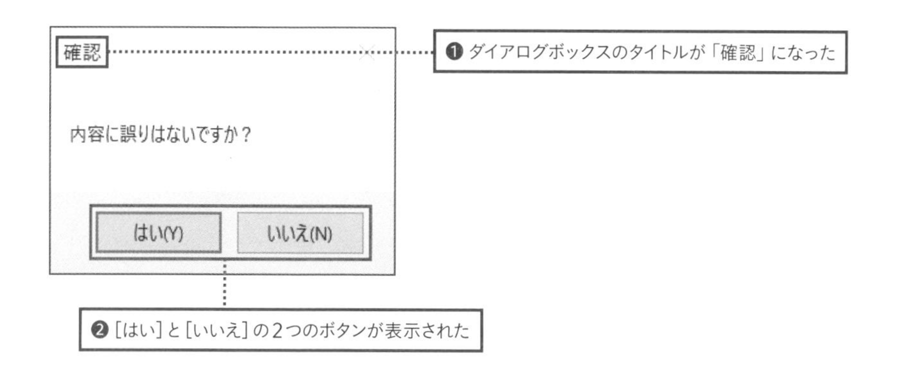

戻り値を取得できる

Msgbox関数は、メッセージで押されたボタンを戻り値として返します。これを変数に格納して使うと、どのボタンが押されたかが取得できます。
各ボタンが押された時の戻り値は、次の表の通りです。

戻り値	定数	説明（このボタンが押されたとき）
1	vbOK	[OK] ボタン
2	vbCancel	[キャンセル] ボタン
3	vbAbort	[中止] ボタン
4	VbRetry	[再試行] ボタン
5	vbIgnore	[無視] ボタン
6	vbYes	[はい] ボタン
7	VbNo	[いいえ] ボタン

たとえば、先ほどと同じ [はい] と [いいえ] のボタンがあり、タイトルが「確認」というダイアログボックスを使い、戻り値を取得して、その値をセルA2に入れる場合のコードは以下のようになります。単にメッセージを表示するときは囲んでいなかった引数を ( ) で囲む点がポイントです。

```
変数「ボタンの戻り値」を作成
Dim ボタンの戻り値

変数「ボタンの戻り値」にMsgBox関数を代入
ボタンの戻り値 = MsgBox("内容に誤りはないですか？", vbYesNo, "確認")

A2セルに変数「ボタンの戻り値」を入れる
Range("A2").Value = ボタンの戻り値
```

値を取得する場合は
引数を ( ) で囲む

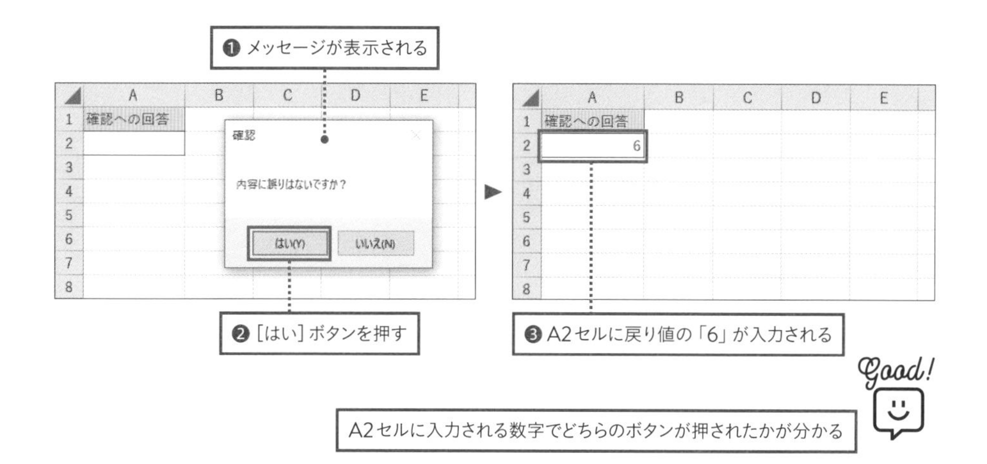

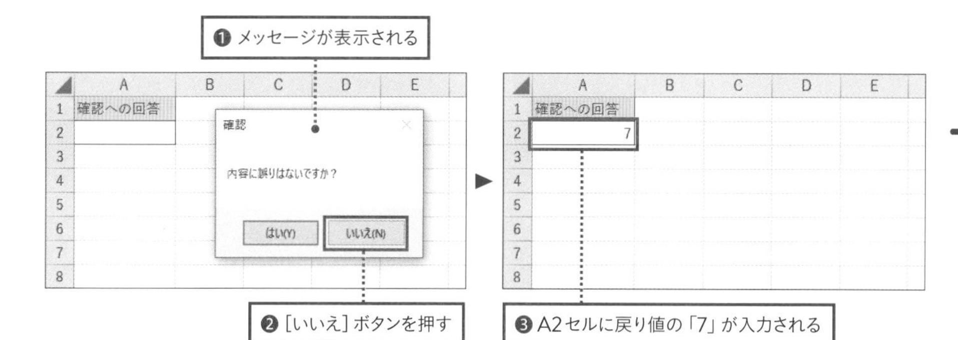

Column

条件分岐やアンケートに活用できる

上のように、押されたボタンごとの戻り値を取得できるので、戻り値が「6」＝「回答が『はい』」だった場合は動作Aを実行する、戻り値が「7」＝「回答が『いいえ』」だった場合は動作Bを実行するという具合に、条件分岐に利用することができます。

また、メッセージボックスを使ってアンケートを作り、回答結果をセルに入力していくといった使い方も可能です。さまざまな用途で利用できるので、ぜひ活用してみましょう。

Column

ダイアログボックスにアイコンを表示できる

MsgBox関数で表示するダイアログボックスには、アイコンも表示できます。表示できるアイコンの種類は4種類で、それぞれの定数は表の通りです。定数を入れる場所は、引数buttonsの表示するボタンの後ろです。+でつなげて入力します。

定数	説明（表示されるアイコン）
VbCritical	警告メッセージのアイコン
vbQuestion	問い合わせメッセージのアイコン
vbExclamation	注意メッセージのアイコン
vbinformation	情報メッセージのアイコン

以下は、[OK]ボタンと[キャンセル]ボタン、注意メッセージ用のアイコンを表示する場合の例です。

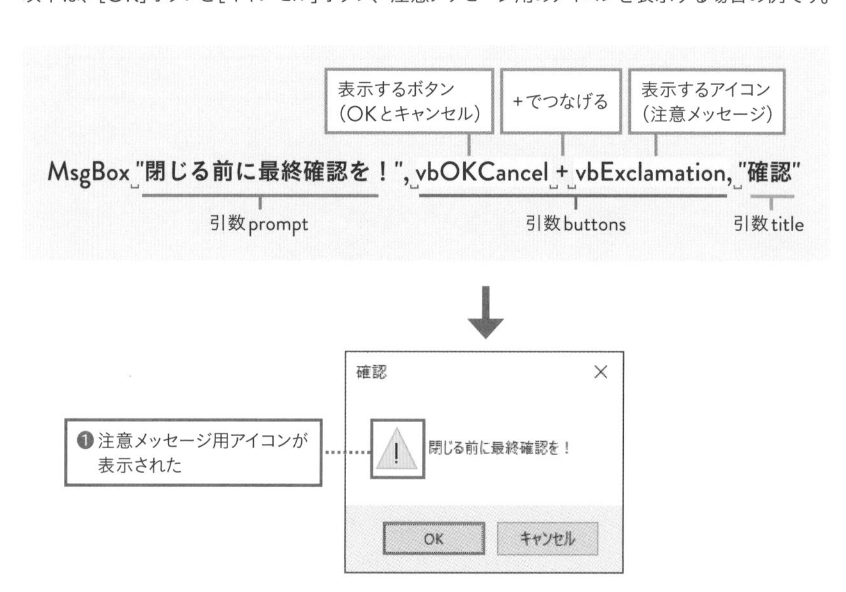

Column

マクロの終了を知らせるメッセージを表示してみよう

メッセージの使いどころがすぐに思いつかない…という場合、マクロの最後に「MsgBox "マクロの実行が終了しました"」などと入れ、マクロ実行の終了を知らせるメッセージを表示させてみるのがおすすめです。実行に時間がかかるマクロや、実行前と実行後の違いがわかりにくいマクロも、実行を終えたことが一目でわかります。

使い慣れたいつもの関数をマクロで利用できる

使用ファイル「ch7-14.xlsm」

ワークシート関数はWorksheetFunctionで使う

本書ではここまでいくつかのVBA関数の利用方法を紹介しましたが、Excelで普段使っている関数（ワークシート関数）もマクロでも使用可能です。セルに入れたり、変数に入れたりして利用できます。Excelには便利な関数がたくさんあるので、マクロでもぜひ活用しましょう。

ここでは下の図の「C6セル」に、SUM関数を例に、マクロでワークシート関数を使ってみます。ワークシート関数を使うには、ApplicationオブジェクトのWorksheetFunctionプロパティを使いますが、Applicationオブジェクトは省略してよいので、以下の形で記述します。

WorksheetFunction.使用するワークシート関数

	A	B	C	D
1				
2	部署名	担当者	売上	
3	営業部営業1課	田中	5000	
4	営業部営業2課	伊藤	3000	
5	海外営業部	山田	6000	
6	合　　計			
7				

ここにSUM関数を入れたい

C6セルにワークシート関数のSUM関数を使って合計を算出するコードは次のページのようになります。

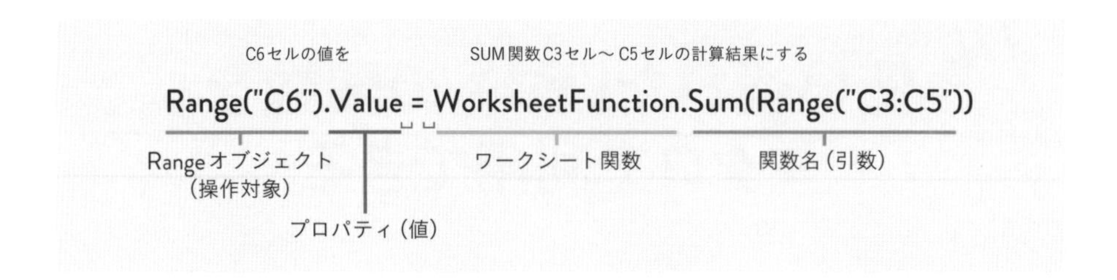

ワークシート関数部分は、ワークシート上での関数と同じ形ですが、セルの指定方法はマクロでの指定方法に直す必要があります。

● **ワークシートでのSUM関数**

```
SUM(C3:C5)
```

▼

● **マクロでのSUM関数**

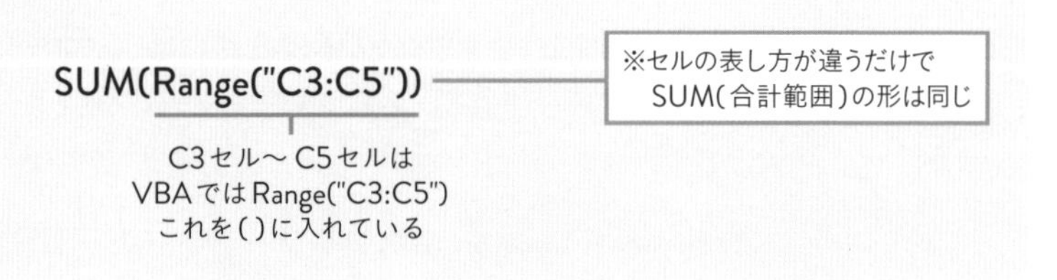

上のコードを実行すると、図のようにC6セルの値がSUM関数の計算結果になります。Excelの場合、セルに入力されるのは数式(SUM関数)ですが、マクロで実行した場合は計算結果の数値が入力されることは押さえておきましょう。

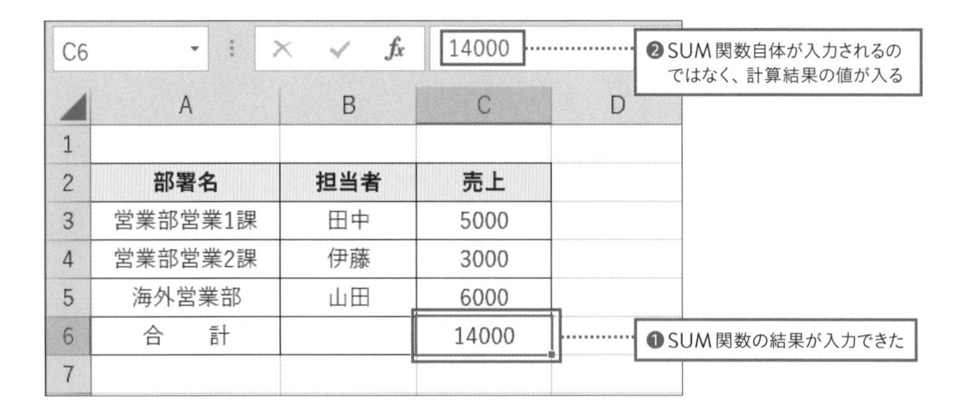

	A	B	C	D
1				
2	部署名	担当者	売上	
3	営業部営業1課	田中	5000	
4	営業部営業2課	伊藤	3000	
5	海外営業部	山田	6000	
6	合　計		14000	
7				

関数名は選択できる

VBEでの入力時、「WorksheetFunction.」と入力すると、VBEで利用できるワークシート関数が表示されます。ここから選択して簡単に入力できます。たとえばSUM関数の場合、「WorksheetFunction.s」まで入力すると、候補のSの部分が表示され、より素早く選択できます。

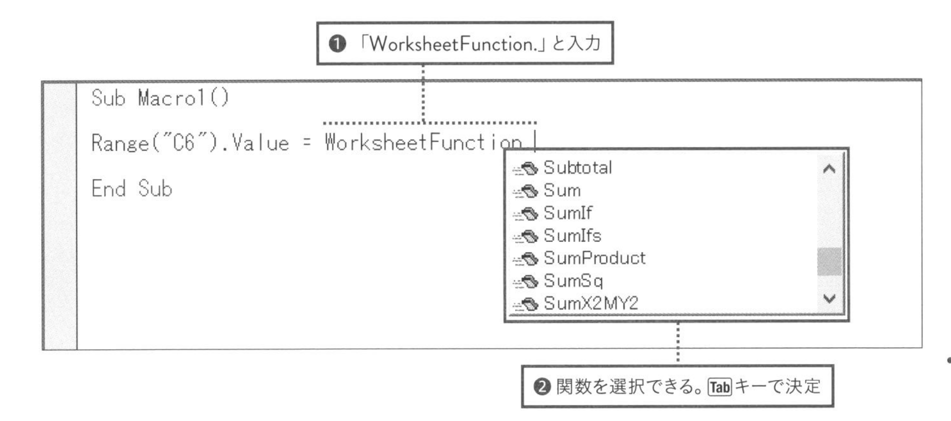

Column

利用できないワークシート関数もある

マクロでも多くのワークシート関数が使えますが、すべてが使えるわけではありません。同等の機能のVBA関数がある関数は使用できず、たとえばDay関数など日付や時刻に関する多くの関数は利用できません。利用できる関数は、上記の関数の選択肢で確認しましょう。

Column

引数や指定の仕方はワークシートの場合と同じ

ワークシート関数の引数名や内容は、VBE上では詳しく表示されません。先に紹介したように、VBAで使う場合も引数や指定の仕方はワークシートの場合と同じです。わからない場合は、ワークシートで一度関数を使うなどして確認しましょう。

入力効率アップのオートフィルはマクロでも利用できる

使用ファイル「ch7-15.xlsm」

オートフィルはAutoFillメソッドで利用できる

Excelのオートフィル機能は、セルのフィルハンドルをドラッグすると連続したデータを自動で入力できる便利な機能です。

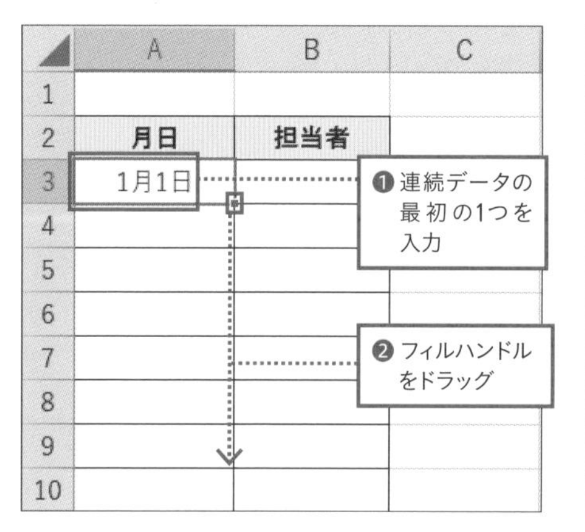

オートフィル機能をマクロで実行するには、AutoFillメソッドを利用します。書式は以下の通りで、2つの引数があります。

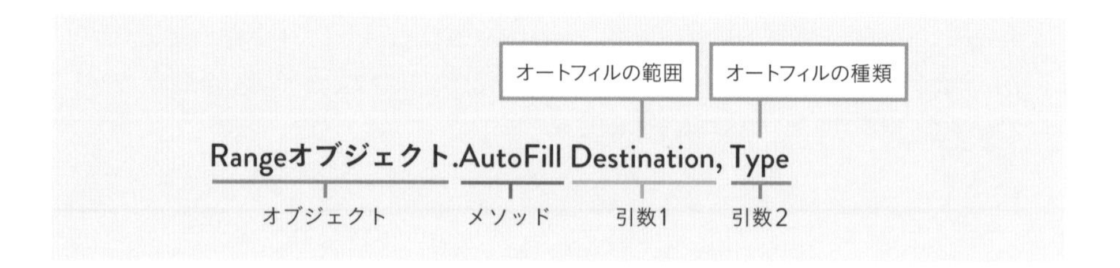

1つ目の引数Destinationは、連続データを入力するセル範囲を指定する引数です。1つ目のデータが入力されている最初の1セルも含めた範囲を指定します。
2つ目の引数Typeは、オートフィルの種類を指定する引数で、指定には定数を利用します。主な定数は以下の表の通りです。省略も可能な引数で、省略した場合は、Excelが種類を自動で選択する「xlFillDefault」が適用されます。

定数	説明（処理の内容）
xlFillDefault	Excelが自動で種類を判断
xlFillCopy	セルをコピー
xlFillSeries	連続データを入力
xlFillFormats	書式のみをコピー
xlFillValues	値のみをコピー
xlFillDays	“日”を対象にした連続データを入力
xlFillWeekdays	“週日”を対象にした連続データを入力
xlFillMonths	“月”を対象にした連続データを入力
xlFillYears	“年”を対象にした連続データを入力

つまり、前ページのオートフィルを実行するマクロは、以下のようになります。

Column

xlFillDefaultは適した種類が自動で選択される

引数Typeの省略時に適用されるxlFillDefaultは、Excelで単にフィルハンドルをドラッグしたときと同じ条件でオートフィルが実行されます。Excelが適した種類を自動で判断し、入力するデータを決めます。

連番を入力する

連番を入力したい場合は、最初のセルに連番の最初にしたい数を入力し、引数Typeに連続データを入力する「xlFillSeries」を入れます。

A2セルの値を基準に　オートフィルで連続データを入力する　実行範囲はA2～A6セル

```
Range("A2").AutoFill Range("A2:A6"), xlFillSeries
```

Rangeオブジェクト（オートフィルの最初のセル）　メソッド　引数Destination　※引数名は省略（オートフィルの入力範囲）　引数Type　※引数名は省略（連続データの入力）

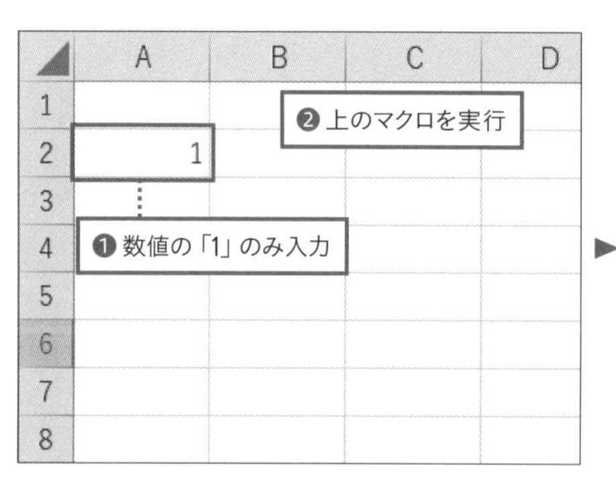

►

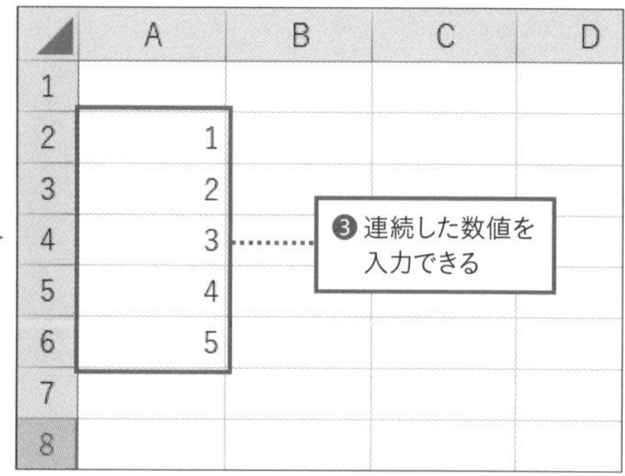

Column

Typeを省略するとコピーになるので注意

「1」のように数値だけを入力した場合、引数Typeを省略した「Range("A2").AutoFill Range("A2:A6")」のマクロでは、単に数値がコピーされてしまいます。数値のみの連番を入力したいときは、Typeに「xlFillSeries」を指定するのを忘れないよう注意しましょう。

	A	B	C	D
1				
2	1			
3	1			
4	1			
5	1			
6	1			
7				
8				

❶Typeを省略した「Range("A2").AutoFill Range("A2:A6")」を実行すると数値がコピーされる

レンジオブジェクトはセル範囲でもOK

たとえば5間隔など、任意の間隔で連続データを入力したいときは、最初に2つのセルにデータを入力し、その2つのセルをRangeオブジェクトにします。このように2つのセルをRangeオブジェクトとした場合、連続データの間隔としてExcelに認識されます。そのため図のように数値のみの指定で引数Typeを省略しても、コピーではなく連続データが入力されます。

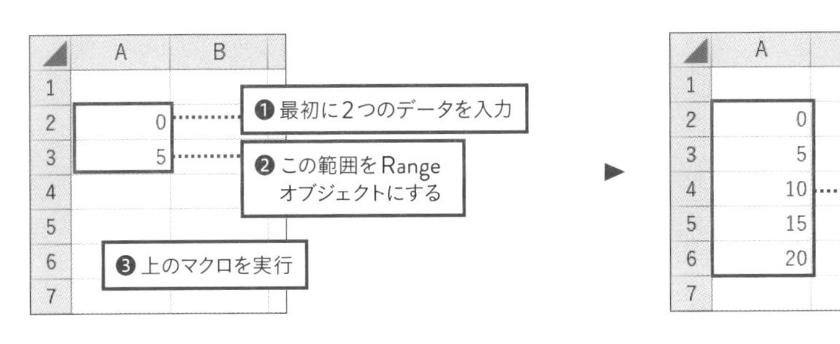

第7章 覚えておきたい便利なコード・機能のまとめ

Column

月や年を対象にするとは？

P.233に記載したTypeの定数で、結果が想像しにくいのが月を対象とする「xlFillMonths」や年を対象とする「xlFillYears」だと思います。連続データの基準となる最初のセルに「1月1日」とある場合、種類を省略したP.233のマクロでは「1月2日、1月3日…」のように日を対象とした連続データが入力されました。同じように日付を入力したセルを基準に、Typeに「xlFillMonths」や「xlFillYears」を指定すると、以下のような連続データを入力できます。

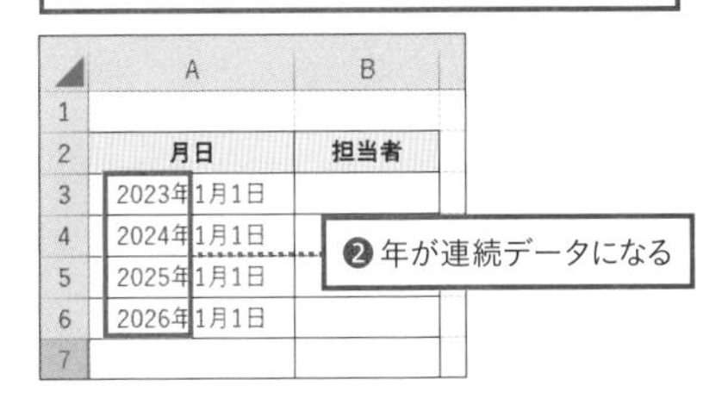

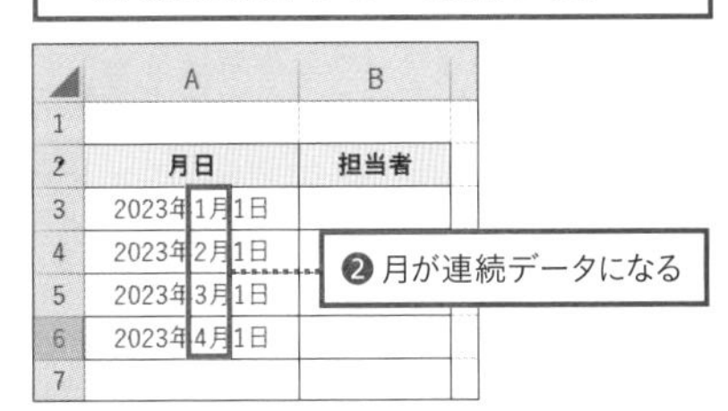

ワークシート名の一括変更もマクロなら簡単にできる

使用ファイル「ch7-16.xlsm」

1つのシートの名前を変更する

ワークシートの名前を変更するには、WorksheetオブジェクトのNameプロパティを使います。1つのワークシートを変更するコードは、ここまで本書を読み進めてきた今なら簡単に理解できる形です。

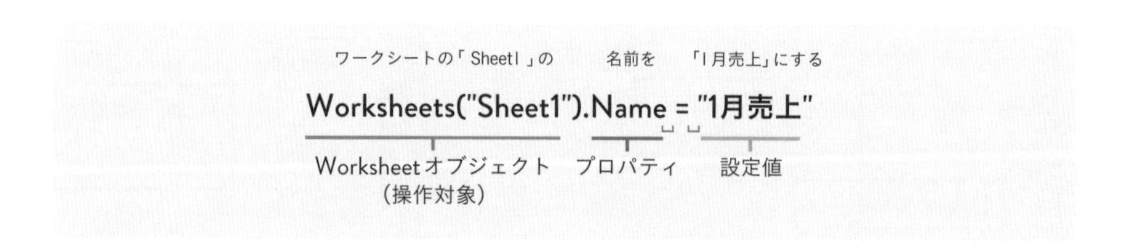

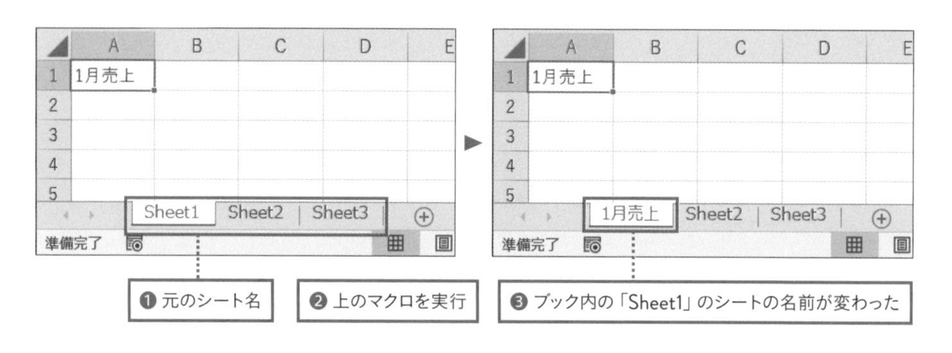

ブック内の複数のシートの中から特定のシートを示すときは、P.28で紹介したように「Worksheets」（またはSheets）と末尾に「s」を付けるのがポイントでした。

シートの指定方法は、上のようにシート名を文字列で入れる方法のほか、シートを左から順に1、2と連番で入れる方法もあります。例えば上図の例であれば、「Worksheets(1)」（1つ目のシート）を使っても同じように設定できます。

複数のシートの名前をまとめて変更する

続いて、シートの名前をまとめて変更する方法を紹介します。本書では、マクロの便利な活用方法として、Excelではできない「繰り返し」の操作を主に扱ってきましたが、このシート名の一括変更もExcelではできない操作で、マクロの便利な活用方法の1つです。「シート名をダブルクリックして名前を入力する」という意外と面倒な作業を一気に片づけられます。

ここでは、シートの表題が入っていることが多いA1セルの値をシート名にする方法を紹介します。まずは、各シートのA1にシート名にしたい値が入った状態にしておきます。ブック内に同じ名前のシートを2つ作ることはできないので、A1セルの内容が重複しないようにしましょう。

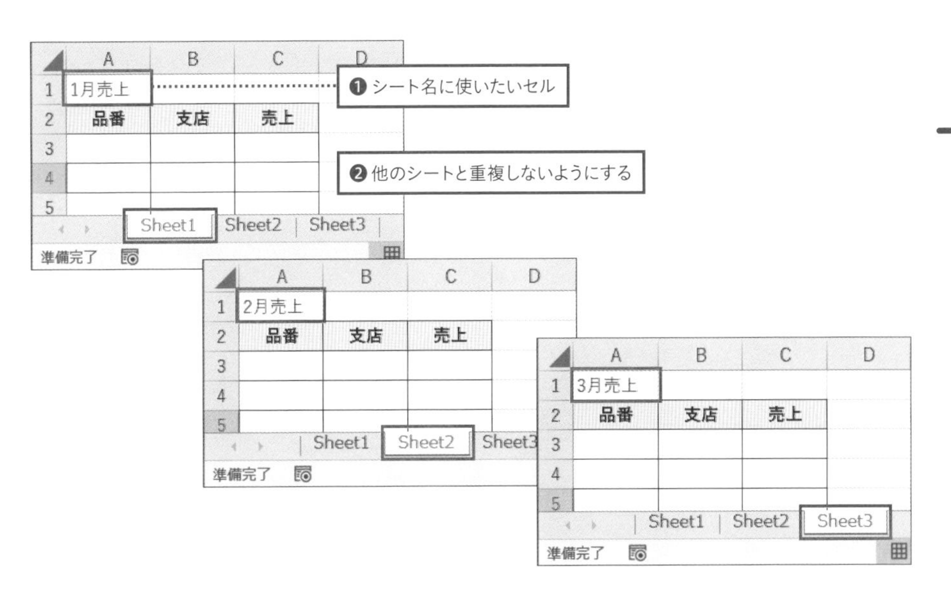

For Each文を利用する

シート名の変更をまとめて行うため、ここではFor Each文を利用します。P.88で紹介したように、同種のオブジェクトの集合を「コレクション」と言います。For Each文を使うと、コレクションの中からオブジェクトを1つずつ取り出し、それぞれに対して繰り返し処理を実行できるので、ブック内のすべてのワークシートを指す「Worksheetsコレクション」から、Worksheetオブジェクトを1つずつ取り出し、名前を変えるという処理を繰り返し実行できます。

For Each文の基本的な形をまずは確認しましょう。

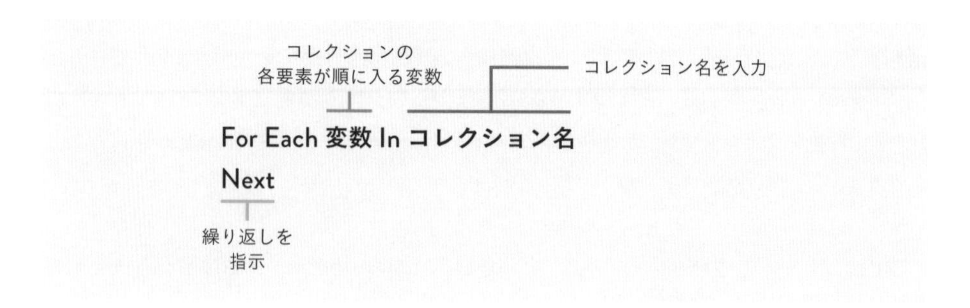

ブック内のワークシートが順番に対象になるよう変数を使う仕組みは、5章や6章で解説した、対象のセルやブックを順に対象にした形をイメージすると理解しやすいでしょう。最初に変数に1つ目のシートが入り、処理（ここでは名前の変更）が終了したら、次のシートが入る…という仕組みのおかげで、ブック内のシートすべてに同じ処理を自動で実行できます。「In」の後ろは、操作するコレクションを入れます。

変数を作る

まずは、処理するシートを順に格納するための変数を作ります。オブジェクト変数なので、変数の型も指定します。ここではわかりやすいよう「対象シート」という日本語の名前の変数を作りました。

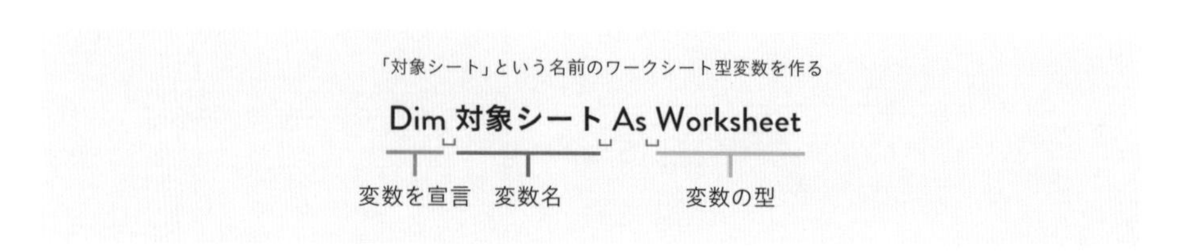

Column

値の代入は省略できる

これまでは、変数を作成した後に値を代入していましたが、今回は値を代入せずに利用します。実は変数は、宣言をした時点で初期値と呼ばれる値が自動的に格納されているため、代入をしなくても利用はできます。初期値は変数の型によって異なりますが、「0」は「Nothing」などで、通常は値を代入することで、変数の値を初期値から目当ての値に変えて利用します。

For Eachで全シートをループさせる

作成した「対象シート」変数とFor Each文を合わせた、ファイル名一括変更用のコードは以下になります。「In」の後ろのコレクション名は、ここでは「Worksheets」です。以下のコードで、「Worksheets」コレクション内から1つずつオブジェクトを取り出し、そのオブジェクトの名前を変える指示が出せます。

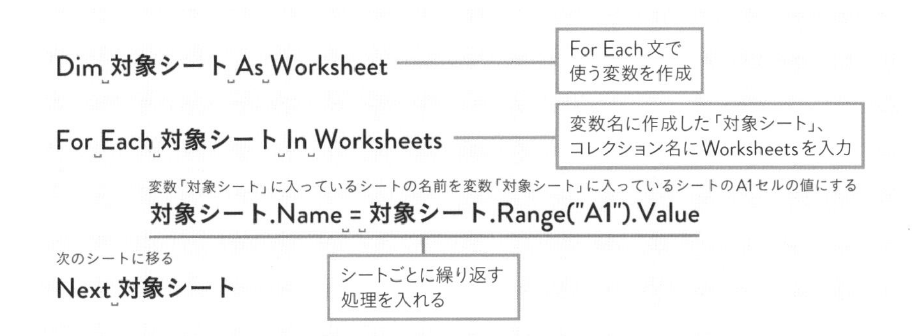

▼

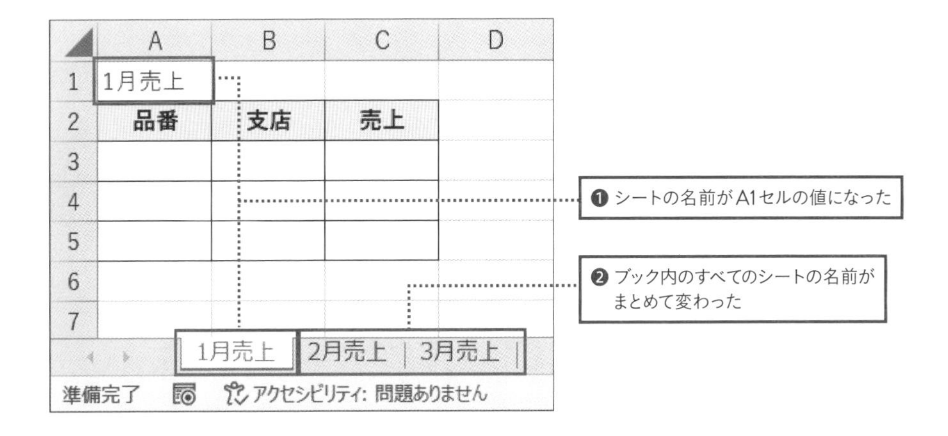

Column

シート名に連番を振る

シートごとに繰り返す処理の「シート名の変更の仕方」部分を変更すると、シート名に連番を振ることもできます。連番用に番号を1ずつ増やす仕組みは、変数を使って以下のように簡単に作れます。

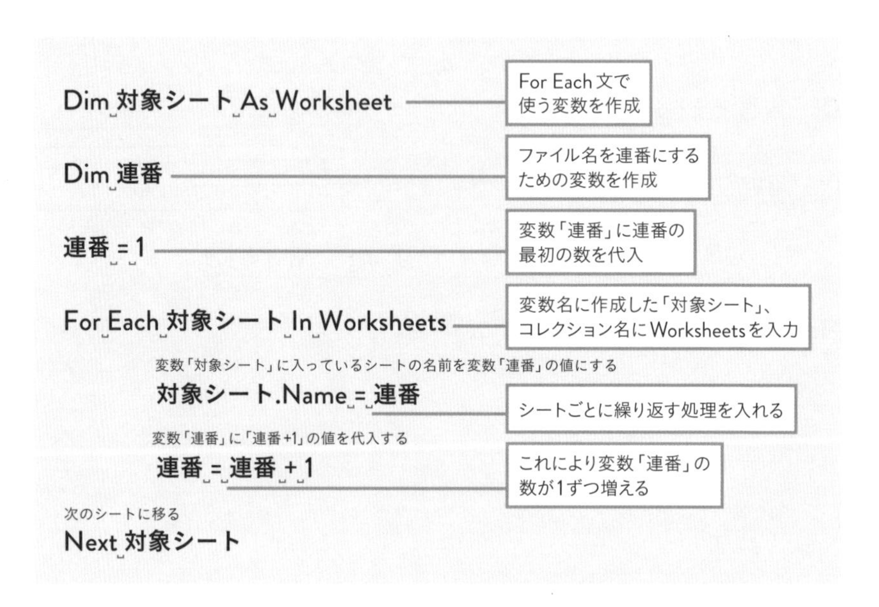

▼

	A	B	C	D
1	1月売上			
2	品番	支店	売上	
3				
4				
5				
6				
7				

1 | 2 | 3

準備完了　アクセシビリティ: 問題ありません

❶シート名が連番になった

オブジェクトの繰り返し表記の省略でコードをすっきりさせる

使用ファイル「ch7-17.xlsm」

Withステートメントとは

後から編集することや、他の人も利用することを考えると、マクロはできるだけすっきりとした形にまとめるのがベストです。そこで便利なのが、同じオブジェクトの繰り返しの記述を省略できるWithステートメントです。本書で紹介したような短めのマクロではあまり恩恵は感じませんが、マクロに慣れ、より長いマクロを作るようになると重宝します。たとえば同じセルに対して複数の設定を行う場合、本来であれば以下のようにすべてにオブジェクトの記述が必要です。

```
Sheets("Sheet1").Range("A1").Value = "結果"                    ' 値を「結果」にする
Sheets("Sheet1").Range("A1").Font.Bold = True                 ' フォントの太さを太くする
Sheets("Sheet1").Range("A1").Font.Color = RGB(255, 0, 0)      ' フォントの色を赤にする
Sheets("Sheet1").Range("A1").Font.Size = 16                   ' フォントのサイズを16にする
```

同じセルに対して設定しているので、この部分はすべて同じ

何度も同じオブジェクトを入力するのは面倒なうえ、見た目も見やすいとは言えません。このコードでWithステートメントを使うと、　　で囲った部分の繰り返しの記述を省略できます。

Withステートメントの使い方

Withステートメントは、以下のような形で使います。

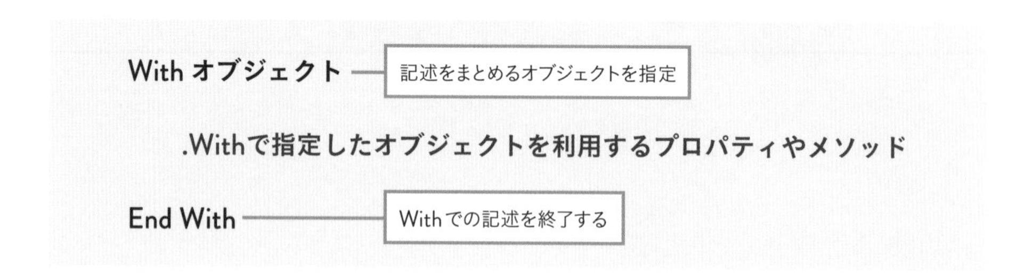

つまり、前ページのコードをWithステートメントを使って書くと、次のようになります。最初の状態に比べ、コードがすっきり見やすくなりました。オブジェクトを省略している部分は、「.Value」などのように冒頭の「.」は省略しない点に注意しましょう。
実行してみると、オブジェクトの記述を省略しても同じオブジェクトに複数の設定ができていることがわかります。

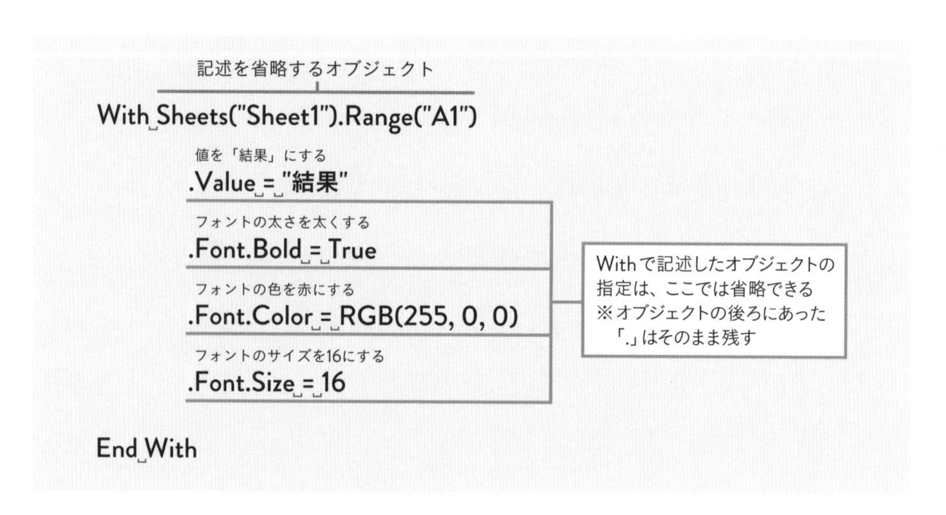

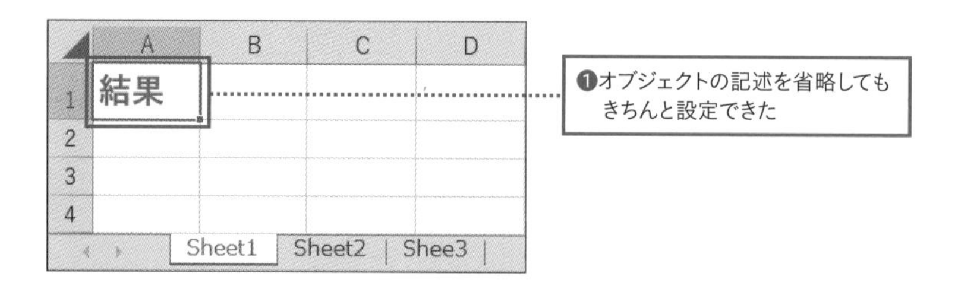

Withは入れ子でも利用できる

前ページの例を見ると、Rangeオブジェクトの記述を省略した4行の内、3行は「Font」オブジェクトも共通しています。こういったケースでは、Withを入れ子で利用できます。

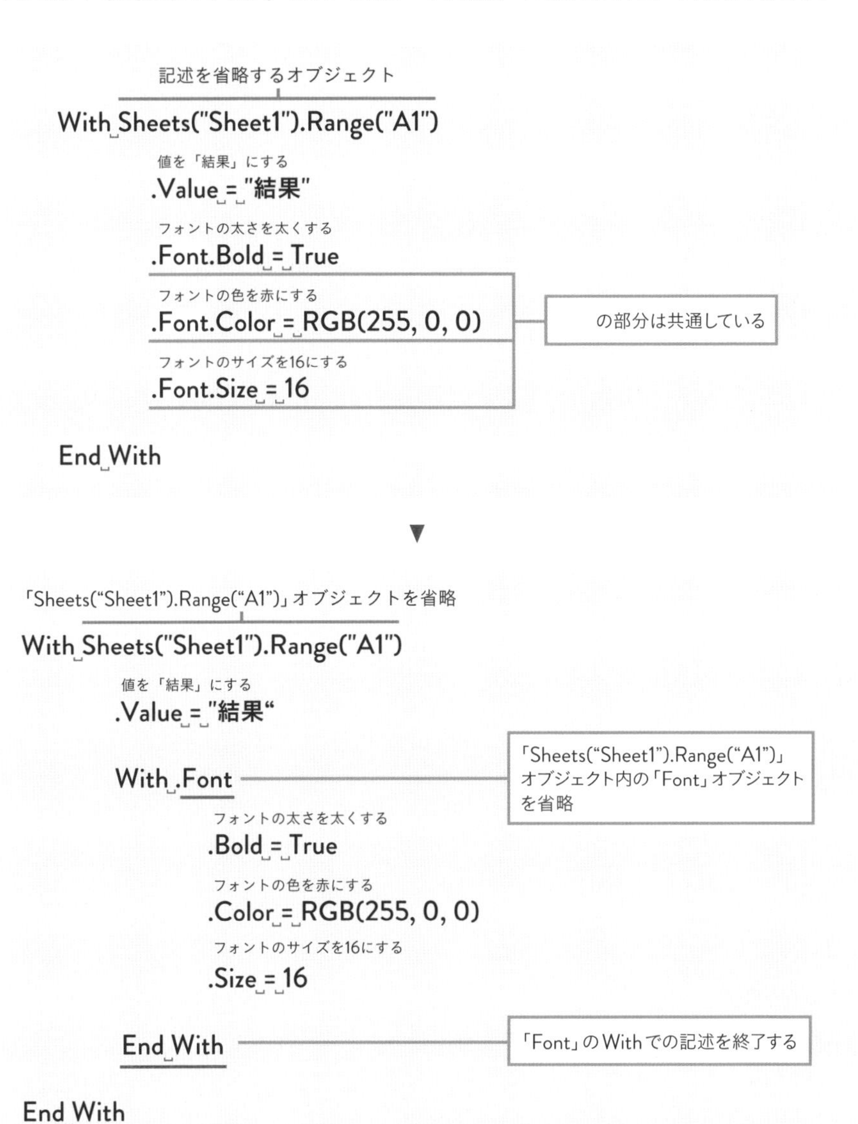

Column

処理の速度も速くなる

Withステートメントを使うメリットは、コードがすっきりとして見やすいだけではありません。一番最初の以下のコードでは、「オブジェクトを取得→値を設定」「オブジェクトを取得→フォントの太さの指定」「オブジェクトを取得→フォントの色の指定」「オブジェクトを取得→フォントのサイズの指定」といった具合に、オブジェクトの取得（黄色いハイライト部分）を4回行います。

```
Sheets("Sheet1").Range("A1").Value = "結果"
Sheets("Sheet1").Range("A1").Font.Bold = True
Sheets("Sheet1").Range("A1").Font.Color = RGB(255, 0, 0)
Sheets("Sheet1").Range("A1").Font.Size = 16
```

一方、以下のように省略することで、1回「オブジェクトの取得」をした後は、「値の設定」「文字の太さの指定」「文字の色の指定」「文字のサイズの指定」の処理をすぐに実行できます。

```
With Sheets("Sheet1").Range("A1")
    .Value = "結果"
    .Font.Bold = True
    .Font.Color = RGB(255, 0, 0)
    .Font.Size = 16
End With
```

これによりマクロの処理の効率・速度が上がるという点もメリットです。本書で作ったような短いマクロの場合、処理の負担の軽減はあまり感じられませんが、長いマクロを作るようになるとそのメリットが感じられるでしょう。

Column

記述の省略はRangeまで以外でもOK

Withステートメントは、「オブジェクト」の記述を省略すると紹介したため、「With Sheets("Sheet1").Range("A1").Value = "結果"」であれば、プロパティの「Value」の前まで省略すると思いがちですが、このコードであれば、「Range("A1")」は、「Value」にとってのオブジェクトであると同時に、「Sheets("Sheet1")」にとっての「プロパティ」です（P.112）。

そのため以下のように「Range」の前までをWithで省略する使い方もできます。

```
With Sheets("Sheet1")
    .Range("A1").Value = "結果"
    .Range("A1").Font.Bold = True
    .Range("A1").Font.Color = RGB(255, 0, 0)
    .Range("A1").Font.Size = 16
    .Range("B1").Value = "合否"
    .Range("B1").Font.Bold = True
    .Range("B1").Font.Color = RGB(0, 255, 0)
    .Range("B1").Font.Size = 16
End With
```

また、この場合も、「With .Range("A1")」「With .Range("B1")」のWithをそれぞれ追加し、以下のように入れ子で利用することもできます。それぞれのWithを終える「End With」を入れるのを忘れないように注意しましょう。

```
With Sheets("Sheet1")
    With .Range("A1")
            .Value = "結果"
            .Font.Bold = True
            .Font.Color = RGB(255, 0, 0)
            .Font.Size = 16
    End With

    With .Range("B1")
            .Value = "合否"
            .Font.Bold = True
            .Font.Color = RGB(0, 255, 0)
            .Font.Size = 16
    End With
End With
```

マクロ入門の味方「マクロの記録」活用のコツ

使用ファイル「ch7-18.xlsm」

マクロの記録とは？

本書ではここまで、マクロの基本、活用度の高いコード、マクロを利用するうえで理解が欠かせない変数や制御構造、関数などを紹介してきました。ここからは、「自分が作りたいマクロ」を作るための「調べる力」が重要となるのはP.14などで述べた通りです。そこで押さえておきたいのが、Excelで操作した内容を自動的にマクロにできる「マクロの記録」です。こう書くと、「自動でマクロを作れるなら、これを使えばよいのでは？」と思うかもしれませんが、次のような理由でこの機能だけにマクロ作りを任せるのは現実的ではありません。

- 複雑な条件を指定できないなど応用がきかない
- 作成されるマクロが複雑でわかりにくくアレンジしにくい

例えば以下の操作をマクロで実行したい場合を見てみましょう。

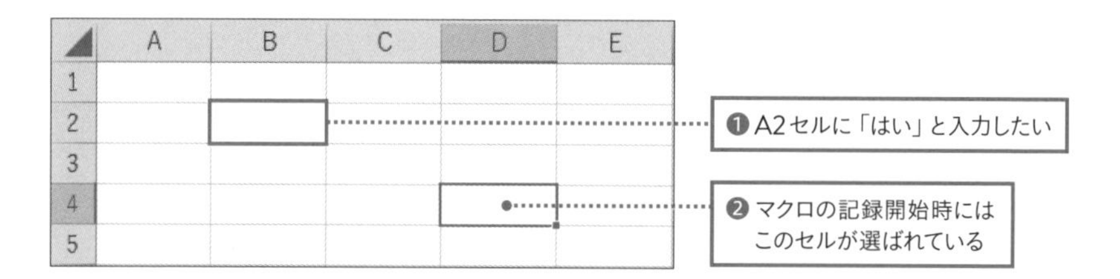

自作とマクロの記録で作ったコードとの違いを確認

「A2」セルに「はい」と入力するというマクロを自作する場合、次ページのように1行でシンプルに書くことができます。

一方、マクロの記録で作成したマクロは、3行のコードになっているうえ、プロパティも値を示す「Value」ではなく、「FormuraR1C1」となっていて、わかりやすいとは言えません。

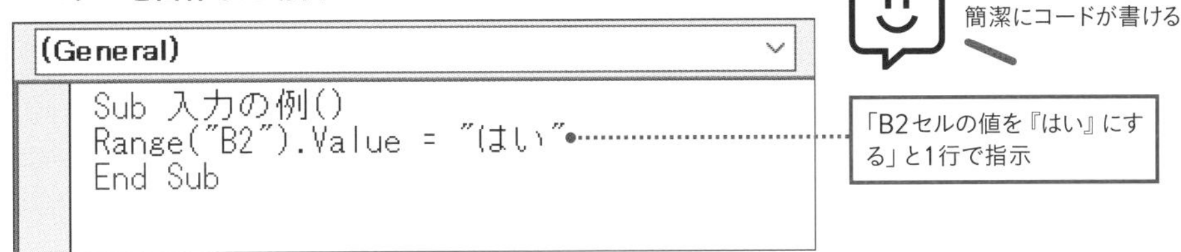

● マクロの記録で作った場合

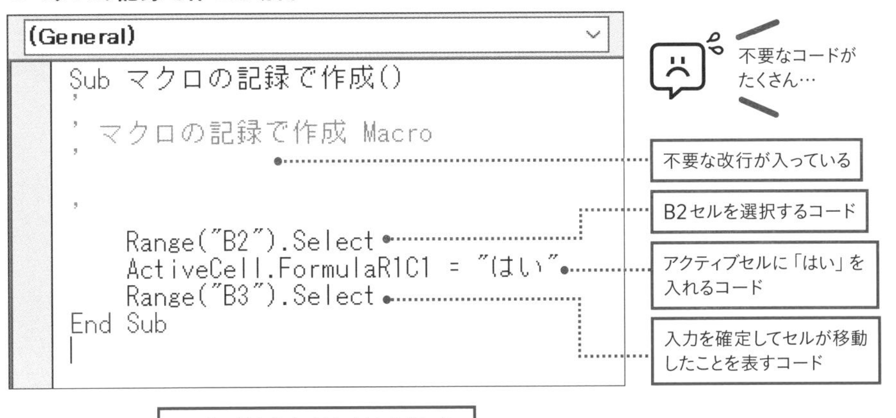

マクロの記録は電子辞書的な活用がおすすめ

Excelは非常に豊富な機能があり、そのすべてをVBAでどう表すかを暗記するのは現実的ではありません。そのため実務でマクロを使い始めると、「マクロの書き方をネットで検索」→「アレンジなどして利用」の流れが基本となりますが、「ネットで検索」で望む答えが得にくい場合も出てきます。

そんなときに便利なのが「マクロの記録」です。「マクロの記録」で作るマクロは、上で紹介したように最適とは言えませんが、「この機能をマクロで表すとどうなるのか？」を知るには便利なツールです。目当ての作業のコードがわかれば、検索のキーワードにそれを含めることができ、検索の精度・効率がアップします。

また、色や書式の設定方法など、「マクロの記録」でヒントが得られれば自分で書けるというケースもあるでしょう。このように「マクロの記録」は電子辞書的な存在として、VBAの初心者はもちろん、ある程度慣れた後も重宝します。

マクロの記録活用のコツは「知りたい機能」で操作すること

「マクロの記録」で的確に「ヒント」を得るには、Excelを操作する時点で対象の機能を使うことが大切です。
たとえば以下のように表全体を選択する場合、「A2セルからD6セルまでを選択する」マクロを知りたいのか、「表全体を自動的に選択する」マクロを知りたいのかによって得たい答えは違います。

	A	B	C	D	E
1					
2	担当者	A001売上	B002売上	C003売上	
3	伊藤	6,440,000	7,290,000	5,150,000	
4	田中	3,640,000	6,390,000	4,250,000	
5	松本	5,810,000	6,660,000	5,550,000	
6	渡辺	5,740,000	4,680,000	4,200,000	
7					

・A2セルからD6セルまでを選択する
・表全体を自動的に選択する
どちらの操作でもこの状態になる

「A2」セルをクリック→Shiftキーを押しながら「D6」セルをクリックという方法で表を選択すると、「A2セルからD6セルまでを選択する」という操作のマクロ「Range("A2:D6").Select」が記録されます。

一方、「表全体を自動で選択する」マクロを知りたい場合、P.190で紹介した「アクティブセル範囲」をまとめて選択する機能が適しています。Excelでアクティブセル範囲を選択するには、Ctrl＋Shift＋:のショートカットキーを使います。
「A2」セル選択した状態でこのをショートカットキーを使って「マクロの記録」でマクロを作ると、「Selection.CurrentRegion.Select」が記録されます。「CurrentRegion」(P.190)というプロパティのヒントが得られ、これをキーワードにネットなどで情報を探すことで、使い方などより詳しい情報を簡単に得ることができます。
どんな操作についてヒントを得たいのかを明確にし、それをExcelで実現しましょう。

マクロの記録の使い方

ごくシンプルな例を使って、マクロの記録機能の使い方を見ていきましょう。ここでは「B4セルのデータを消去」するマクロを「マクロの記録」機能を使って作成します。マクロ名は自動で表示されるものでも構いませんが、後から分かりやすいものに変えておくと追々便利です。

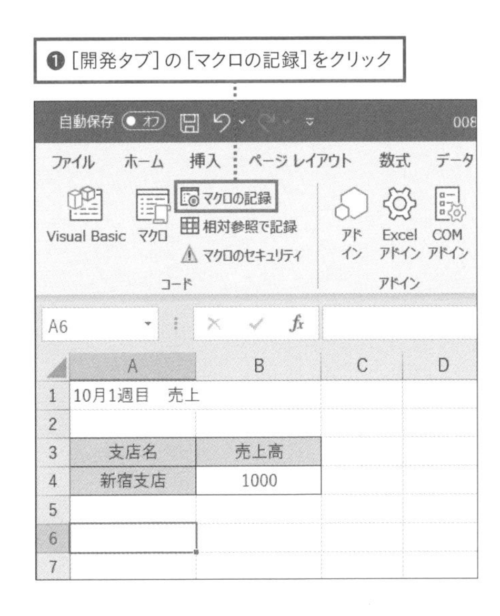

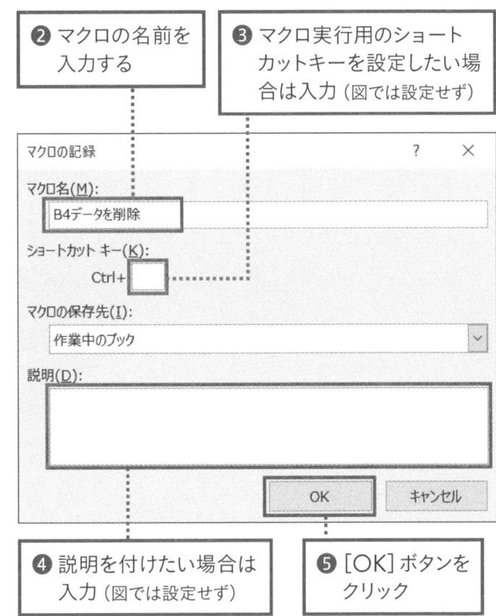

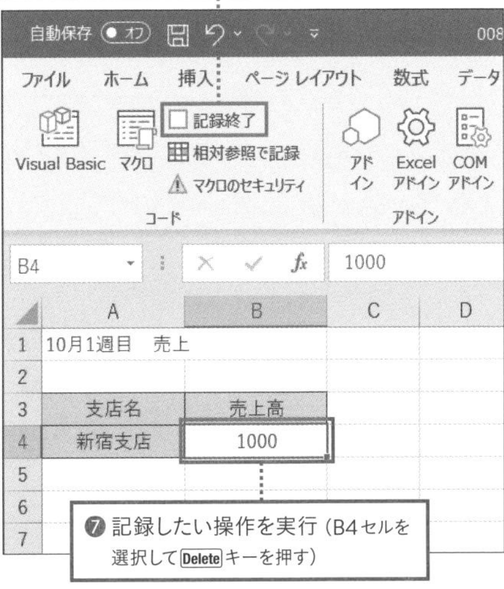

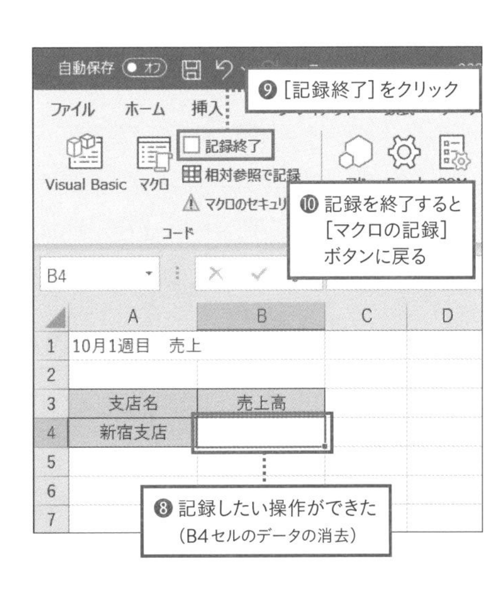

記録したマクロの実行と確認

記録したマクロを実行してみましょう。実行方法は、P.41で紹介した自作のマクロの場合と同じです。[マクロ] ウィンドウから確認や実行ができます。

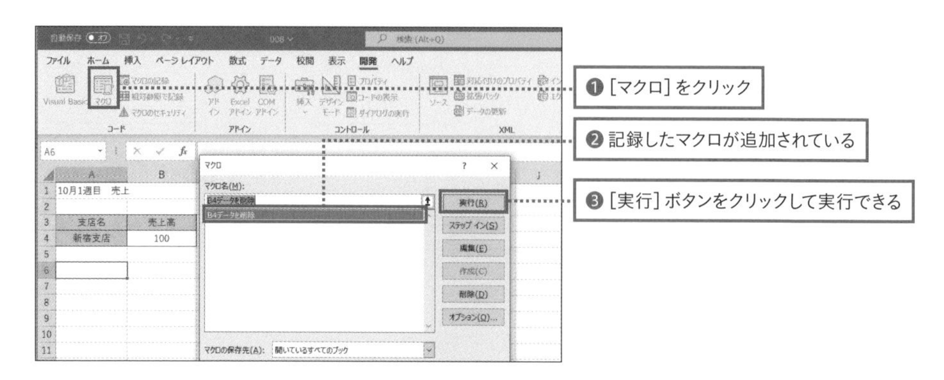

記録したマクロは、以下の要領で確認できます。マクロ作成のヒントを得たり、アレンジして利用したりしましょう。

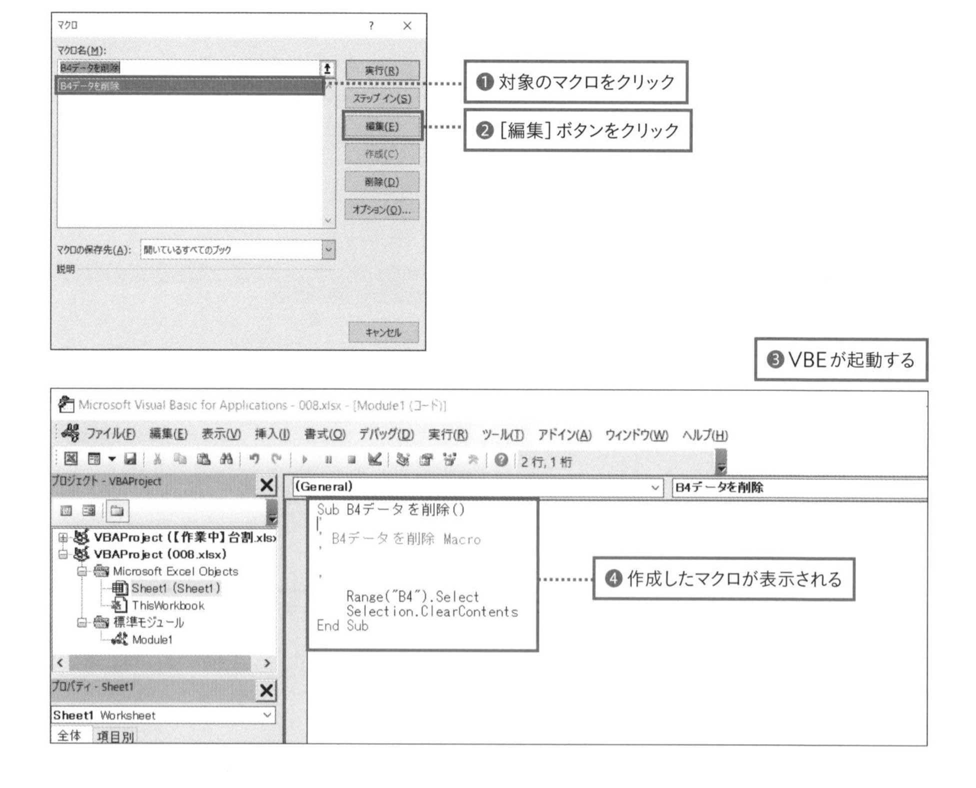

INDEX

VBA

アルファベット

記号

あ行

か行

さ行

た行

AUTHOR

東 弘子 あずま ひろこ

フリーライター＆編集者。プロバイダー、パソコン雑誌編集部勤務を経てフリーに。ネットの楽しみ方、初心者向けPCハウツー関連の記事を中心に執筆。著書に「Pages・Numbers・Keynoteマスターブック2020」（マイナビ出版）、「Microsoft Teams 目指せ達人 基本＆活用術」（マイナビ出版）など。

STAFF

ブックデザイン：岩本 美奈子

カバーイラスト：docco

DTP：株式会社シンクス

担当：古田 由香里

さくさく学(まな)ぶ
Excel(えくせる) VBA(ぶいびーえー)入門(にゅうもん)

2023年3月27日　初版第1刷発行

著者　東 弘子
発行者　角竹 輝紀
発行所　株式会社 マイナビ出版
〒101-0003　東京都千代田区一ツ橋2-6-3　一ツ橋ビル 2F
☎ 0480-38-6872（注文専用ダイヤル）
☎ 03-3556-2731（販売）
☎ 03-3556-2736（編集）
編集問い合わせ先：pc-books@mynavi.jp
URL：https://book.mynavi.jp
印刷・製本　シナノ印刷株式会社

ISBN 978-4-8399-8214-0